电网与清洁能源关键技术丛书

基于功率传递的电网间同期并列原理与技术

刘家军　著

科学出版社

北　京

内 容 简 介

本书根据电压源换流器可以同时独立地对有功功率和无功功率进行控制的特点，首先提出将背靠背电压源换流器型高压直流输电应用于交流电网同期并列的新方法，研究装置并网的运行机理、保护配置及控制策略，以及在完成并网操作退出后，转换为统一潮流控制器、静止同步补偿器、静止同步串联补偿器的原理与电路实现方法；实现电网间同期并列与联络线输送功率的联合控制策略。其次根据统一潮流控制器和静止同步串联补偿器的特点，实现线路融冰。最后介绍研制的复合系统的实验装置及其管理系统。

本书可供高等院校电气工程及其自动化专业的师生使用，也可作为电力系统行业相关技术人员的参考书。

图书在版编目(CIP)数据

基于功率传递的电网间同期并列原理与技术 / 刘家军著. —北京：科学出版社，2018.6

（电网与清洁能源关键技术丛书）

ISBN 978-7-03-055322-5

Ⅰ. ①基… Ⅱ. ①刘… Ⅲ. ①电源-研究 Ⅳ. ①TM91

中国版本图书馆 CIP 数据核字（2017）第 281180 号

责任编辑：祝 洁 杨 丹 王 苏 / 责任校对：郭瑞芝
责任印制：张 伟 / 封面设计：陈 敬

科学出版社出版
北京东黄城根北街 16 号
邮政编码：100717
http://www.sciencep.com

北京中石油彩色印刷有限责任公司 印刷

科学出版社发行 各地新华书店经销

*

2018 年 6 月第 一 版 开本：720×1000 B5
2019 年 1 月第二次印刷 印张：13
字数：262 000

定价：90.00 元

（如有印装质量问题，我社负责调换）

前　言

全球大停电事故时有发生，事故后电力恢复并网操作必不可少，研究新的并网方式意义重大，也迫在眉睫。电网并列包括异步并列和同步并列。异步并列可通过高压直流输电技术实现，频率不同或电压等级不同的电网间异步并列如我国灵宝背靠背直流输电工程，实现了西北-华中电网的互联。同步并列操作难度较大且没有可以实现功率自动调节的并网装置，因此联络线的功率控制及并网的自动化技术研究势在必行，以满足智能电网自愈和可靠控制的要求。

发展大型互联电网已经成为当今世界各国现代电力系统发展的主体趋势和方向。电网互联具有诸多好处，同时带来了一系列的问题和挑战，如互联电网的协调组织问题、系统规划与资源优化问题、大系统的动态行为与安全性分析问题、运行与管理问题、改善稳定性以提高传输容量问题等。随着工业规模的不断发展和电网技术的不断进步与成熟，我国电网结构也正朝着电网互联的方向发展，而实现电网系统安全快速并网和互联电网稳定运行是电网互联首先要解决的问题和互联电网成功发展的必要条件。

因此，本书以背靠背 VSC-HVDC 装置为研究对象，以 PSCAD/EMTDC 为研究工具，对并网及其主要的拓展功能进行研究和仿真，主要取得了以下研究成果。

（1）根据电网有功功率与频率、无功功率与电压的关系，提出一种基于背靠背电压源换流器型高压直流输电装置、通过功率传递实现电网间同期并列的新方法。

（2）分析背靠背 VSC-HVDC 的各种数学模型及控制策略，研究背靠背 VSC-HVDC 装置用于同期并网的原理电路，并对并网方式和并网控制策略进行仿真，同时分析交流系统电压不平衡或发生不对称故障时的控制策略。

（3）研究靠背靠 VSC-HVDC 装置在并网过程中，因传递功率在联络线上引起功率波动的机理与波动峰值的计算方法。该研究有助于掌握并网过程中联络线功率波动的动态特性，对提高并网装置的安全性和并网操作的可靠性具有指导意义。同时根据并网系统的特点，对其进行保护配置。

（4）研究将背靠背 VSC-HVDC 并网装置拓展为一个复合系统，并在并网完成后实现统一潮流控制器、静止同步补偿器及静止同步串联补偿器功能转换的电路及实现方法，提高电力系统运行稳定性与控制的灵活性。

（5）提出一种基于功率传递方式实现电力系统并网与统一潮流控制器功能相

结合的控制策略，以期达到改变控制策略，实现同一装置完成多种功能的效果，并且拓展装置功能，提高并网设备的利用率。

（6）提出一种基于电网间同期并列原理对覆冰线路进行融冰的方法，建立融冰的数学模型，通过 PSCAD/EMTDC 进行仿真，验证在进行了一定的功率传输后覆冰线路上的负载电流能够达到融冰效果。

（7）提出并网装置容量的系统设计和计算方法，以及各参数的选取原则和计算方法，研究待并电网容量与并网装置配置容量的关系，为实际工程运用、设计及经济分析提供依据。

（8）在基于功率传递原理的电网同期并列研究成果的基础上，研制基于 VSC-HVDC 的同期并网复合系统的实验装置样机，在 CCS 编程环境中实现脉冲触发信号的发生以及电压电流信号的采集等编程工作，最终在实验装置样机上进行调试，验证复合实验装置的功能。

本书的学术性和理论性较强。作者通过几年的深入研究，在搜集和阅读大量文献的基础上，结合现代电力系统发展的要求与趋势撰写本书，内容由浅入深，图文并茂，将理论与仿真实验相结合，充分验证了基于功率传递的电网间同期并列新方法的可行性。

本书是在作者及指导的研究生研究成果的基础上完成的，其中吴添森、刘小勇、闫泊、刘栋、刘博、田东蒙、贺瀚青、姚冯信、刘昌博、顾翾、王小康等研究生参与了本书相关内容的研究工作，西安理工大学水利水电学院的姚李孝教授和安源副教授，以及中国电力科学研究院的汤涌总工程师和孙华东高级工程师也参与了本书部分内容的研究。研究生杨松对书稿内容进行了整理，在此表示感谢。特别感谢贺长宏高级工程师对本书研究内容提出的宝贵意见，以及西安理工大学水利水电学院电力系老师的指正和帮助。本书得到了国家自然科学基金项目“基于功率传递电网间同期并列理论与应用研究”（51077109）的支持，同时得到了南京盾捷电气科技有限公司的支持与资助，在此表示衷心的感谢。

由于作者的知识和经验水平有限，书中难免存在不妥之处，敬请广大读者批评指正。

目　　录

第1章　绪　　论

1.1　电网间同期并列研究现状

在电力系统的发展过程中，电网互联的优势逐步显现出来。电网互联有助于实现水火互济和区域互补，达到更合理利用能源的目的。世界各国电力系统都在向互联方向发展，如北美的美国、加拿大、墨西哥的加利福尼亚半岛所形成的大的互联电网。我国电网电源与负荷之间的矛盾，要求必须进行远距离输电和区域电网的互联。区域电网互联构成大规模的互联电网，不仅具有资源优化配置能力强的显著优点，而且具有方便远距离，大容量接入火电、水电和核电常规电源的特点。这为大范围内消纳间歇式可再生能源创造了条件。大电网通过电网间的功率交换能够获得联网效益及不同能源类型的补偿效益。目前，我国电网已实现全国联网，并在积极发展交流1000kV和直流±1100kV等特高压工程，其目的是进一步加强各电网之间的联系，实现资源的优化配置。

实现互联的电网规模庞大、结构复杂，系统中既有大量的旋转设备，又有大量的静止设备；既有交流设备，又有直流设备；既有常规设备，又有电力电子设备。设备之间连接的方式也因其功能的不同而大不相同。同时，电能的生产、输送、分配和消费是同时进行的，要保持电网稳定运行，使其能够抵御一定的扰动水平，必须对其所拥有的设备施加控制，使电力系统的功角、电压、频率和可靠性均满足要求。

电网互联后产生了诸如联络线功率波动、事故连锁波及、电磁环网环流等问题。电网结构复杂、运行方式变化多样，给电网运行控制带来了新的挑战，在极端条件下往往会引发系统故障的连锁反应，造成事故范围的扩大。电网间同期并列速度慢是供电恢复时间长的重要原因之一。大停电事故恢复速度慢、损失巨大，给电网快速并列的技术创新提出了强烈要求。对电力工作者来说，首先应该尽可能地防止大面积停电事故的发生。一旦发生大面积停电事故，应尽快采取措施恢复供电。

在事故情况下，电网间同期并网操作的安全性与快速性关系到系统供电能否快速恢复。目前，由于受严格同期并列条件的限制，同期并列完全依靠人工操作，操作涉及面较广，难度较大，并网速度较慢，成功率较低，这一现状使变电站中同期并列操作的自动化程度大大落后于电力系统的自动化水平，不满足智能电网的技术要求（He et al.，2008）。

电网中发电机组与电网间的同期并网普遍采用自同期或自动准同期装置。该装置能根据电网和机组之间的频率差与电压差，自动地调节发电机组的转速和电压，使发电机组与电网间快速地达到同期并列的条件，基本上实现了并网高度自动化。电网之间同期并列时，由于参与的变电站自身没有调整电网频率的手段，电力调度员要调度参与调频的调频电厂改变发电机组的有功出力，还要指挥变电站捕捉同期点进行合闸并网，三者之间协调配合才能完成并网工作，并网过程一般需要数十分钟，有时甚至会需要几个小时（贺长宏等，2008）。

在环网并列中，需要调整负荷潮流来满足并列点相角差的要求。在调整负荷潮流的过程中，可能会引起部分线路超过稳定极限、局部设备过载等问题，存在较多风险因素（Liu et al.，2009）。

将背靠背电压源换流器应用于电网间的同期并列操作，对电网间的差频同期并列和同频环网并列有十分重要的现实意义，主要体现在以下几个方面。

（1）有利于提高电网恢复的速度。当电网发生故障时，系统解列为多个子系统，系统恢复过程需要比较长的时间。将背靠背电压源换流器用于电网间的同期并列操作时，可以大大缩短电网恢复过程所需的时间，最大限度地减少停电对社会生产和人民生活造成的损失。

（2）有利于提高环网并列的速度。在长线路环网并列操作过程中，由于固定相角差的存在，需要调整负荷潮流的分布，通过降低并列点的相角差来满足并列条件。将背靠背电压源换流器用于电网间的同期并列操作，可以在变电站调整并列点两侧的有功功率从而降低并列点的相角差，提高环网并列速度。

（3）拓展了背靠背电压源换流器的应用场合。目前，背靠背电压源换流器技术已经应用于多种场合，如变频器、轻型直流输电等，但对背靠背电压源换流器在电网间同期并列中的应用研究仍较少。将背靠背电压源换流器应用于电网间同期并列操作，使背靠背电压源换流器的应用领域得到进一步拓展。

同期并列时电压差、频率差和相角差必须在规定的范围内，否则会造成电力系统保护动作，系统振荡甚至解列。电压差过大会引起系统无功性质的冲击，频率差过大会引起系统有功性质的冲击，相角差包含这两种分量的冲击（叶念国，1998）。同期并列操作分为电源的并网操作，即发电机与电力系统的同期并列，以及电网和电网之间的同步互联及环网并列操作。

发电机并网过程中，自动准同期装置通过调节调速器和励磁能够减小电压差和频率差，并在相角差很小或者为零时发出合闸信号，使系统快速合闸（杨冠城，2007）。

变电站在同期合闸时较为复杂，需要电网调度人员、电网调频厂和变电站的全力协作配合，而且需要变电站操作人员手动操作合闸，没有实现并网自动化。这对进行同期并网的变电站操作人员的现场操作水平要求较高，否则会造成系统振荡。因此，目前变电站的同期合闸只是捕捉相角差为零的时刻，而电压差和频率差则仅仅是作为合闸的限定条件，只要电压差和频率差满足一定的条件即可并网。变电站并网时采用这种方式虽然存在一定的波动，但是不会造成系统的崩溃解列。

1.2　VSC-HVDC 的发展和应用现状

瑞典 ABB 公司于 20 世纪 90 年代首次提出了轻型高压直流输电（high voltage direct current，HVDC）的概念，之后轻型直流输电得到了迅速发展。电压源换流器型高压直流输电（voltage source converter high voltage direct current，VSC-HVDC）是将电压源换流器和大功率全控器件相结合，利用脉冲宽度调制技术控制调节电压源换流器的新型输电技术。由两电平换流器组成的 VSC-HVDC 电路原理图如图 1.1 所示。其中，交流滤波器、换流电抗器、直流电容器及换流桥组成换流器（刘志宏，2007）。换流桥桥臂根据承受电压大小由一定数量的绝缘栅双极晶体管（insulated gate bipolar transistor，IGBT）串联组成。交流滤波器的作用是滤除谐波，防止换流器产生的谐波注入交流系统中；换流电抗器可实现电压源换流器（voltage source converter，VSC）与电网之间的能量交换，同时对电网谐波有一定的滤除作用；直流电容器可缓冲桥臂上因 IGBT 关断而产生的冲击电流，可减小直流侧的谐波，为换流器提供电压支撑。

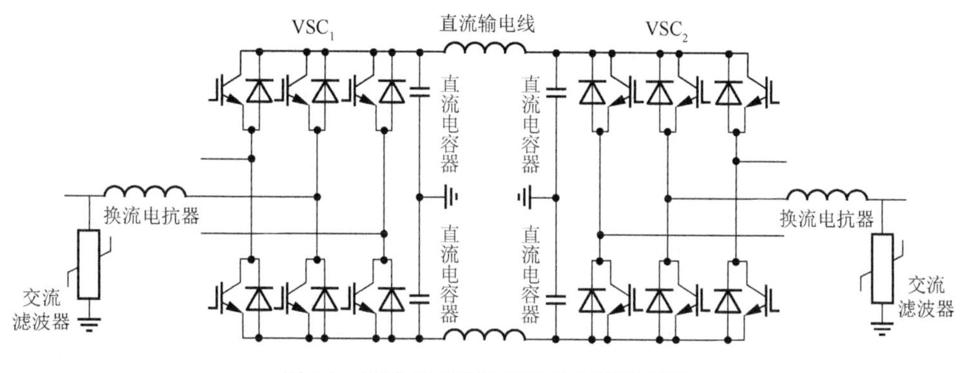

图 1.1　两电平 VSC-HVDC 电路原理图

VSC-HVDC 与传统的高压直流输电相比具有以下优势（明站起，2007；王风川，1999）。

（1）轻型 HVDC 电流能够自关断，能够工作在无源逆变方式下，不依赖交流系统来维持电压和频率的稳定，运行独立，无须在换流站间建立通信，可以与无源网络或交流电网直接相联。

（2）与电流源换流器型高压直流输电（current source converter HVDC，CSC-HVDC）相比，VSC-HVDC采用脉冲宽度控制技术，控制触发半导体器件快速输出任意交流电压相角或者电压幅值，使有功功率和无功功率可以得到独立控制。

（3）VSC-HVDC不消耗系统无功功率，同时对母线电压具有静止同步补偿器（static synchronous compensator，STATCOM）的稳定作用，可动态补偿无功功率。在系统故障时能及时向故障系统提供有功功率和无功功率的紧急支援，具有快速的故障恢复控制能力，大大改善了系统的稳定性。传统高压直流输电往往需要安装大量的无功补偿装置，不仅占地面积大，而且输电线路的传输效率不高。

（4）传统直流控制输电潮流反转时，直流电流方向不变，而是通过改变直流电压极性来实现。VSC-HVDC可通过改变直流电流方向来控制潮流反转。VSC-HVDC的这一特点有利于构成并联多端直流系统，不仅方便控制系统潮流，还大大提高了系统运行的可靠性。

（5）在不增加系统短路容量的情况下，VSC-HVDC可以灵活控制交流侧电流。在新增直流输电线路后，不需要对交流系统的保护定值进行修改。

此外，VSC-HVDC还具有便于工程应用的优点。国内外关于VSC-HVDC技术研究的热点主要集中在三方面，即技术性研究、经济性研究、调试及试验研究。技术性研究包括拓扑结构、控制和保护性能研究；经济性研究包括在输电领域VSC-HVDC系统的经济性比较；调试及试验研究包括VSC-HVDC的试验和测试技术等。

ABB公司在提出轻型直流输电的概念后，还建立了首个VSC-HVDC试验工程——Hellsion工程。该工程的主电路采用IGBT，装置容量为3MW。工程试验积累了大量的运行数据和技术经验。在此基础上，VSC-HVDC相关技术迅速发展并日渐成熟，传输容量和电压等级逐步提高，随后ABB、Siemens等公司又相继投入多个VSC-HVDC工程。

2011年2月28日，我国上海南汇风电场——南风35kV换流站首次成功充电。该工程包括两个直流换流站和8km直流输电线路，其额定运行容量为18MW，直流额定电压为±30kV，直流额定电流为300A，是国内首座柔性直流变电站，也是亚洲首个具有自主知识产权的柔性直流输电工程。2014年，我国在浙江舟山建设了世界上首个五端柔性直流输电工程，实现了多个风电场同时接入和电力输送。我国还规划在张家口国家级新能源综合示范区和冬季奥林匹克运动会专区建设张北可再生能源±500kV柔性直流电网示范工程，构建输送大规模风、光、抽水蓄能等多种能源的四端环形柔性直流电网。

VSC-HVDC还应用于不同额定频率的电力系统的互联，如风力发电场、太阳能发电等与电力系统的联网，或用于两个相同额定频率电网的异步互联，实现电力交易，如我国的灵宝背靠背工程，其实现了西北—华中电网的互联，完成西电东送任务；澳大利亚于 2002 年 8 月投入的 Murray Link VSC-HVDC 工程实现了本国南部 River Land 电网和 Victoria 电网的异步互联，是世界上著名的地下电缆输电项目之一。

1.3 VSC-HVDC 的控制策略研究现状

VSC-HVDC 已在向弱交流系统或无源系统供电、交流电网同步或异步互联、大规模风力发电等可再生能源并网等方面获得广泛应用，具有良好的应用前景。目前，大多数研究集中于 VSC-HVDC 在直流输电中的应用研究，很少有研究将其应用到电网间同期并列中。而关于 VSC-HVDC 系统的控制策略，已有较多的相关文献，现归纳如下。

（1）间接电流控制。间接电流控制通过控制交流电压的幅值和相位来间接控制交流电流的变化。刘和平等（2012）和侯世英等（2010）的控制策略就是间接电流控制。该方法不仅动态响应慢，受系统参数变化影响大，而且不具备过电流抑制能力，因此较少用于 VSC-HVDC 的实际工程中。

（2）直接电流控制。控制 VSC 的输出电流依据控制器整定的电流波形变化，这种方法首先需经运算求出交流电流的指令值，再引入交流侧电流反馈，通过直接控制交流电流使其瞬时跟踪指令电流值，其控制方案大多是先由电压检测得到同步信号，再与控制器的计算电流幅值合成，得到参考电流 i_A^*、i_B^*、i_C^*，然后实测的电流差值与参考电流值通过相应的滞环比较器与 PI 调节器，得到下一个逆变器状态的开关状态值，以驱动逆变器（陈涛，2007；张兴等，2001）。这种控制方法又分为电流滞环控制、预测电流控制、同步旋转 dq 坐标系下的直接反馈解耦控制等多种控制方法。

图 1.2 为电流滞环控制示意图，其是依据系统电流实际值与电流给定值的误差来控制的。由于实际电流的变化滞后给定电流的变化，因此滞环电流控制不能快速地跟踪给定电流，响应速度较慢。

预测电流控制是利用电流下一步变化的预测值来完成控制器的当前动作，在一个开关周期内强迫电网电流按预测的期望电流来改变。这种方法在两相静止坐标下即可控制整个系统，大大简化了控制算法，且能够快速响应系统的变化，具有良好的控制性能。

同步旋转 dq 坐标系下的解耦控制，是从变流器的同步旋转 dq 坐标系下的状态方程入手，通过电流反馈和电压前馈实现同步旋转 dq 坐标系下的解耦控制。这种闭环控制方式动态响应迅速、鲁棒性好，具有很好的限流能力，避免了换流器承受过电流，因此被广泛应用于高压大功率的直流系统中。

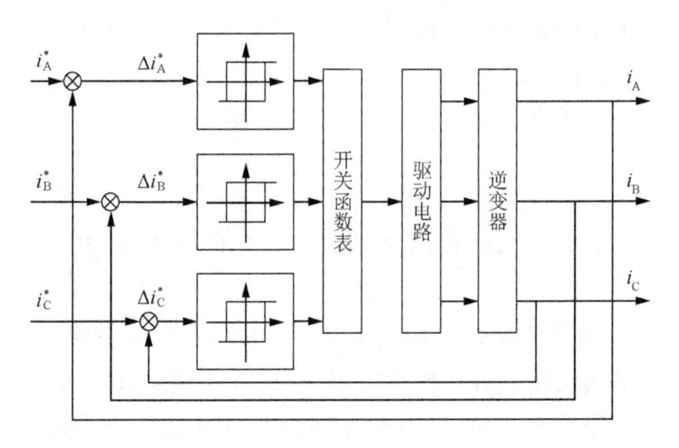

图 1.2　电流滞环控制示意图

本书根据电压源换流器可以同时独立地对有功功率和无功功率控制的特点，提出了基于功率传递的电网间同期并列新方法，并在此基础上开展了通过增加一台变压器和几台隔离开关将并网装置转换为 SSSC、UPFC 对并网后联络线进行潮流控制等联合控制和其转换为 STATCOM 实现母线电压稳定与无功补偿，以及在线路结冰条件下实现自动融冰等一系列研究，同时研究了并网所用换流器的容量及主电路参数设计方法，最后通过大量仿真验证了将背靠背 VSC-HVDC 用于电网间同期并列的正确性和有效性，通过复合系统功能转换应用，达到一套装置可以实现联络线安全控制、线路自动融冰及电网安全运行的目标，具有可观的经济效益，为智能电网运行提供技术支持与手段。

参考文献

陈涛, 2007. 背靠背四象限电压源型变流器功率交换控制[D]. 吉林: 东北电力大学.

贺长宏, 姚李孝, 刘家军, 等, 2008. 电网快速并列、线路自动融冰、无功静补复合系统的研究[C]. 中国电机工程学会年会, 西安: 20-25.

侯世英, 肖旭, 徐曦, 2010. 基于间接电流控制的并网逆变器[J]. 电力自动化设备, 30(6): 76-79.

刘和平, 邱斌斌, 彭东林, 等, 2012. 电流型脉宽调制整流器间接电流控制改进策略[J]. 电网技术, 36(6): 182-187.

刘志宏, 2007. 统一潮流控制器(UPFC)的建模与仿真[D]. 南昌: 南昌大学.

明站起, 2007. 轻型直流输电(VSC-HVDC)系统仿真研究及硬件实现[D]. 保定: 华北电力大学.

王风川, 1999. 电压源换流器式轻型高压直流输电[J]. 电网技术, 23(4): 74-76.

吴添森, 2010. 基于功率传递的电网间同期并列仿真研究[D]. 西安: 西安理工大学.

杨冠城, 2007. 电力系统自动装置原理[M]. 4 版. 北京: 中国电力出版社.

叶念国, 1998. 由我国同期装置的现状所引发的思考[J]. 电网技术, 22(12): 74-77.

张兴, 张崇巍, 2001. 基于电流预测的高功率因数变流器电压矢量优化控制策略的研究[J]. 电工技术学报, 16(3): 39-43.

HE C H, LIU J J, ZHAO X Q, 2008. Research of rapid parallel operation, automatic ice-melting on transmission lines, static VAR & compound system[C]. International conference on high voltage engineering and application, Chongqing: 128-133.

LIU J J, YAO L X, HE C H, et al., 2009. Research on rapid power grid synchronization parallel operation system[C]. Asia-pacific power and energy engineering conference, Wuhan: 1-4.

第 2 章　基于功率传递的电网间同期并列原理

电网互联可以增强电网的运行稳定性和可靠性，同时产生可观的经济效益，是电网发展的必然趋势。本章将阐述电压型换流器用于实现电网间同期并列的原理及其调整待并系统的频率、并列点两侧电压和电压相角的原理。

2.1　电网调频与调压

2.1.1　电网间同期并列的条件

如图 2.1（a）所示，假设两个待并电网在并列点两侧的瞬时电压为 u_1 与 u_2，$u_1 = U_{1m}\sin(\omega_1 t + \theta_1)$，$u_2 = U_{2m}\sin(\omega_2 t + \theta_2)$，其相量图如图 2.1（b）所示。其中，$U_{1m}$、$U_{2m}$ 分别为系统 S_1、S_2 的电压幅值；ω_1、ω_2 分别为系统 S_1、S_2 的角频率；θ_1、θ_2 分别为系统 S_1、S_2 的电压初相角。

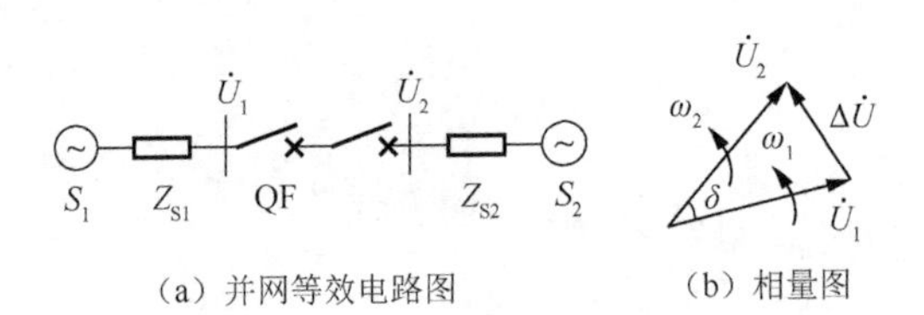

（a）并网等效电路图　　（b）相量图

图 2.1　电网同期并列示意图

对电网间的并列操作进行研究，提高并列操作的速度、准确度和可靠性，对系统的可靠运行具有很重要的现实意义。特别是，当系统发生事故解列后，电网之间的准确快速并列，可缩短电网的停电时间、加快电网的供电恢复。

电网在实现同期并列时，只要保证并网瞬间，待并电网中各发电机组所受冲击电流小于规定值，并网后两侧系统能快速进入同步运行状态，对系统的扰动小即可进行同期并列操作。实际并网操作在满足电网相序一致的前提下，还应满足以下频率差、电压差、相角差的要求（陈珩，2007）：

$$\begin{cases} |\Delta f| \leqslant (0.2\% \sim 0.5\%) f_{\mathrm{N}} \\ |\Delta U| \leqslant (5\% \sim 10\%) U_{\mathrm{N}} \\ |\delta_{\mathrm{e}}| \leqslant 10° \end{cases} \tag{2.1}$$

2.1.2　调频原理

1. 负荷的功率-频率特性

电网频率变化主要是由电网中有功功率不平衡造成的。当系统中发电机组的总出力与系统中的总负荷不平衡时，系统频率就会发生变化。当电网中所有机组总发出的有功功率与负荷吸收的有功功率不相等时，电网的实际频率将发生变化，偏离运行点，负荷吸收的有功功率将发生变化，使电网中的有功功率在新的频率下达到平衡，这一过程中综合负荷参与了系统频率的调节。

要维持电网频率及交换的有功功率偏差在允许的范围之内，则必须在发电机组的容量范围内，不断地调节其有功出力，使之随着系统负荷的变化而改变，并始终保持电网内总有功功率的供需平衡。

2. 发电机组的功率-频率特性

电力系统由发电机组、输电网络及负荷等组成。系统频率的稳定运行点就是系统中发电机组的功率-频率特性与负荷的功率-频率特性曲线的交点。通过增加系统的负荷可以降低系统的频率，通过减少系统的负荷可以提高系统的频率。因此，在待并列两侧系统之间进行有功功率的传递，可以达到调整待并列两侧系统之间频率差的目的（刘家军等，2011）。

2.1.3　调压原理

电力系统的电压和无功功率密切相关，电力系统电压的高低可直接反映电网无功功率的平衡状况。另外，有功功率和无功功率在电力网中传输时，将引起系统节点电压的下降，特别是无功功率的大量传输将使系统节点电压大幅下降。

1. 无功功率与电压的关系

电力系统的运行电压水平由系统无功功率的平衡决定，要保持电网正常电压水平就必须保证无功功率的平衡。

在无功功率不能满足电网要求时，系统的电压将会下降；无功负荷不变时，无功电源增加，系统节点运行电压将升高。因此，调节负荷节点电压可以通过调节系统负荷的无功功率来达到。

2. 线路电压降落分析

如图 2.2 所示为一简单电力系统，分析电压变化，其等值电路如图 2.3 所示。

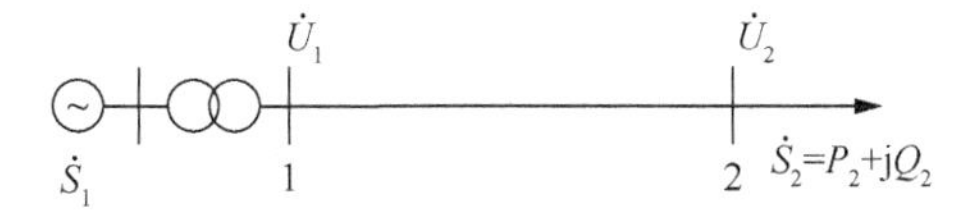

图 2.2　简单电力系统简化图

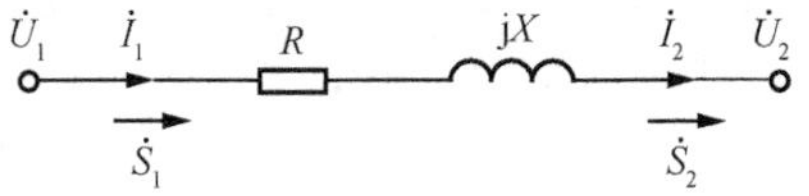

图 2.3　等值电路图

在高压输电网中，U_1表示为

$$U_1 \approx U_2 + \Delta U_2 = U_2 + \frac{Q_2 X}{U_2} \tag{2.2}$$

在系统参数不变的情况下，节点的无功功率对电网的电压降起主要作用，它影响节点电压的幅值大小，因此可以通过调节系统无功功率的大小来改变负荷节点电压。

2.1.4　相角差控制原理

对于差频并网，由于频率的不同，相角差也是不断变化的，相角差控制的实质是捕捉相角差为零的时机；而同频并网由于频率相同，当系统稳定时相角差是一个固定值，需通过改变线路传输的功率改变相角差（刘家军等，2010）。

1．*差频并网时的相角差控制*

如图 2.1（b）所示，当用两个有相对旋转速度的相量来表示两个频率不等但较接近的交流电压时，定义滑差频率为$f_s = f_1 - f_2$，滑差角频率为$\omega_s = \omega_1 - \omega_2$。滑差频率和滑差角频率的关系为$\omega_s = 2\pi f_s$，则两交流电压相量间的瞬时相角差$\delta = \omega_s t$。

最理想的合闸瞬间是$\dot{U}_{S1}$与$\dot{U}_{S2}$两相量重合的瞬间。考虑到断路器操动机构和合闸回路控制电器的固有动作时间，必须在两电压相量重合之前发出合闸信号，即取一提前量（刘家军等，2010）。

2．*环网并网时的电压相角差调整*

图 2.4 为一简单的环网并网示意图，图中有 3 个节点，节点电压分别为$\dot{U}_1$、$\dot{U}_2$、$\dot{U}_3$，现要实现环网同频并列，假设 QF_1 为并列点，并列前环网中 QF_2～QF_6 都在合闸状态。为了简便分析，假定电源 G_3 未并于网中，即 QF 在分闸状态，其等效图如图 2.5 所示。

并列点两侧电压为$\dot{U}_1$和$\dot{U}_2$，假设电源 G_1 向电源 G_2 输送有功功率，其功率大小为P_2，由线路 L_2 与 L_3 流向 G_2，线路 L_2 与 L_3 串联的等效电抗为X_{L23}，忽略线路 L_2 与 L_3 的等效电阻，$\dot{U}_1$和$\dot{U}_2$的相角差为

$$\delta = \arcsin \frac{P_2 X_{L23}}{U_2 U_1} \tag{2.3}$$

因此，改变线路中传输的有功功率可以改变电压的相位。

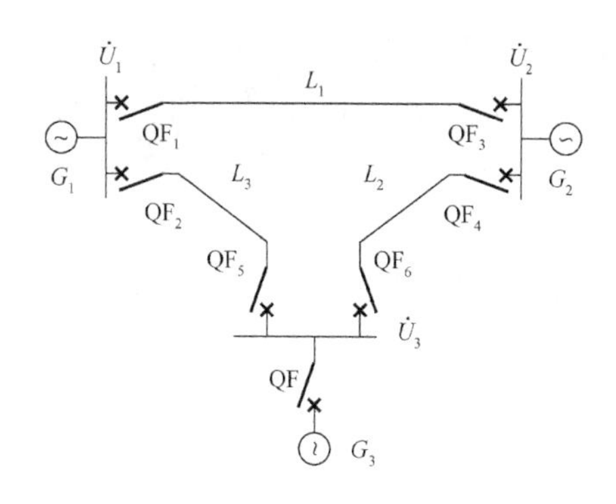

图 2.4　环网并网示意图

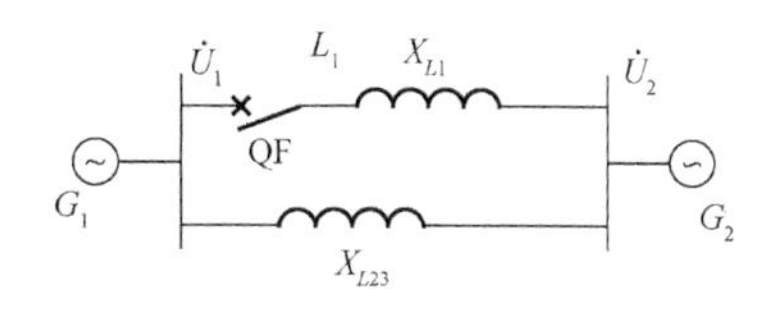

图 2.5　环网并网等效图

2.2　基于背靠背 VSC-HVDC 同期并列原理

2.2.1　VSC-HVDC 的特性

基于 IGBT 的电压源换流器和基于晶闸管的电流源换流器在工作机理和控制方式上有相当大的不同，其特别适用于可再生能源并网、分布式并网发电、孤岛供电、城市电网供电、异步交流电网互联等多个领域。

VSC-HVDC 的主要优点如下。

（1）有功功率和无功功率可以分别独立控制。由于电压源换流器的四象限运行特性，VSC-HVDC 系统和交流电网交换的有功功率与无功功率基本在运行的范围内可以完全独立地控制。因此，VSC-HVDC 系统等同于传统的直流输电和静止无功补偿系统。

（2）功率传递时，VSC-HVDC 系统可以达到双向传输有功功率，即有功功率能够快速反向，而且不需要调整控制方式，不需要切换交流滤波器，不需要阻断换流器。VSC-HVDC 的功率反转是由电流反向而非电压反向来实现的，反向的速度取决于网络。换流器本身能够在几毫秒中实现反向。无功功率能够独立控制，不受功率反转的影响。

（3）孤岛运行时，VSC-HVDC 系统跟随所并电网的交流电压运行。交流电网的电压幅值与频率是由发电厂的控制系统决定的。但是，当交流系统发生电压崩溃后，VSC-HVDC 系统能够及时切换到内部电压和频率，并和交流电网断开。此时换流器类似于一台虚拟静止发电机，可以向网络中的重要负荷供电。

2.2.2　背靠背 VSC-HVDC 用于同期并网

将背靠背电压源换流器用于电网间的同期并列，接线方式如图 2.6 所示，由两组 IGBT 组成的电压源换流器（VSC_1、VSC_2）、换流变压器（T_1、T_2 为Y/△）、换流电抗器（L_{d1}、L_{d2}）、直流电容、平波电抗器和交流滤波器等组成。

在图 2.6 中，两组 VSC_1、VSC_2 的桥臂由可控关断的大功率器件 IGBT 及与其反并联的二极管组成。反并联二极管可以提供负载向直流侧反馈能量的通道，使负载电流连续。在某些高压大功率情况下，每个桥臂需要由多个 IGBT 及与其相并联的二极管互相串联组成，以达到所需要的换流器额定功率值。在工业应用中，通常采用串并联桥臂器件、换流器多重化以及多电平等技术手段来提高换流器的容量。

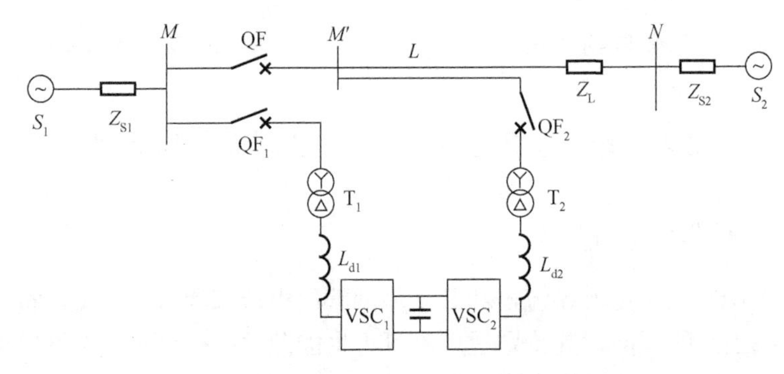

图 2.6　背靠背 VSC-HVDC 用于同期并网的电路图

换流变压器可以是三相变压器，也可以是单相变压器，三相各设置一台。其作用是实现换流器与高压交流系统相连，并提供与换流器直流侧直流电压相对应的交流输入电压，降低 VSC 输出电压与电流中的谐波，保证开关的调制度不会过小。变压器的二次侧通常采用分接头开关，以便调节变压器的二次侧电压，使系统能传递最大的有功功率和无功功率，提高传输效率（孔令云等，2010；刘静，2009）。其常用接线方式为：靠近交流侧采用星形连接方式，靠近换流器侧采用三角形接线方式。这种接线方式能够有效地隔离零序分量的通路。

换流电抗器在功率输送过程中起着十分关键的作用。在三相电路中各安装一台电抗器，它是 VSC 与交流电网间传送功率的桥梁，决定 VSC 的功率传送能力，以及 VSC 对有功和无功的性能控制，并抑制 VSC 输出电流、电压中的谐波量，以获得期望的基波电流和基波电压（孔令云等，2010；刘静，2009），同时对短路电流有抑制作用。

直流电容为逆变侧提供支撑电压，作为 VSC 直流侧的储能元件，起着减小 VSC 直流侧电压谐波、储备能量以控制潮流、缓冲桥臂 IGBT 开断时的冲击电流的作用（孔令云等，2010；刘静，2009）。直流侧的电容大小不仅影响直流侧电压的波动情况，还影响控制器的响应速度。

平波电抗器可抑制直流侧的纹波，使输出的直流接近理想直流。

交流滤波器可以滤除交流电压中的谐波，使总谐波畸变率低于相关的谐波含量标准。背靠背 VSC-HVDC 采用脉宽调制（pulse-width modulation，PWM）技术，可使换流站输出的交流电压和电流中含有较少的低次谐波，还含有一定量的高次谐波，因此在交流母线侧需要安装一定数量的交流滤波器，以限制输出电流中的谐波含量在电流谐波标准范围内。若没有任何滤波装置，则输出的交流电压中含有一定的高次谐波分量，且电压畸变率大于标准规定值。因此，需要在交流母线侧安装一定数量的交流滤波器。交流滤波器的参数选择及容量确定不仅与换流器的拓扑结构有关，还与开关频率、调制方式等因素密切相关。

在一个变电站中用基于背靠背 VSC-HVDC 的并网装置实现同期并网，当站内有多个子系统需要同期并网时，可共用一套复合系统，通过适当的电路连接和倒闸操作，实现并网电路的转换，依次完成相应的并网操作。

2.2.3　背靠背 VSC-HVDC 用于并网的工作原理

背靠背 VSC-HVDC 装置的调频和调压主要是通过电压源换流器传递两侧有功功率和无功功率来实现的。理想的换流器在保证大容量的前提下，要求主电路拓扑结构尽量简单，不仅桥臂直接串并联的 IGBT 器件数目要少、器件的开关频率要低，而且主电路和控制保护系统应不复杂、器件开关损耗要低。脉宽调制技术控制简单、灵活，且动态性能良好，因此被广泛应用于电压源换流器对电压幅值、相角和频率的控制中。目前电压源换流器采用较多的控制方式是正弦脉宽调制（sinusoidal pulse width modulation, SPWM）和空间矢量脉宽调制（space vector width modulation, SVPWM），其可灵活地使有功功率和无功功率得到独立的控制调节。SPWM 是在采样控制理论的重要结论基础上，根据面积等效原理，用一系列等幅不等宽的矩形脉冲来代替正弦波的调制方式，矩形脉冲的面积按正弦规律变化。采用 SPWM 调制方式时，换流器的同一桥臂上、下两个开关器件交替通断，处于互补工作方式。SVPWM 也称为磁通正弦脉宽调制，是依据换流器的空间矢量切换来控制换流器的一种调制方式，落在某个扇区内的空间矢量可由该扇区相邻的两个电压矢量和零矢量按照伏秒平衡原则合成。

在忽略换流电抗器的能量损耗（Schettler et al.，2000），只考虑基波的条件下，VSC 与电网之间通过换流电抗器传输的有功功率 P 及无功功率 Q 分别为

$$P=\frac{U_{\mathrm{s}}U_{C}}{X_{1}}\sin\delta \tag{2.4}$$

$$Q=\frac{U_{\mathrm{s}}\left(U_{\mathrm{s}}-U_{C}\cos\delta\right)}{X_{1}} \tag{2.5}$$

式中，U_C 为电压源换流器的输出电压基波分量；U_s 为交流电网母线电压的基波分量；δ 为 U_C 与 U_s 的相角差；X_1 为换流电抗值。

由式（2.4）与式（2.5）可得电压源换流器在稳态运行时其基波的相量图，如图 2.7 所示。

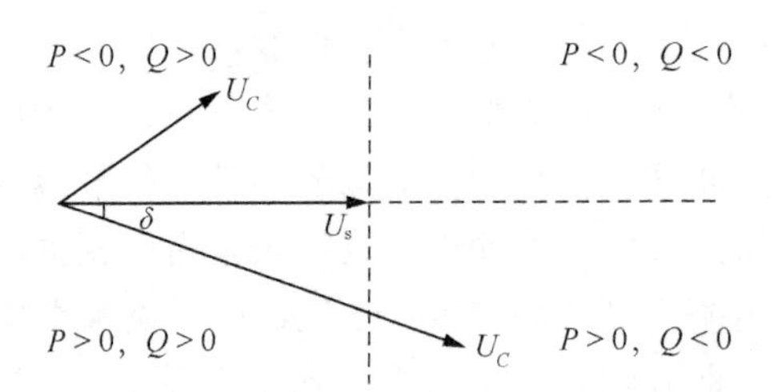

图 2.7　VSC 在稳态运行时的相量图

由图 2.7 所示的相量图可以看出，VSC 可以瞬时实现有功功率和无功功率在 4 个象限内运行，并可对其独立调节。由式（2.4）可知，通过控制 δ 的正负及大小，就可以控制 VSC 所输送有功功率的流向及大小；由式（2.5）及图 2.7 可知，$\dot{U}_C$ 投影到 $\dot{U}_s$ 上的分量与 U_s 的大小可以改变无功功率的正负，即无功功率的流向，因此控制 U_C 可实现 VSC 产生或消耗的无功功率。对系统来说，VSC 等效为一个发电机，其转动惯量为零，可向系统发出功率，也可等效为一个转动惯量为零的电动机，可向系统吸收有功功率与无功功率。

电网间通过背靠背 VSC 实现同期并列，其原理是在待同期并列的两系统之间，通过装置将高频侧系统的有功向低频侧系统快速传递，达到调整并列系统的频率；同时，向电压较低并列点注入容性无功，即减少无功负荷，向电压较高并列点吸收无功，即增大无功负荷，以调整并列点的电压幅值与相角满足并网条件，实现快速并网。

假设待并系统 S_1 为频率较高侧，其电压也比系统 S_2 并列点电压高，装置传递功率由系统 S_1 向系统 S_2 传递。图 2.1 中的待并系统传递功率可等效为图 2.8 与图 2.9。

图 2.8 中的 S_{C1} 为装置从系统 S_1 传递的功率，相当于给节点 1 增加了容量为 S_{C1} 的负荷功率，也可等效为一个容量为 S_{C1} 的负电源。图 2.9 中的 S_{C2} 为装置传递给系统 S_2 的功率，相当于给节点 2 减少了容量为 S_{C2} 的负荷功率，也可等效为在节点 2 接了一个容量为 S_{C2} 的电源。在忽略并网装置内部系统损耗的前提下有 $P_{C1}=P_{C2}$。

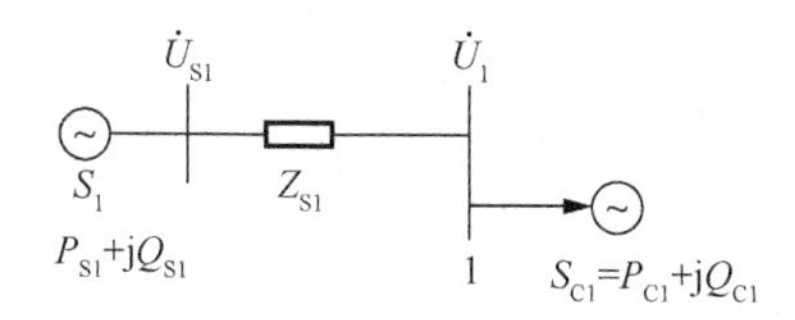

图 2.8　待并系统 S_1 传递功率等效图

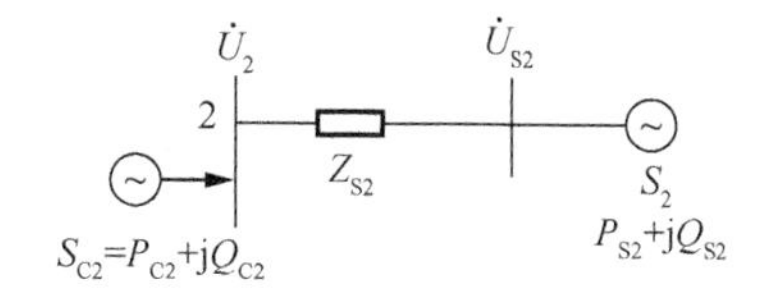

图 2.9　待并系统 S_2 传递功率等效图

2.3　并网装置的传递功率计算

传递功率方向的判定与控制是并网装置首先要解决的问题，其次是要满足并网条件需要传递功率多少的问题。

2.3.1　传递功率的流向控制

1. 有功功率的流向控制

当并网中的频率差不满足并网条件时，由并网装置的频率测量装置，首先准确测量出待并电网并列点两侧电网的频率，计算频率的差值，并与并网要求的频率差比较进行判定。若不满足并网条件，则需要有功功率传递，有功功率传递方向为从装置测得频率较高的一侧传向较低的一侧，即与频率高的电网一侧相连的 VSC 工作在整流状态，另一侧 VSC 工作在逆变状态，由高的一侧向低的一侧传递有功功率。若频率差满足条件，则再将测得的频率分别与额定频率比较，判断是否都满足频率差范围；若不满足，则启动功率传递，传递方向由测得的频率高的一侧传向低的一侧；若满足，则再判定其他两个条件，依据判定结果决定装置是否启动功率传递。传递有功功率方向判定方法如图 2.10 所示。

由图 2.10 可知，假设 f_2 为频率较高侧的频率值，f_1 为频率较低侧的频率值，缩小频率差 Δf 有三种方法：降低 f_2，升高 f_1，降低 f_2 同时升高 f_1。

在系统电源不变的情况下，增加系统的有功负荷，系统频率将下降；反之，减小系统的有功负荷，系统频率将升高。故增加频率较高侧系统的有功负荷可以降低 f_2，减小频率较低侧系统的有功负荷可以升高 f_1。因此，只需将有功功率从频率较高的一侧向频率较低的一侧传递，即在增加了频率较高侧的有功负荷的同时减小频率较低侧的有功负荷，可在降低 f_2 的同时升高 f_1，从而达到缩小 Δf 的目的。

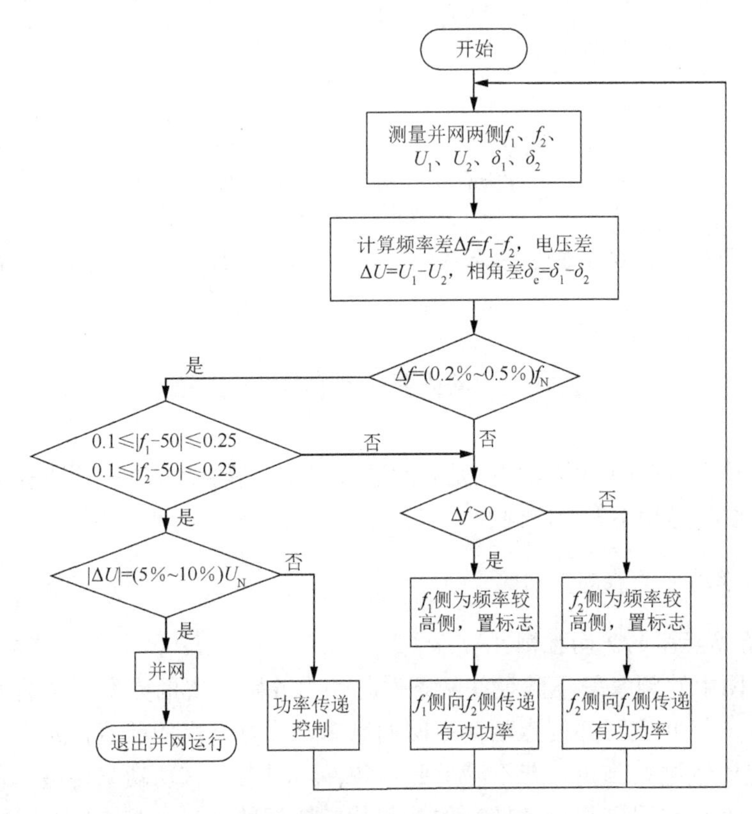

图 2.10　有功功率传递方向的判定

2. 无功功率的流向控制

依据电网无功平衡与运行电压之间的关系，在待并点两侧，对于电压较高侧，减少并列点负荷无功功率，以降低该节点的电压；对于电压较低侧，增加并列点的负荷无功功率，以提升该节点的电压。因此，在并列点之间通过并网装置从电压高的一侧将一定量的无功功率传递到电压低的一侧就可缩小其电压差。

由并网装置的电压测量装置准确测量出待并电网并列点两侧电网的电压，计算电压的差值，并与并网要求的电压差进行比较，若不满足并网条件，则需要无功功率传递，传递的方向为从测得的电压高的一侧向低的一侧传递，即与测得频率高的电网一侧相连的 VSC 工作在整流状态，另一侧 VSC 工作在逆变状态，由高的一侧向低的一侧传递功率。若电压差满足，则再将测得的电压分别与额定电压进行比较，判断是否都满足电压允许规定偏差范围，若不满足，则启动功率传递，传递方向为由测得的电压高的一侧向低的一侧传递；若满足，则再判定其他两个条件，依据判定结果决定装置是否启动功率传递。传递无功功率方向判定方法如图 2.11 所示。

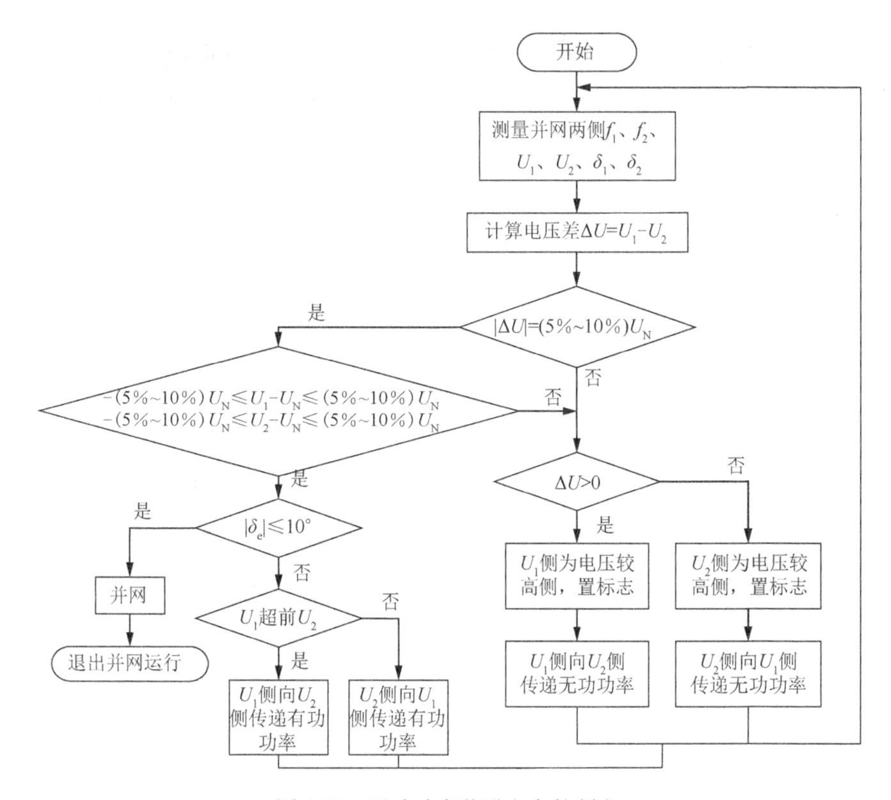

图 2.11　无功功率传递方向的判定

由图 2.11 可知，从无功功率平衡与电压水平关系的角度出发，增加电压较高侧的无功负荷可降低负荷节点电压，减小电压较低侧的无功负荷可升高负荷节点电压，因此，无功功率从电压较高侧向电压较低侧传递可缩小待并列两侧系统之间的电压差。从电压降落的角度出发，电压降落的纵向分量主要取决于无功功率。由式（2.2）可得

$$Q_2=\frac{U_2}{X_\Sigma}(U_1-U_2) \tag{2.6}$$

由式(2.6)可知，并列点两端的电压大小之差主要取决于无功功率。当$U_1>U_2$时，$Q_2>0$，说明无功功率从高电压端流向低电压端时为正。当U_1和X_Σ不变时，增加Q_2可以使U_2减小，反之将使U_2升高。

因此，增加电压较高侧系统传输的无功功率即无功功率从系统流向 VSC 可减小该侧的电压，而减小电压较低侧系统传输的无功功率即无功功率从 VSC 流向系统可升高该侧的电压，达到了缩小电压差的目的。

3. 同频并网存在相角差的情况

同频并网的特征是并列前同步点断路器两侧电源已存在电气联系，电压可能

不同，但频率相同，且存在一个固定的相角差δ。相角差δ取决于并网前两个电源间连接电路的电抗和传输的有功功率值。若线路传输功率为 P，则两侧电源的相角差δ为

$$\delta = \arcsin\frac{PX_L}{U_1U_2} \tag{2.7}$$

式中，X_L为两个电源间连接电路的电抗；U_1、U_2为两个电源的电压。

由式（2.7）可知，δ与线路传输功率和线路等值阻抗有关，传输的等值功率越大，线路的等值阻抗越大，δ就越大。调整线路中输送的有功功率可以改变并列点两侧电压的相角差；在进行并列操作时，需调整线路传输的有功功率，使相角差满足同期并列条件后完成并列。功率传递方向的判定方法如图 2.12 所示。

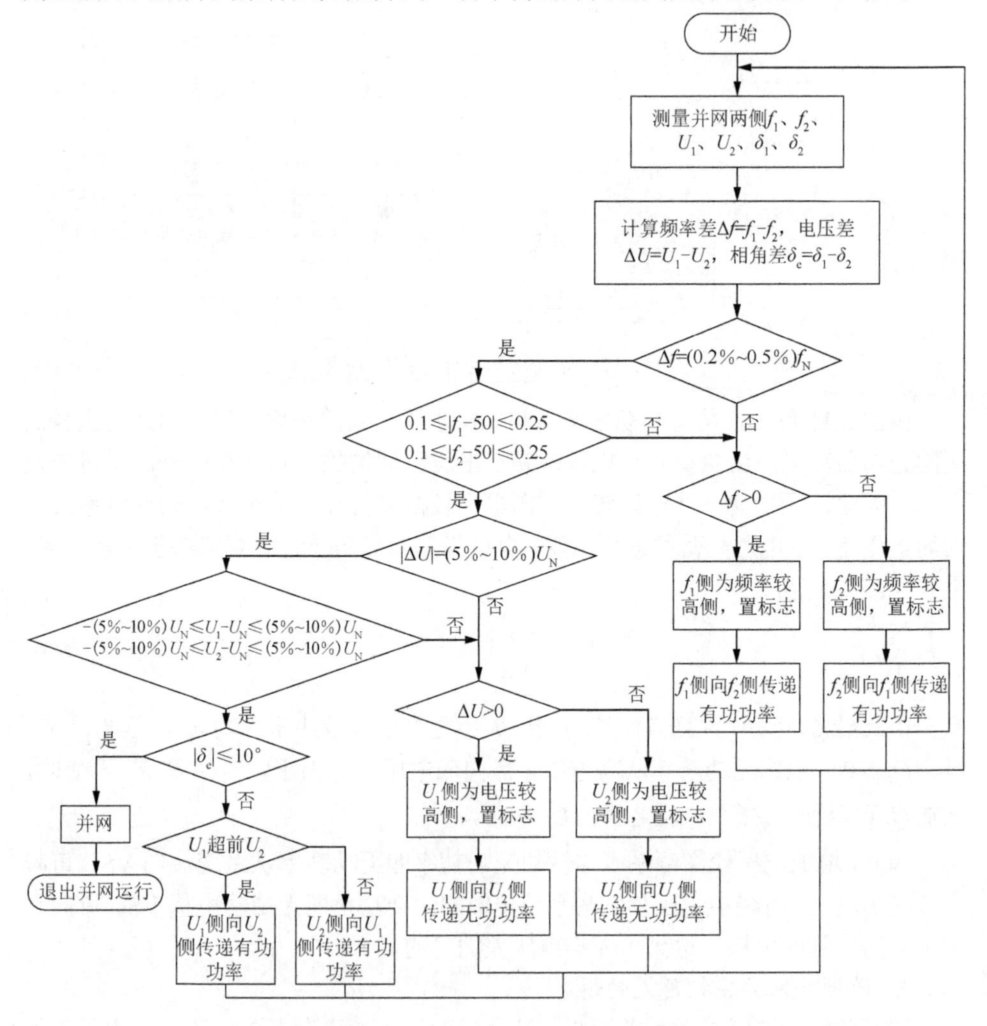

图 2.12　功率传递方向的判定

由并网装置的电压测量装置，准确地测量出待并电网并列点两侧电网的电压相角，计算相角的差值，与并网要求的相角差进行比较。若相角差不满足并网条件，则需要有功功率传递，传递的方向为从测得的相角超前的一侧向相角滞后的一侧传递。若相角差满足并网条件，则再判定其他两个条件，若满足则并网，装置退出并网运行转入其他功能模式运行。

2.3.2　并网装置功率传递值计算

并网装置所需传递功率值的确定与待并系统的各自频率静态特性、电压静态特性及系统转动惯量等有关。可以采取试探的策略求解。并网装置根据判定的功率传递方向以及需要传递的有功功率和无功功率，先传递一个较小功率值，根据测量的频率差、电压差及相角差，计算出并网装置传递有功值对频率差、无功值对电压差、有功值对相角差变化量的变化率，并考虑实际电网在传递 Q_1 和 P_1 时，两侧电压和频率都将有所变化，需要分别引入一个系数 k 加以修正，k 值根据系统具体情况或经验来确定。

1. 有功功率/频率差变化率

$$\Delta P_{\mathrm{f}} = k_{\mathrm{pf}} \frac{P_1}{\Delta f_0 - \Delta f_1} \tag{2.8}$$

式中，ΔP_{f} 为有功功率/频率差变化率；k_{pf} 为 ΔP_{f} 的修正系数；P_1 为装置开始传递的较小有功功率；Δf_0 为传递 P_1 前待并系统频率差；Δf_1 为传递 P_1 后待并系统频率差。

2. 无功功率/电压差变化率

$$\Delta Q_{\mathrm{U}} = k_{\mathrm{qu}} \frac{Q_1}{\Delta U_0 - \Delta U_1} \tag{2.9}$$

式中，ΔQ_{U} 为无功功率/电压差变化率；k_{qu} 为无功功率/电压差变化率的修正系数；Q_1 为装置开始传递的较小无功功率；ΔU_0 为传递 Q_1 前待并系统电压差；ΔU_1 为传递 Q_1 后待并系统电压差。

3. 有功功率/相角差变化率

$$\Delta P_{\mathrm{ph}} = k_{\mathrm{pph}} \frac{P_1}{\Delta \mathrm{ph}_0 - \Delta \mathrm{ph}_1} \tag{2.10}$$

式中，ΔP_{ph} 为有功功率/相角差变化率；P_1 值可根据调度对联络线的功率波动要求或根据装置实际运行经验来整定；$\Delta \mathrm{ph}_0$ 为传递 P_1 前待并系统相角差；$\Delta \mathrm{ph}_1$ 为传递 P_1 后待并系统相角差；k_{pph} 为 ΔP_{ph} 的修正系数。

在满足并列条件下，差频并网装置所需传递的有功值（P_{ref}）和无功值（Q_{ref}）可根据如下公式计算得到：

$$P_{\mathrm{ref}} = P_1 + \Delta P_{\mathrm{f}}(\Delta f_1 - \Delta f_{\mathrm{ref}}) = P_1 + k_{\mathrm{pf}} \frac{P_1}{\Delta f_0 - \Delta f_1}(\Delta f_1 - \Delta f_{\mathrm{ref}}) \tag{2.11}$$

式中，Δf_{ref}为装置整定的频率差，其值小于并网条件中的最大频率差。

$$Q_{\mathrm{ref}} = Q_1 + \Delta Q_{\mathrm{U}}(\Delta U_1 - \Delta U_{\mathrm{ref}}) = Q_1 + k_{\mathrm{qu}} \frac{Q_1}{\Delta U_0 - \Delta U_1}(\Delta U_1 - \Delta U_{\mathrm{ref}}) \tag{2.12}$$

式中，ΔU_{ref}为装置整定的电压差，其值小于并网条件中的最大电压差。

当同频并网时，无功功率的计算与差频并网一样，而有功功率的计算只需将差频并网时的频率差值改为相角差值，因此，同频并网有功功率计算式如下：

$$P_{\mathrm{ref}} = P_1 + \Delta P_{\mathrm{ph}}(\Delta \mathrm{ph}_1 - \Delta \mathrm{ph}_{\mathrm{ref}}) = P_1 + k_{\mathrm{pph}} \frac{P_1}{\Delta \mathrm{ph}_0 - \Delta \mathrm{ph}_1}(\Delta \mathrm{ph}_1 - \Delta \mathrm{ph}_{\mathrm{ref}}) \tag{2.13}$$

式中，$\Delta \mathrm{ph}_{\mathrm{ref}}$为装置整定的相角差，其值小于并网条件中的最大相角差。

在式（2.11）和式（2.12）中，P_{ref}和Q_{ref}分别为满足并列条件所需传递的有功功率和无功功率，其在实际传递时受并网装置容量的限制，其最大值不能超过并网装置换流器的容量，在控制策略中应加以限定。

参考文献

陈珩, 2007. 电力系统稳态分析[M]. 3版. 北京: 中国电力出版社.

孔令云, 杜颖, 2010. 电压源换流器型直流输电在风电场并网中的应用[J]. 科技信息, (31): 730-731, 812.

刘家军, 汤涌, 姚李孝, 等, 2010. 电压型换流器实现电网间同期并列的原理及仿真研究[J]. 中国电机工程学报, 30(s1): 12-17.

刘家军, 姚李孝, 吴添森, 等, 2011. 基于电压型换流器电网间同期并列仿真研究[J]. 系统仿真学报, 23(3): 528-535.

刘静, 2009. 轻型直流输电建模及其在风力发电中的应用[D]. 北京: 华北电力大学.

王士政, 2008. 电力系统控制与调度自动化[M]. 北京: 中国电力出版社.

吴添森, 2010. 基于功率传递的电网间同期并列仿真研究[D]. 西安: 西安理工大学.

杨冠城, 2007. 电力系统自动装置原理[M]. 4版. 北京: 中国电力出版社.

张桂斌, 徐政, 王广柱, 2002. 基于VSC的直流输电系统的稳态建模及其非线性控制[J]. 中国电机工程学报, 22(1): 17-22.

赵兴泉, 李明, 赵伟, 2012. 山西电网对外联络线断面潮流波动因素分析[J]. 山西电力, (3): 21-25.

VIJAY K S, 2006. 高压直流输电与柔性交流输电控制装置-静止换流器在电力系统中的应用[M]. 徐政, 译. 北京: 机械工业出版社.

SCHETTLER F, HUANG H, CHRISTL N, 2000. HVDC transmission systems using voltage sourced converters design and applications[J]. IEEE summer power meeting, 2(2): 715-720.

第3章　基于背靠背VSC-HVDC并网系统的控制策略

3.1　并网系统的模型分析

3.1.1　三相电压平衡时的并网模型

图3.1为三相电压源换流器的结构示意图。图中，u_a、u_b、u_c为三相电源电压；R为等效的电阻损耗；L为所连接的换流电抗器的电感；i_a、i_b、i_c为三相线电流；V_1～V_6为整流桥的IGBT；D_1～D_6为并联在IGBT旁的续流二极管；i_{dc}为直流侧电流；u_{dc}为直流侧电压；C为直流侧电容；R_L为负载；u_{ja}、u_{jb}、u_{jc}为整流器的输入相电压；i_L为负载电流。

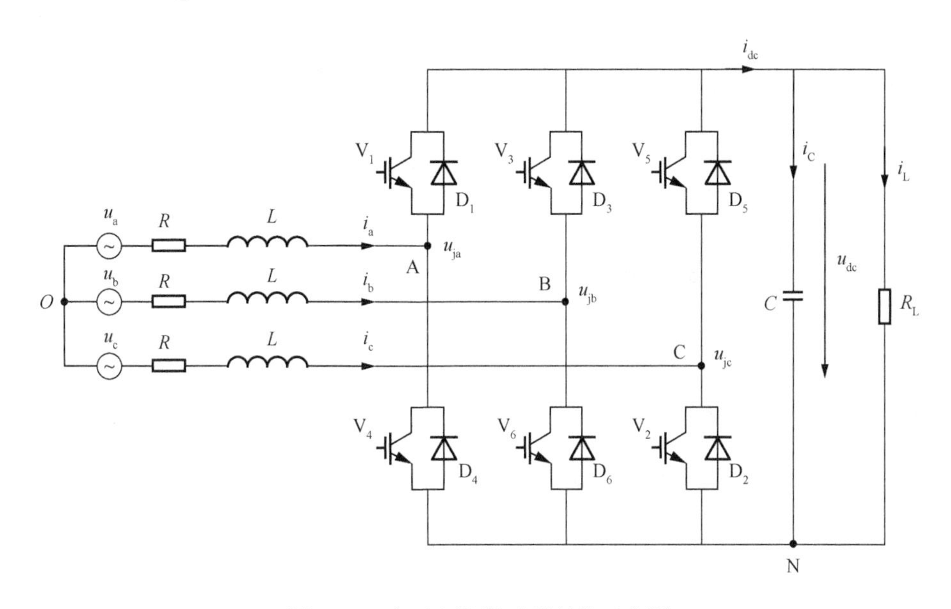

图3.1　三相电压源换流器结构示意图

交流系统三相电压平衡时，假设三相换流器的电源电压相互对称；换流电抗器也线性对称，且忽略其饱和状态；换流器件无导通关断延时，不计损耗，视为理想开关；电压源换流器采用三相两电平的拓扑结构。

1. 在三相静止坐标系中的数学模型

（1）VSC 的高频数学模型。根据基尔霍夫电压定律可得，图 3.1 中 a 相的电压方程为

$$L\frac{\mathrm{d}i_{\mathrm{a}}}{\mathrm{d}t}+Ri_{\mathrm{a}}=u_{\mathrm{a}}-\left(u_{\mathrm{AN}}+u_{\mathrm{NO}}\right) \tag{3.1}$$

设 S_{a} 为换流器 a 相桥臂的开关函数，当 $S_{\mathrm{a}}=1$ 时，换流器 a 相上桥臂导通、下桥臂关断，此时，$u_{\mathrm{AN}}=u_{\mathrm{dc}}$。当 $S_{\mathrm{a}}=0$ 时，换流器 a 相下桥臂导通、上桥臂关断，此时，$u_{\mathrm{AN}}=0$。通过比较开关函数 S_{a} 和 u_{AN} 的关系可得出：$u_{\mathrm{AN}}=S_{\mathrm{a}}\cdot u_{\mathrm{dc}}$。

故式（3.1）可写为

$$L\frac{\mathrm{d}i_{\mathrm{a}}}{\mathrm{d}t}+Ri_{\mathrm{a}}=u_{\mathrm{a}}-\left(S_{\mathrm{a}}\cdot u_{\mathrm{dc}}+u_{\mathrm{NO}}\right) \tag{3.2}$$

同理，b 相、c 相的电压方程分别为

$$L\frac{\mathrm{d}i_{\mathrm{b}}}{\mathrm{d}t}+Ri_{\mathrm{b}}=u_{\mathrm{b}}-\left(S_{\mathrm{b}}\cdot u_{\mathrm{dc}}+u_{\mathrm{NO}}\right) \tag{3.3}$$

$$L\frac{\mathrm{d}i_{\mathrm{c}}}{\mathrm{d}t}+Ri_{\mathrm{c}}=u_{\mathrm{c}}-\left(S_{\mathrm{c}}\cdot u_{\mathrm{dc}}+u_{\mathrm{NO}}\right) \tag{3.4}$$

式中，S_{b}、S_{c} 分别为整流器 b 相、c 相桥臂的开关函数。

对于三相对称系统，有

$$\begin{cases}i_{\mathrm{a}}+i_{\mathrm{b}}+i_{\mathrm{c}}=0\\ u_{\mathrm{a}}+u_{\mathrm{b}}+u_{\mathrm{c}}=0\end{cases} \tag{3.5}$$

联立式（3.2）～式（3.5）可得

$$u_{\mathrm{NO}}=-\frac{u_{\mathrm{dc}}}{3}\sum_{k=\mathrm{a,b,c}}S_k \tag{3.6}$$

将式（3.6）代入式（3.2）～式（3.4）中可得

$$\begin{cases}L\dfrac{\mathrm{d}i_{\mathrm{a}}}{\mathrm{d}t}+Ri_{\mathrm{a}}=u_{\mathrm{a}}-u_{\mathrm{dc}}\dfrac{\left(2S_{\mathrm{a}}-S_{\mathrm{b}}-S_{\mathrm{c}}\right)}{3}\\ L\dfrac{\mathrm{d}i_{\mathrm{b}}}{\mathrm{d}t}+Ri_{\mathrm{b}}=u_{\mathrm{b}}-u_{\mathrm{dc}}\dfrac{\left(2S_{\mathrm{b}}-S_{\mathrm{a}}-S_{\mathrm{c}}\right)}{3}\\ L\dfrac{\mathrm{d}i_{\mathrm{c}}}{\mathrm{d}t}+Ri_{\mathrm{c}}=u_{\mathrm{c}}-u_{\mathrm{dc}}\dfrac{\left(2S_{\mathrm{c}}-S_{\mathrm{a}}-S_{\mathrm{b}}\right)}{3}\end{cases} \tag{3.7}$$

对于 VSC 的直流侧，由基尔霍夫电流定律可得

$$C\frac{\mathrm{d}u_{\mathrm{dc}}}{\mathrm{d}t}=\left(S_{\mathrm{a}}i_{\mathrm{a}}+S_{\mathrm{b}}i_{\mathrm{b}}+S_{\mathrm{c}}i_{\mathrm{c}}\right)-i_{\mathrm{L}}=i_{\mathrm{dc}}-i_{\mathrm{L}} \tag{3.8}$$

由以上分析可知，在三相静止坐标系中，VSC 的高频数学模型为

$$
\begin{cases}
L\dfrac{\mathrm{d}i_{\mathrm{a}}}{\mathrm{d}t}+Ri_{\mathrm{a}}=u_{\mathrm{a}}-u_{\mathrm{dc}}\dfrac{\left(2S_{\mathrm{a}}-S_{\mathrm{b}}-S_{\mathrm{c}}\right)}{3}\\
L\dfrac{\mathrm{d}i_{\mathrm{b}}}{\mathrm{d}t}+Ri_{\mathrm{b}}=u_{\mathrm{b}}-u_{\mathrm{dc}}\dfrac{\left(2S_{\mathrm{b}}-S_{\mathrm{a}}-S_{\mathrm{c}}\right)}{3}\\
L\dfrac{\mathrm{d}i_{\mathrm{c}}}{\mathrm{d}t}+Ri_{\mathrm{c}}=u_{\mathrm{c}}-u_{\mathrm{dc}}\dfrac{\left(2S_{\mathrm{c}}-S_{\mathrm{a}}-S_{\mathrm{b}}\right)}{3}\\
C\dfrac{\mathrm{d}u_{\mathrm{dc}}}{\mathrm{d}t}=\left(S_{\mathrm{a}}i_{\mathrm{a}}+S_{\mathrm{b}}i_{\mathrm{b}}+S_{\mathrm{b}}i_{\mathrm{b}}\right)-i_{\mathrm{L}}=i_{\mathrm{dc}}-i_{\mathrm{L}}
\end{cases}
\tag{3.9}
$$

式（3.9）反映了 VSC 三相电流同其三相桥开关函数的相关性及相互耦合的关系，系统是一个时变非线性系统。高频数学模型的优点在于能较好地反映换流器件的开关过程及系统的谐波频率特性，但不能用于设计换流器的控制策略。

（2）VSC 的低频动态数学模型。基于开关函数的高频数学模型可以较好地反映并网系统的开关过程，但并不适用于控制策略的设计。因此，可以建立 VSC 的低频动态数学模型，在此基础上设计合理的控制策略。模型只考虑电压基波分量，VSC 各相桥臂中点电压的基波分量用 v_k（k 分别表示 a、b、c 相）表示，由式（3.9）可得到三相静止坐标系中 VSC 的低频动态模型为

$$
\begin{cases}
L\dfrac{\mathrm{d}i_{\mathrm{a}}}{\mathrm{d}t}+Ri_{\mathrm{a}}=u_{\mathrm{a}}-v_{\mathrm{a}}\\
L\dfrac{\mathrm{d}i_{\mathrm{b}}}{\mathrm{d}t}+Ri_{\mathrm{b}}=u_{\mathrm{b}}-v_{\mathrm{b}}\\
L\dfrac{\mathrm{d}i_{\mathrm{c}}}{\mathrm{d}t}+Ri_{\mathrm{c}}=u_{\mathrm{c}}-v_{\mathrm{c}}\\
C\dfrac{\mathrm{d}u_{\mathrm{dc}}}{\mathrm{d}t}=\left(S_{\mathrm{a}}i_{\mathrm{a}}+S_{\mathrm{b}}i_{\mathrm{b}}+S_{\mathrm{c}}i_{\mathrm{c}}\right)-i_{\mathrm{L}}=i_{\mathrm{dc}}-i_{\mathrm{L}}
\end{cases}
\tag{3.10}
$$

三相静止坐标系下的数学模型具有物理意义清晰、直观明了等优点，且 VSC 的低频动态模型只考虑电压基波分量，三相基波电气量不互相耦合。但在三相静止坐标系下，各电气量均为随时间变化的交流量，不利于控制系统的设计，且难以实现并网系统的有功功率和无功功率的独立调节。

2. 在两相坐标系中 VSC 的数学模型

为了实现并网系统独立控制有功功率和无功功率，通常需要进行坐标变换，将三相静止坐标系中的交流时变量变换到相互垂直两相静止 $\alpha\beta$ 坐标系中或两相同步旋转 dq 坐标系中。

图 3.2 为 abc、$\alpha\beta$、dq 三种坐标系之间的相对关系。其中，d、q 轴均以同

步角速度ω逆时针旋转。VSC 数学模型就是基于图 3.2 所示的三种坐标系的定位关系而得出的。

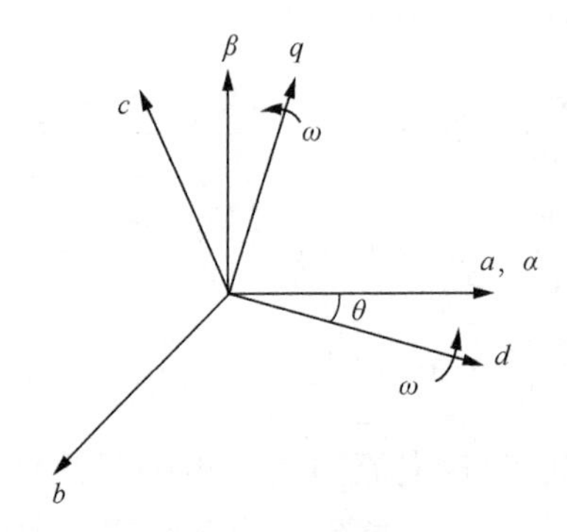

图 3.2　三种坐标系之间的相对关系

变量变换包括等量变换和等功率变换。由于本书所研究的控制策略和保护策略均是基于功率传递的并网方式实现的，故变量变换采用等功率变换。

（1）在两相静止$\alpha\beta$坐标系中 VSC 的数学模型。将换流器在三相静止坐标系中的系统变量变换到两相静止$\alpha\beta$坐标系中的变换关系称为 Clark 变换。其等功率变换矩阵为

$$T_{3s/2s}=\sqrt{\frac{2}{3}}\begin{bmatrix}1 & -\dfrac{1}{2} & -\dfrac{1}{2}\\ 0 & \sqrt{\dfrac{3}{2}} & -\sqrt{\dfrac{3}{2}}\end{bmatrix}$$

经等功率变换后，VSC 在两相静止$\alpha\beta$坐标系中的数学模型为

$$\begin{cases}L\dfrac{\mathrm{d}i_\alpha}{\mathrm{d}t}+Ri_\alpha=u_\alpha-v_\alpha\\ L\dfrac{\mathrm{d}i_\beta}{\mathrm{d}t}+Ri_\beta=u_\beta-v_\beta\\ C\dfrac{\mathrm{d}u_{\mathrm{dc}}}{\mathrm{d}t}=i_{\mathrm{dc}}-i_{\mathrm{L}}\end{cases}\tag{3.11}$$

式中，i_α、i_β分别表示换流器交流侧电流的α、β轴分量；u_α、u_β分别表示 VSC 交流侧接入端电压的α、β轴分量；v_α、v_β分别表示 VSC 桥臂中点的基波电压在α、β轴的分量。

（2）在两相同步旋转dq坐标系中 VSC 的数学模型。将换流器在三相静止坐标系中的系统变量变换到两相同步旋转dq坐标系中的变换关系称为 Park 变换。其等功率变换矩阵为

$$T_{3s/2r}=\sqrt{\frac{2}{3}}\begin{bmatrix}\cos(\omega t) & \cos\left(\omega t-\frac{2\pi}{3}\right) & \cos\left(\omega t+\frac{2\pi}{3}\right)\\ -\sin(\omega t) & -\sin\left(\omega t-\frac{2\pi}{3}\right) & -\sin\left(\omega t+\frac{2\pi}{3}\right)\end{bmatrix}$$

经等功率变换后，VSC 在两相同步旋转 dq 坐标系中的数学模型为

$$\begin{cases}L\dfrac{\mathrm{d}i_d}{\mathrm{d}t}+Ri_d=u_d-v_d+\omega Li_q\\ L\dfrac{\mathrm{d}i_q}{\mathrm{d}t}+Ri_q=u_q-v_q-\omega Li_d\\ C\dfrac{\mathrm{d}u_{\mathrm{dc}}}{\mathrm{d}t}=3\left(S_di_d+S_qi_q\right)/2=i_{\mathrm{dc}}-i_{\mathrm{L}}\end{cases}\tag{3.12}$$

式中，i_d、i_q 分别表示换流器交流侧电流的 d、q 轴分量；u_d、u_q 分别表示 VSC 交流侧接入端电压在 d、q 轴的分量；v_d、v_q 分别表示 VSC 桥臂中点的基波电压在 d、q 轴上的分量；S_d、S_q 分别表示开关函数的 d、q 轴分量。

通过上述坐标变换，可以将三相交流时变量变换为两相直流量，便于换流系统控制器的设计，但 d、q 轴的电流之间存在着耦合作用，在设计控制策略时必须实现 d、q 轴电流的解耦才能得到理想的控制效果。

3.1.2　三相电压不平衡时的并网模型

对 VSC-HVDC 系统而言，在正常运行时，交流系统三相电压和系统参数都对称，但若交流系统参数不对称或是系统发生故障，则会产生负序分量使系统电压出现三相不平衡。在实际运行中，造成交流系统电压不平衡的原因有很多，主要有交流系统电压或负荷不平衡、交流侧系统发生不对称故障、各相换流电抗器参数不相等及换流器件的开关损耗不一致等。

若交流系统发生不对称故障，将严重影响并网系统的正常运行。下面具体介绍 VSC-HVDC 交流侧系统发生不对称故障时的数学模型（陈海荣，2007）。

1. VSC 的交流侧数学模型

VSC 交流侧系统的等效电路如图 3.3 所示。为了分析简便，只考虑并网系统的基频分量。

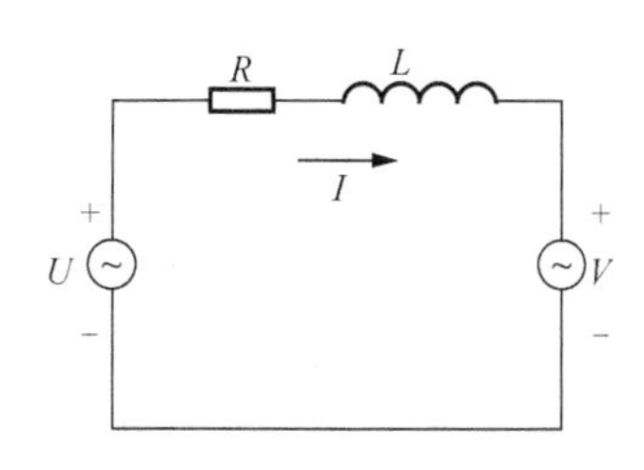

图 3.3　VSC 交流侧系统的等效电路

根据基尔霍夫电压定律可得

$$U=RI+L\frac{\mathrm{d}I}{\mathrm{d}t}+V\tag{3.13}$$

当换流器交流侧出现不对称故障时，

式（3.13）中的U和I中除包含正序分量外，还有故障引起的负序分量。现假设VSC 交流侧的输出电压V也由正序分量和负序分量两部分组成。在两相$\alpha\beta$静止坐标系下的电压、电流矢量可表示为

$$\begin{cases} U = U^+ + U^- = u_\alpha + \mathrm{j}u_\beta = \left(u_\alpha^+ + u_\alpha^-\right) + \mathrm{j}\left(u_\beta^+ + u_\beta^-\right) \\ I = I^+ + I^- = i_\alpha + \mathrm{j}i_\beta = \left(i_\alpha^+ + i_\alpha^-\right) + \mathrm{j}\left(i_\beta^+ + i_\beta^-\right) \\ V = V^+ + V^- = v_\alpha + \mathrm{j}v_\beta = \left(v_\alpha^+ + v_\alpha^-\right) + \mathrm{j}\left(v_\beta^+ + v_\beta^-\right) \end{cases} \tag{3.14}$$

将式（3.14）代入式（3.13）中，并分离复数的实部和虚部，可得当三相电压不平衡时，换流器在两相$\alpha\beta$静止坐标系下的数学模型，即

$$\begin{cases} u_\alpha^+ = Ri_\alpha^+ + L\dfrac{\mathrm{d}i_\alpha^+}{\mathrm{d}t} + v_\alpha^+ \\ u_\beta^+ = Ri_\beta^+ + L\dfrac{\mathrm{d}i_\beta^+}{\mathrm{d}t} + v_\beta^+ \end{cases} \tag{3.15}$$

$$\begin{cases} u_\alpha^- = Ri_\alpha^- + L\dfrac{\mathrm{d}i_\alpha^-}{\mathrm{d}t} + v_\alpha^- \\ u_\beta^- = Ri_\beta^- + L\dfrac{\mathrm{d}i_\beta^-}{\mathrm{d}t} + v_\beta^- \end{cases} \tag{3.16}$$

经过坐标变换，可得到在交流系统电压不平衡时，并网系统在同步旋转dq坐标系下的数学模型，即

$$\begin{cases} L\dfrac{\mathrm{d}i_d^+}{\mathrm{d}t} = -Ri_d^+ + L\omega i_q^+ - v_d^+ + u_d^+ \\ L\dfrac{\mathrm{d}i_q^+}{\mathrm{d}t} = -Ri_q^+ - L\omega i_d^+ - v_q^+ + u_q^+ \end{cases} \tag{3.17}$$

$$\begin{cases} L\dfrac{\mathrm{d}i_d^-}{\mathrm{d}t} = -Ri_d^- - L\omega i_q^- - v_d^- + u_d^- \\ L\dfrac{\mathrm{d}i_q^-}{\mathrm{d}t} = -Ri_q^- + L\omega i_d^- - v_q^- + u_q^- \end{cases} \tag{3.18}$$

由式（3.17）和式（3.18）可以看出，在交流侧系统电压三相不平衡时，d、q轴的电流之间也存在着耦合作用，在设计控制策略时，必须实现d、q轴电流的解耦才能得到理想的控制效果。

2. VSC 的直流侧数学模型

推导交流电压不平衡时 VSC 直流侧的数学模型，由式（3.10）可知

$$i_{\mathrm{dc}} = S_{\mathrm{a}}i_{\mathrm{a}} + S_{\mathrm{b}}i_{\mathrm{b}} + S_{\mathrm{c}}i_{\mathrm{c}} \tag{3.19}$$

对式（3.19）的右侧进行 $\alpha\beta$ 变换，可得

$$i_{dc}=\frac{3}{2}\left(S_{\alpha}i_{\alpha}+S_{\beta}i_{\beta}\right)=\frac{3}{2}\mathrm{Re}\left(I\cdot S^{*}\right) \tag{3.20}$$

定义开关函数矢量 S 为

$$S=S_{\alpha}+\mathrm{j}S_{\beta} \tag{3.21}$$

电流矢量 I 与开关函数矢量 S 在交流系统电压不平衡时，将有负序分量产生。在同步旋转 dq 坐标系下，I 和 S 可分别表示为

$$I=\mathrm{e}^{\mathrm{j}\omega t}I_{dq}^{+}+\mathrm{e}^{-\mathrm{j}\omega t}I_{dq}^{-} \tag{3.22}$$

$$S=\mathrm{e}^{\mathrm{j}\omega t}S_{dq}^{+}+\mathrm{e}^{\mathrm{j}\omega t}S_{dq}^{-} \tag{3.23}$$

式中

$$I_{dq}^{+}=i_{d}^{+}+\mathrm{j}i_{q}^{+},\quad I_{dq}^{-}=i_{d}^{-}+\mathrm{j}i_{q}^{-},\quad S_{dq}^{+}=S_{d}^{+}+\mathrm{j}S_{q}^{+},\quad S_{dq}^{-}=S_{d}^{-}+\mathrm{j}S_{q}^{-} \tag{3.24}$$

将式（3.22）和式（3.23）代入式（3.20）可得

$$\begin{aligned}i_{dc}&=\frac{3}{2}\mathrm{Re}\left(I\cdot S^{*}\right)=\frac{3}{2}\mathrm{Re}\left[\left(\mathrm{e}^{\mathrm{j}\omega t}I_{dq}^{+}+\mathrm{e}^{-\mathrm{j}\omega t}I_{dq}^{-}\right)\left(\mathrm{e}^{\mathrm{j}\omega t}S_{dq}^{+}+\mathrm{e}^{-\mathrm{j}\omega t}S_{dq}^{-}\right)^{*}\right]\\&=\frac{3}{2}\mathrm{Re}\left(I_{dq}^{+}S_{dq}^{+*}+\mathrm{e}^{\mathrm{j}2\omega t}I_{dq}^{+}S_{dq}^{-*}+\mathrm{e}^{-\mathrm{j}2\omega t}I_{dq}^{-}S_{dq}^{+*}+I_{dq}^{-}S_{dq}^{-*}\right)\end{aligned} \tag{3.25}$$

由式（3.25）可知，当交流电压三相不平衡时，直流电流中会出现二倍频的谐波电流，这些电流将会引起直流电压和有功功率的波动。忽略直流电流中的二次谐波分量，则有

$$i_{dc}=\frac{3}{2}\mathrm{Re}\left(I_{dq}^{+}S_{dq}^{+*}+I_{dq}^{-}S_{dq}^{-*}\right) \tag{3.26}$$

展开式（3.26）并取实部可得

$$i_{dc}=\frac{3}{2}\left(i_{d}^{+}S_{d}^{+}+i_{q}^{+}S_{q}^{+}+i_{d}^{-}S_{d}^{-}+i_{q}^{-}S_{q}^{-}\right) \tag{3.27}$$

3.2　并网系统的控制策略

控制策略是背靠背电压源换流器的核心，不同的用途将有不同的控制策略。本节给出并网系统用于电网并列时的控制策略，包括换流器的启动、所需功率的计算、两侧换流器的控制、并列点断路器的控制等。

首先根据调度命令将背靠背电压源换流器运行于并网工作模式，然后启动换流器，根据频率差、电压差、相角差判断是否满足同期并列条件。如果满足并列条件，则直接合上同步点断路器并退出换流器完成并列操作；如果不满足并列条件，则根据频率差、电压差、相角差确定满足并列条件需传递功率的方向和大小。根据功率的方向和大小对两侧电压源换流器进行控制；采用空间矢量脉宽调制技

术产生各功率开关管的控制脉冲。当按照某一功率传递一定时间后系统频率和电压趋于稳定时，重复前面的步骤，直到满足同期并列条件，完成并列操作。整个控制策略的流程如图 3.4 所示（刘家军等，2011）。

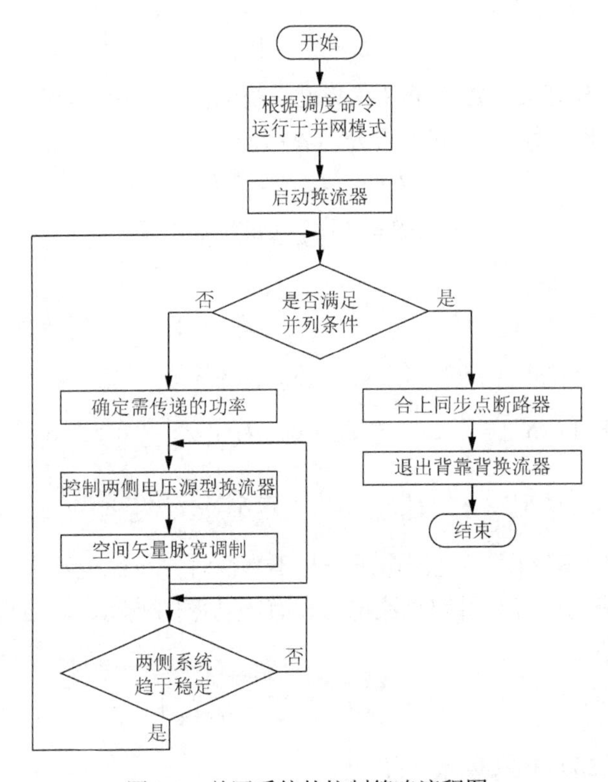

图 3.4　并网系统的控制策略流程图

这里需要说明一点，当调度下令进行并网操作时，说明当前容量的换流器足够将此时两侧系统的频率差、电压差或相角差调整到满足并列条件。

下面分别对流程图中的几个关键问题进行详细的分析和讨论，并对控制策略进行仿真验证。

3.2.1　换流器的启动

启动控制的目标就是通过控制方式和辅助措施使直流电压快速上升到正常工作时的电压，但又不能产生过大的充电电流和电压过冲现象（张静等，2009）。

换流器启动前，直流侧电容尚未充电，电压几乎为零。换流器启动后直流电压将上升到正常工作电压附近。如果换流器启动时只采用正常工作时的控制策略而不采取其他任何措施，则交流电源将通过各桥臂的反并联二极管对直流侧电容进行充电，而换流电抗器和功率开关管等效损耗电阻一般都比较小，因此将产生很大的充电电流，甚至会危及换流装置的安全。为了减小换流器启动时的充电电流，可以采用在充电回路串联限流电阻的方式来实现，即在换流器启动时，将限流电阻串入充电回路中，当直流电压上升到一定值时再将限流电阻切除。

限流电阻的串联位置可以有两种：一种是在换流器的交流侧；另一种是在换流器的直流侧。图 3.5 为换流器交流侧串联限流电阻示意图。换流器启动前 QF_1、KM_1、QF_2、KM_2 处于断开状态，启动过程为：合上 QF_1，交流系统 S_1 通过换流变压器 T_1、换流电抗器 L_1、限流电阻 R_1 和 VSC_1 中 IGBT 反并联二极管对直流电容充电，当直流电容电压约为线电压峰值后合上 KM_1 切除限流电阻 R_1，然后合上 QF_2 和 KM_2。由于并列前交流系统 S_1 和 S_2 电压差不可能非常大，因此投入换流器的过程也可以先合上 S_2 侧的 QF_2、KM_2，然后合上 QF_1、KM_1。

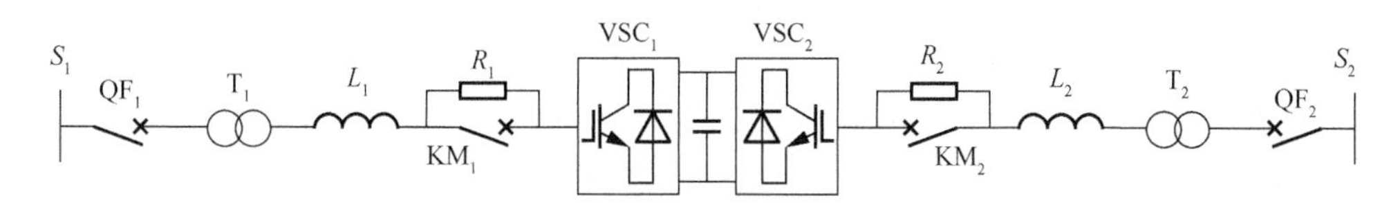

图 3.5 换流器交流侧串联限流电阻示意图

3.2.2 所需功率计算

功率计算包括两方面内容，一方面是功率从哪一侧传到哪一侧可以使两侧系统的频率差、电压差和相角差缩小，即功率流向问题；另一方面是传递多少功率能使两侧系统满足并列条件，即功率大小问题。详细计算见 2.3 节。

3.2.3 两侧换流器的控制策略

通过以上计算得到了需传递功率的大小和功率的流向，接下来要控制换流器按照所需的功率进行传递。

根据三相 VSC 在两相同步旋转 dq 坐标系中的数学模型结构，对于对称三相交流系统，为了有利于三相 VSC 交流侧有功功率和无功功率的独立控制，把 d 轴的初始参考方向与电网电压矢量 u 重合，则 d 轴表示有功分量参考轴，q 轴表示无功分量参考轴（张崇巍等，2003）。

整个换流系统的控制目标是待并列两侧系统间传递有功功率和无功功率的独立控制。由于待并列两侧系统间有功功率的传递必须保持平衡，因此只有一个有功功率参考值。有功功率是在换流器的交流侧和直流侧之间平衡，因此可以通过控制直流侧电压或电流对有功功率进行控制。无功功率是在换流器交流侧和交流系统之间平衡，不需要直流侧电容的参与，两侧无功功率可独立控制，因此可以有两个无功功率参考值（严干贵等，2007）。

换流器的基本控制方式主要有定直流电压控制、定有功功率控制、定无功功率控制和定交流电压控制等（胡兆庆等，2005）。为了确保输电系统的有功平衡和直流电压稳定，其中一侧的换流站必须采用定直流电压控制，而另一侧换流站采用定有功功率控制还是定交流电压控制则取决于所连接的是有源交流系统还是无源交流网络（Bahrman et al., 2003）。换流器的具体控制策略详见 3.3 节。

3.2.4　并列点断路器合闸控制

根据 2.1.4 小节的内容，差频并网时，当频率差和电压差满足并列条件时在相角差过零前且大小等于越前相角的时刻发出合闸命令即可；同频并网则在相角差和电压差满足并列条件的任意时刻都可以发合闸命令。在并网过程中，如果操作不当将会对电网造成很大冲击，影响电能质量，严重时会造成系统振荡。因此，必须采取一定的闭锁措施来防止操作不当对电网的影响，一般应考虑压差闭锁、频差闭锁、频率变化率闭锁和相角差闭锁等闭锁条件（周斌等，2004）。

压差闭锁主要是为了防止在较大压差时合闸产生较大的无功冲击电流，压差越小，冲击电流越小。

频差不能太大也不能太小。频差太大将使合闸越前相角预报的误差增大。如果频差太大，合闸后两电网需经过一个剧烈的暂态过程才能进入同步运行状态。如果频差太小，其脉动周期将会很长，很难捕捉相角差为零的时刻，不利于电网快速并列（郭权利等，2006）。因此，当频差小于一定值时，需适当增加或减少换流器传递的有功功率，使频差适当增加。

频差变化率较大，说明电网的频率还不是很稳定，同时会增大合闸越前相角预报的误差，因此有必要进行频差变化率闭锁。在发合闸命令时，应采取相角差闭锁措施来防止因越前相角较大使合闸瞬间两侧电网相角差过大对电网造成的较大冲击。

3.3　双闭环控制策略

由 1.3 节可知，VSC-HVDC 的控制策略主要有间接电流控制和直接电流控制两种。其中，间接电流控制在实际工程中并未得到广泛应用，但是直接电流控制中的双闭环控制策略具有响应速度快，鲁棒性好，便于控制过电流的特点，因此较适用于高压大功率场合的 VSC-HVDC 系统中。图 3.6 为 VSC_1 侧的控制器结构图，VSC-HVDC 两侧换流器的控制系统结构相互对称，均采用双闭环控制策略。

控制系统结构包括内环电流控制器、外环功率控制器、同步锁相环节和触发脉冲产生环节等几部分（陈海荣，2007）。其中，内环电流控制器可以实现电流解耦，跟踪电流参考值。外环功率控制器则根据换流站的具体控制目标来确定电流的参考值，并以此作为内环电流控制器的输入值。同步锁相环节可以得到交流系统三相电压的相位信号，可用于坐标变换和触发脉冲产生环节。

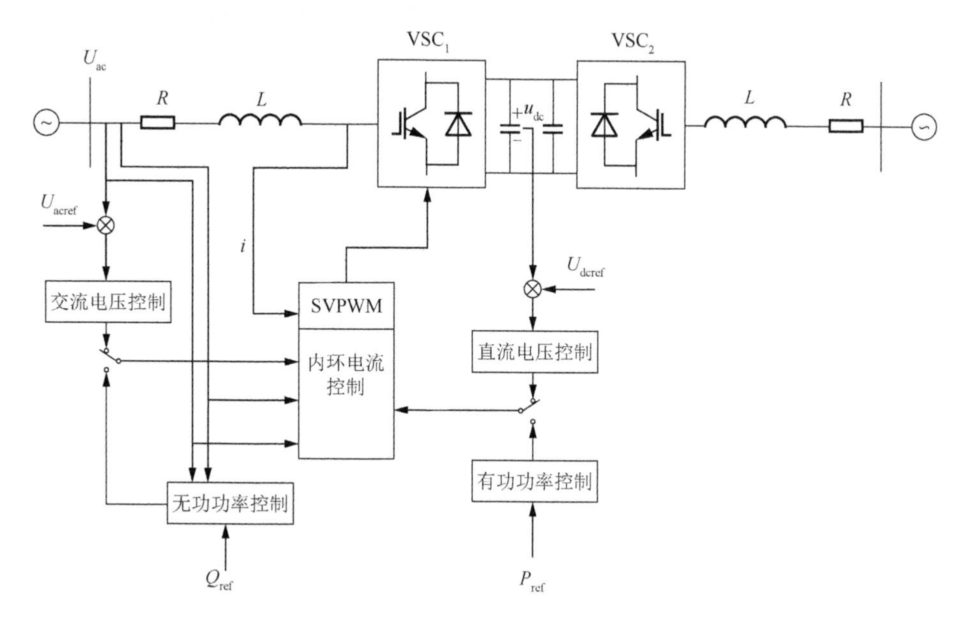

图3.6 基于双闭环控制的VSC-HVDC的控制器结构示意图

3.3.1 内环电流控制器

此处数学建模的目的是掌握被控对象的动态特性，在此基础上设计被控对象的控制策略。由式（3.12）可知，并网系统在同步旋转 dq 坐标下用动态微分方程组表示为

$$\begin{cases} L\dfrac{\mathrm{d}i_d}{\mathrm{d}t}+Ri_d=u_d-v_d+\omega Li_q \\ L\dfrac{\mathrm{d}i_q}{\mathrm{d}t}+Ri_q=u_q-v_q-\omega Li_d \end{cases} \tag{3.28}$$

式（3.28）表明，d、q 轴电流除了受控制量 v_d、v_q 的影响外，还受 d、q 轴电流交叉耦合项 ωLi_q、$-\omega Li_d$ 及电网电压 u_d、u_q 的影响。为了消除电流耦合和电网电压扰动对控制系统的影响，可通过在 v_d、v_q 中引入 d、q 轴电流及电网电压 u_d、u_q，构建能够抵消这些耦合控制分量的合成控制量，从而实现 d、q 轴电流的解耦，同时能消除电网电压扰动对控制系统的影响。通过引入电流反馈和电压前馈而构建的合成控制量 v_d、v_q 分别为

$$\begin{cases} v_d = u_d - \left[K_{\mathrm{p1}}\left(i_{d\mathrm{ref}} - i_d\right) + K_{\mathrm{i1}}\int\left(i_{d\mathrm{ref}} - i_d\right)\mathrm{d}t\right] + \omega L i_q \\ v_q = u_q - \left[K_{\mathrm{p2}}\left(i_{d\mathrm{ref}} - i_q\right) + K_{\mathrm{i2}}\int\left(i_{q\mathrm{ref}} - i_q\right)\mathrm{d}t\right] - \omega L i_d \end{cases} \tag{3.29}$$

式中，K_{p1}、K_{p2}、K_{i1}、K_{i2} 分别为电流内环控制的比例和积分调节增益。将式(3.28)代入式（3.29）可得

$$\begin{cases} L\dfrac{\mathrm{d}i_d}{\mathrm{d}t} + Ri_d = K_{\mathrm{p1}}\left(i_{d\mathrm{ref}} - i_d\right) + K_{\mathrm{i1}}\int\left(i_{d\mathrm{ref}} - i_d\right)\mathrm{d}t \\ L\dfrac{\mathrm{d}i_q}{\mathrm{d}t} + Ri_q = K_{\mathrm{p2}}\left(i_{q\mathrm{ref}} - i_q\right) + K_{\mathrm{i2}}\int\left(i_{q\mathrm{ref}} - i_q\right)\mathrm{d}t \end{cases} \tag{3.30}$$

式中，$i_{d\mathrm{ref}}$、$i_{q\mathrm{ref}}$ 分别为 VSC 电网侧有功电流 i_d 和无功电流 i_q 的参考值。由式（3.30）可以看出，通过引入电流反馈和电网电压前馈，可以实现 d、q 轴电流 i_d、i_q 的解耦控制。VSC 的内环电流控制器结构如图 3.7 所示。

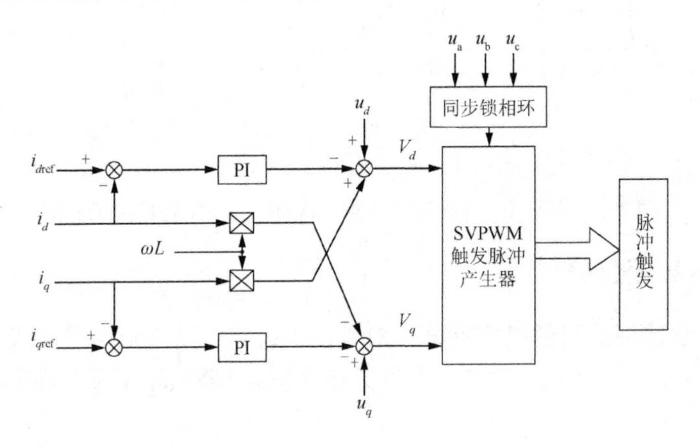

图 3.7　VSC 的内环电流控制结构图

VSC 实现电流解耦后，分别在 d、q 轴形成了两个相互独立的控制环，由式（3.30）可得图 3.8 所示的等效系统结构图，其中 d 轴和 q 轴结构对称，以此可进行电流控制器参数的设计。

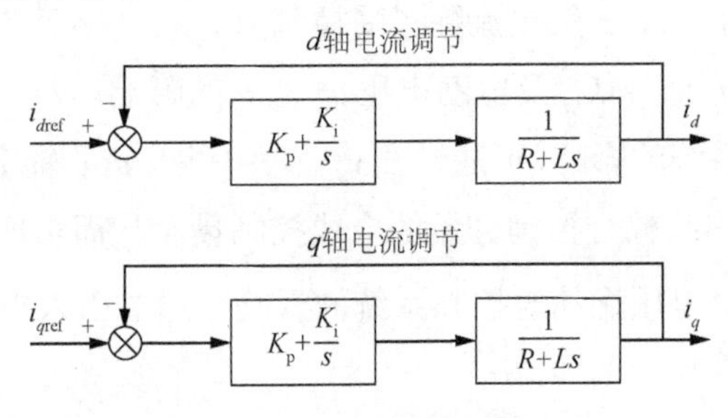

图 3.8　VSC 控制系统等效结构图

以 d 轴为例，电流控制环的开环传递函数为

$$G(s)=\left(K_{\mathrm{p}}+\frac{K_{\mathrm{i}}}{s}\right)\cdot\frac{1}{R+sL}=\frac{sK_{\mathrm{p}}+K_{\mathrm{i}}}{s(R+sL)} \tag{3.31}$$

电流控制环的闭环传递函数为

$$H(s)=\frac{I(s)}{I_{\mathrm{ref}}(s)}=\frac{G(s)}{1+G(s)}=\frac{sK_{\mathrm{p}}+K_{\mathrm{i}}}{Ls^2+(R+K_{\mathrm{p}})s+K_{\mathrm{i}}} \tag{3.32}$$

当所选择的 PI 参数满足 $K_{\mathrm{i}}/K_{\mathrm{p}}=R/L$ 时，代入式（3.31），此时开环传递函数变为

$$G(s)=\left(K_{\mathrm{p}}+\frac{K_{\mathrm{i}}}{s}\right)\cdot\frac{1}{R+sL}=\frac{K_{\mathrm{p}}(s+K_{\mathrm{i}}/K_{\mathrm{p}})}{s}\cdot\frac{1}{L(s+R/L)}=\frac{K_{\mathrm{p}}}{sL} \tag{3.33}$$

即开环传递函数实现零极点对消，此时电流控制环的闭环传递函数为

$$H(s)=\frac{I(s)}{I_{\mathrm{ref}}(s)}=\frac{G(s)}{1+G(s)}=\frac{K_{\mathrm{p}}}{Ls+K_{\mathrm{p}}} \tag{3.34}$$

由此可以看出，在选择电流控制环的 PI 参数时，在 PI 参数满足 $K_{\mathrm{i}}/K_{\mathrm{p}}=R/L$ 的条件下，电流控制环可简化为一阶惯性环节，可以按此原则选择适当的 PI 参数，以达到较好的控制效果。

3.3.2 外环功率控制器

外环功率控制器常用的控制方式有定直流电压控制、定有功功率控制、定无功功率控制和定交流电压控制等（陈海荣，2007）。

1. 定直流电压控制

换流器采用定直流电压控制可以维持直流电压在某一给定值处稳定，以保持系统传递的有功功率平衡。若忽略电阻和换流器件的损耗，由复功率的定义可推导出换流器交流侧的有功功率、无功功率和直流侧的有功功率分别为

$$\begin{cases}P=u_d i_d+u_q i_q\\ Q=u_q i_d-u_d i_q\end{cases} \tag{3.35}$$

$$P_{\mathrm{dc}}=u_{\mathrm{dc}}i_{\mathrm{dc}} \tag{3.36}$$

在三相系统电压平衡的条件下，选取电网电压矢量 u 和 u_d 方向重合，则 $u_q=0$，式（3.35）可写为

$$\begin{cases}P=u_d i_d\\ Q=-u_d i_q\end{cases} \tag{3.37}$$

外环功率控制器的目的就是根据具体的控制目标确定相应的有功电流参考值

$i_{d\text{ref}}$ 和无功电流参考值 $i_{q\text{ref}}$，并以此作为内环电流控制器的输入值。要使直流电压保持恒定，应该使 VSC 交直流侧的有功功率保持平衡。由式（3.36）和式（3.37）可知，要使 u_{dc} 恒定，必须控制 VSC 交流侧电流的 d 轴分量 i_d 恒定。因此，选择对直流电压偏差值进行 PI 控制，则 d 轴电流分量参考值 $i_{d\text{ref}}$ 为

$$i_{d\text{ref}} = \left(K_{\text{p}} + \frac{K_{\text{i}}}{s}\right)\left(u_{\text{dcref}} - u_{\text{dc}}\right) \tag{3.38}$$

图 3.9 为 VSC 实现定直流电压控制的原理结构图。

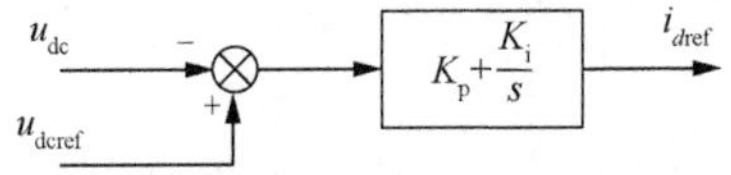

图 3.9　定直流电压控制原理结构图

2. 定功率控制

若 VSC 采用定功率控制，首先要根据瞬时功率理论，利用有功功率和无功功率的参考值计算出有功电流参考值 $i_{d\text{ref}}$ 和无功电流参考值 $i_{q\text{ref}}$。根据瞬时功率理论，在交流电源一定的情况下，当给定参考有功功率和无功功率时，可计算出所需的参考电流 $i_{d\text{ref}}$ 和 $i_{q\text{ref}}$，整个计算过程如下。

设三相交流电源的电压和电流瞬时值分别为 u_{a}、u_{b}、u_{c} 和 i_{a}、i_{b}、i_{c}。通过坐标变换，可以得到 α、β 两相静止坐标系下的瞬时电压 u_α、u_β 和瞬时电流 i_α、i_β 分别为

$$\begin{bmatrix} u_\alpha \\ u_\beta \end{bmatrix} = C_{3s/2s}\begin{bmatrix} u_{\text{a}} \\ u_{\text{b}} \\ u_{\text{c}} \end{bmatrix} = \sqrt{\frac{2}{3}}\begin{bmatrix} 1 & -\frac{1}{2} & -\frac{1}{2} \\ 0 & \frac{\sqrt{3}}{2} & -\frac{\sqrt{3}}{2} \end{bmatrix}\begin{bmatrix} u_{\text{a}} \\ u_{\text{b}} \\ u_{\text{c}} \end{bmatrix} \tag{3.39}$$

$$\begin{bmatrix} i_\alpha \\ i_\beta \end{bmatrix} = C_{3s/2s}\begin{bmatrix} i_{\text{a}} \\ i_{\text{b}} \\ i_{\text{c}} \end{bmatrix} = \sqrt{\frac{2}{3}}\begin{bmatrix} 1 & -\frac{1}{2} & -\frac{1}{2} \\ 0 & \frac{\sqrt{3}}{2} & -\frac{\sqrt{3}}{2} \end{bmatrix}\begin{bmatrix} i_{\text{a}} \\ i_{\text{b}} \\ i_{\text{c}} \end{bmatrix} \tag{3.40}$$

如图 3.10 所示，矢量 u_α、u_β 和矢量 i_α、i_β 可以反过来合成旋转电压矢量 u 和电流矢量 i。

由图 3.10 还可得出，三相电路瞬时有功电流 i_p 和瞬时无功电流 i_q 分别为（严干贵等，2007）

$$\begin{cases} i_p = i\cos\varphi \\ i_q = i\sin\varphi \end{cases} \tag{3.41}$$

式中，$\varphi = \varphi_u - \varphi_i$，$\varphi_u$、$\varphi_i$ 分别为矢量 u、i 的幅角。

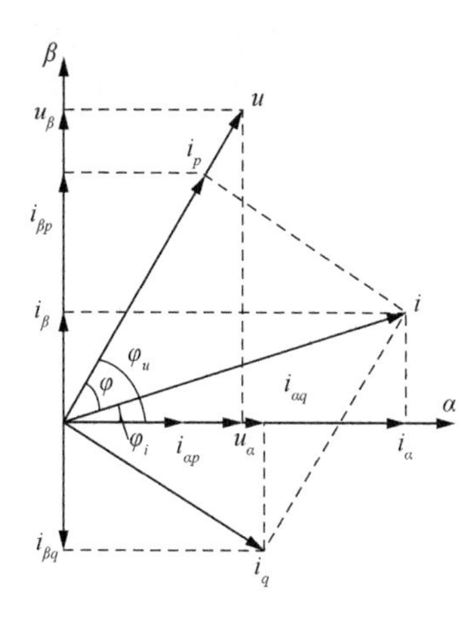

图 3.10　$\alpha\beta$ 坐标系中的电压、电流矢量

三相电路瞬时有功功率 p 和瞬时无功功率 q 分别为

$$\begin{cases} p = ui_p \\ q = ui_q \end{cases} \tag{3.42}$$

α、β 相的瞬时有功电流 $i_{\alpha p}$、$i_{\beta p}$ 分别为

$$\begin{cases} i_{\alpha p} = i_p \cos\varphi_u = \dfrac{u_\alpha}{u} i_p = \dfrac{u_\alpha}{u_\alpha^2 + u_\beta^2} p \\ i_{\beta p} = i_p \sin\varphi_u = \dfrac{u_\beta}{u} i_p = \dfrac{u_\beta}{u_\alpha^2 + u_\beta^2} p \end{cases} \tag{3.43}$$

α、β 轴的瞬时无功电流 $i_{\alpha q}$、$i_{\beta q}$ 分别为

$$\begin{cases} i_{\alpha q} = i_q \sin\varphi_u = \dfrac{u_\beta}{u} i_q = \dfrac{u_\beta}{u_\alpha^2 + u_\beta^2} q \\ i_{\beta q} = -i_q \cos\varphi_u = \dfrac{-u_\alpha}{u} i_q = \dfrac{-u_\alpha}{u_\alpha^2 + u_\beta^2} q \end{cases} \tag{3.44}$$

则有 α、β 轴的瞬时电流分别为

$$\begin{cases} i_\alpha = i_{\alpha p} + i_{\alpha q} = \dfrac{u_\alpha p + u_\beta q}{u_\alpha^2 + u_\beta^2} \\ i_\beta = i_{\beta p} + i_{\beta q} = \dfrac{u_\beta p - u_\alpha q}{u_\alpha^2 + u_\beta^2} \end{cases} \tag{3.45}$$

此时已经计算出给定参考功率下的α、β轴的瞬时电流i_α和i_β，瞬时参考电流i_d和i_q可以通过Park变换得到。令α轴与a轴重合，d轴与电压矢量u重合，β轴超前α轴90°，q轴超前d轴90°，三相静止abc坐标系、两相静止$\alpha\beta$坐标系和两相旋转dq坐标系的相对位置如图3.2所示。

由图3.2可以得到，由两相静止$\alpha\beta$坐标系到两相同步旋转dq坐标系的变换矩阵为

$$C_{2s/2r}=\begin{bmatrix}\cos\theta & \sin\theta\\ -\sin\theta & \cos\theta\end{bmatrix} \tag{3.46}$$

因此有

$$\begin{bmatrix}i_d\\ i_q\end{bmatrix}=C_{2s/2r}\begin{bmatrix}i_\alpha\\ i_\beta\end{bmatrix}=\begin{bmatrix}\cos\theta & \sin\theta\\ -\sin\theta & \cos\theta\end{bmatrix}\begin{bmatrix}i_\alpha\\ i_\beta\end{bmatrix} \tag{3.47}$$

可以得出，VSC实现定功率控制的原理结构如图3.11所示。

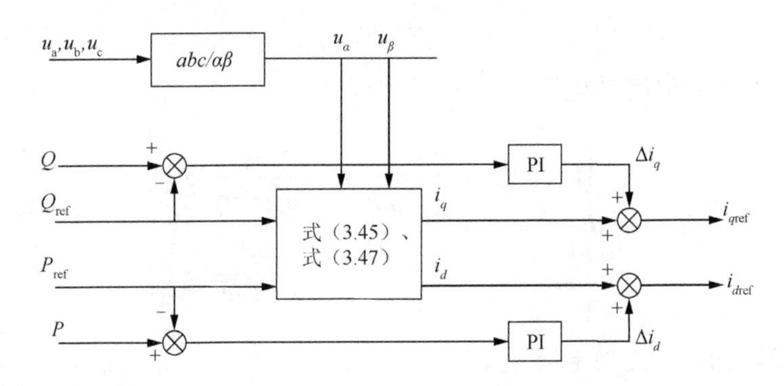

图3.11　定功率控制原理结构图

3. 定交流电压控制

VSC用于向无源网络供电时，为了维持系统的有功功率平衡，其整流侧换流器必须采用定直流电压控制；同时为了维持无源网络的供电电压恒定，逆变侧换流器必须采用定交流电压控制，以保证供电质量。设系统等效电阻为R，换流电抗器的电抗为X，换流器输出的有功功率为P，输出的无功功率为Q，则换流电抗器上的电压降$\Delta\dot{U}$可表示为

$$\Delta\dot{U}=\frac{PR+QX}{U_s}+\mathrm{j}\frac{PX-PQ}{U_s} \tag{3.48}$$

在高压输电系统中$R\ll X$，且式（3.48）的虚部在数值上远小于实部，因此能

否维持交流电压稳定主要取决于系统的无功功率。若 VSC 要进行恒交流电压控制，主要通过改变系统的无功功率即可实现。图 3.12 为定交流电压控制原理结构图。

利用 VSC 的双闭环控制策略，通过采用内环电流控制和外环定直流电压控制或定功率控制或定交流电压控制（刘家军等，2009；张静等，2009；严干贵等，2007；胡兆庆等，2005；李国栋等，2005；Bahrman et al.，2003），就能很好地满足 VSC-HVDC 在各个场合的控制性能要求。

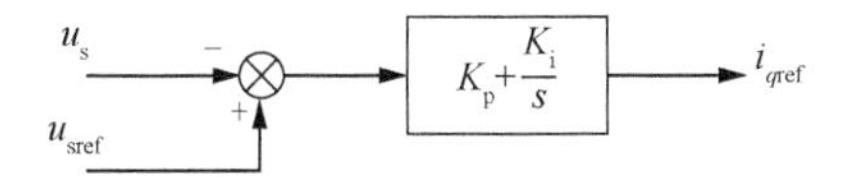

图 3.12　定交流电压控制原理结构图

本章所研究的背靠背电压源换流器实现电网同期并列的原理是在待同期并列的两系统之间，通过装置将高频侧系统的有功功率向低频侧系统快速传递从而调整并列系统的频率，同时，向电压较低并列点注入容性无功功率，吸收电压较高并列点的无功，以调整并列点的电压幅值与相角使系统满足并网条件，实现快速并网。因此所设计的控制策略为待并网的低频侧 VSC 采用定有功功率控制与定无功功率控制，待并网的高频侧 VSC 采用定直流电压控制与定无功功率控制。其控制系统结构分别如图 3.13 和图 3.14 所示。

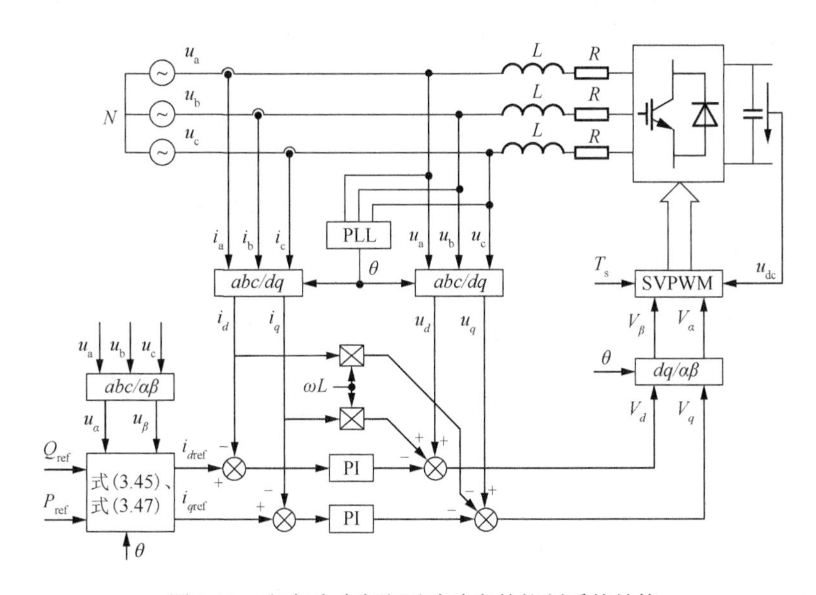

图 3.13　定有功功率和无功功率的控制系统结构

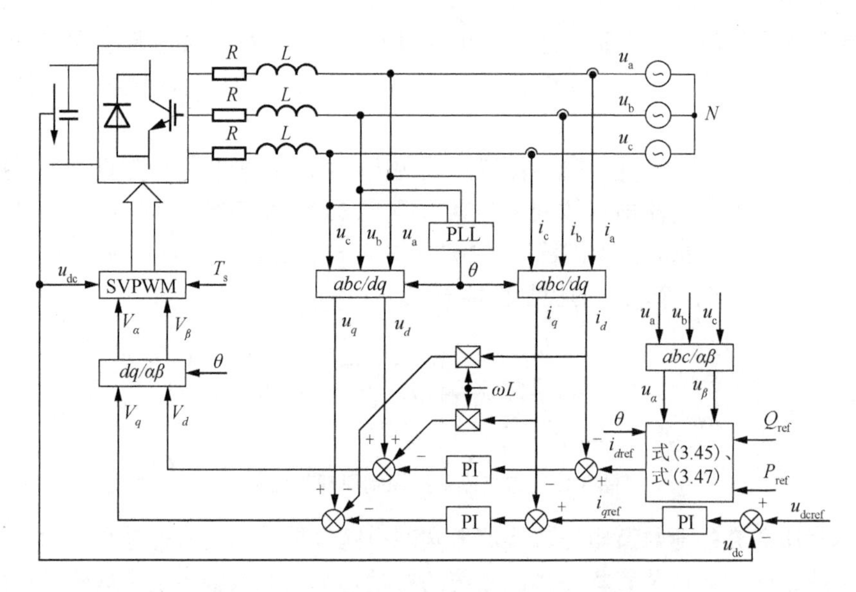

图 3.14　定直流电压和无功功率的控制系统结构

3.4　基于背靠背 VSC-HVDC 并网的仿真验证

在电磁暂态仿真软件 PSCAD/EMTDC 中建立电网并列系统的仿真模型，包括两端待并列系统的仿真模型和背靠背电压源换流器仿真模型，并自定义模块实现了空间矢量脉宽调制算法。仿真实现了电网间的差频同期并列和同频环网并列过程。

3.4.1　差频并网仿真

差频并网仿真主电路如图 3.15 所示，其中 Pulg 和 Puln 表示脉冲。待并列系统 S_1 的主要参数为：发电机的 $S_N = 120\text{MV}\cdot\text{A}$，$U_N = 13.8\text{kV}$；励磁机的 $V_{ref} = 1.01$（标幺值）；水轮机及其调速器的 $\omega_{ref} = 1.2$；变压器 T 为 $13.8/121\text{kV}$，$120\text{MV}\cdot\text{A}$，$u_k = 10.5\%$；输电线路的 $R = 1\Omega$，$L = 0.0191\text{H}$；变压器 T_1 为 $110/1\text{kV}$，$60\text{MV}\cdot\text{A}$，$u_k = 10.5\%$；负荷 $P_0 = 15\text{MW}$，$Q_0 = 9\text{Mvar}$，$k_{pu} = 1.5$，$k_{qu} = 2.0$。待并列系统 S_2 的主要参数为：励磁机的 $V_{ref} = 1.0$（标幺值）；水轮机及其调速器的 $\omega_{ref} = 0.9$；负荷 $P_0 = 25\text{MW}$，$Q_0 = 18\text{Mvar}$。其余参数和待并列系统 S_1 相同。

其中和系统 S_2 相连的 VSC 采用定直流电压控制和定无功功率控制，同系统 S_1 侧相连的 VSC 采用定有功和定无功控制，控制系统中的 PI 参数为 $K_{ip} = 5$，$K_{vi} = 0.0002$，$K_{vp} = 1.5$，$K_{vi} = 0.03$。仿真结果如图 3.16 所示。

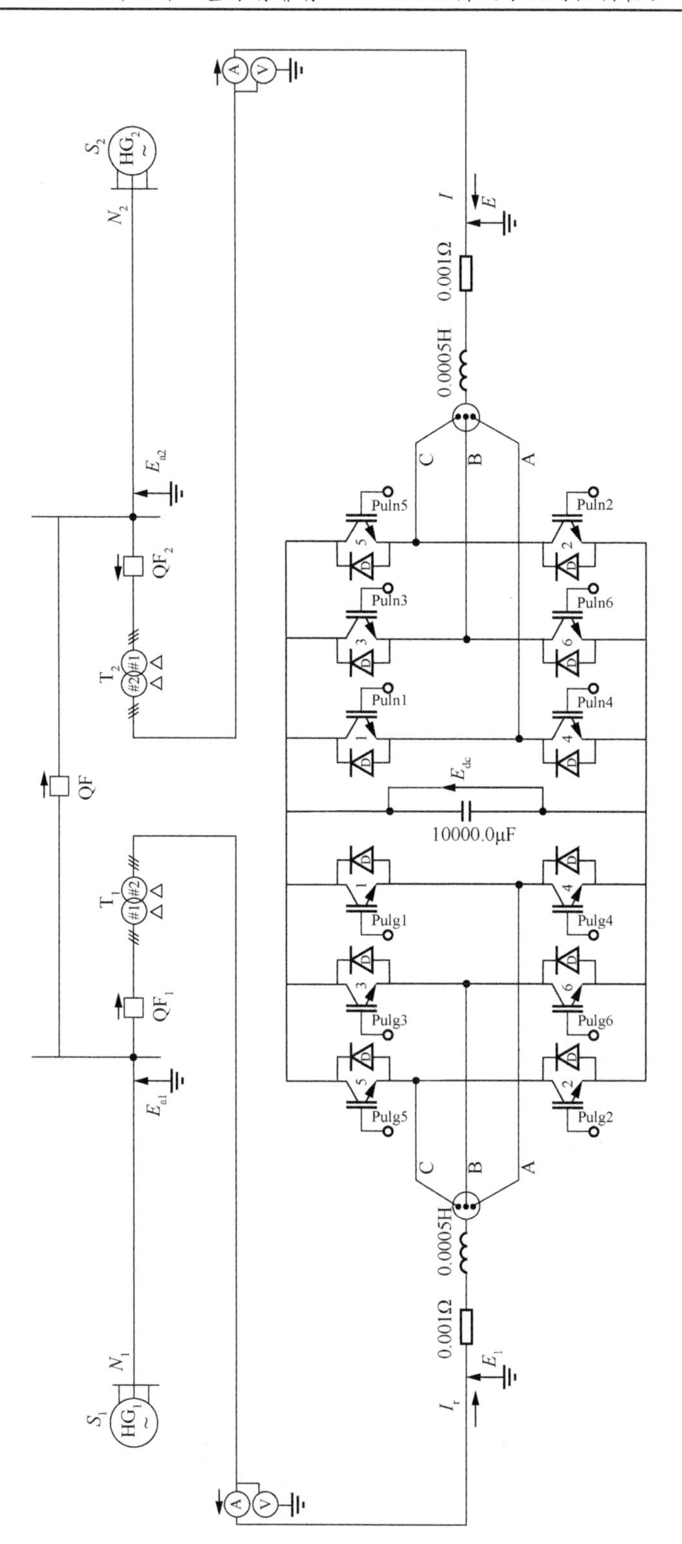

图 3.15　差频并网仿真主电路示意图

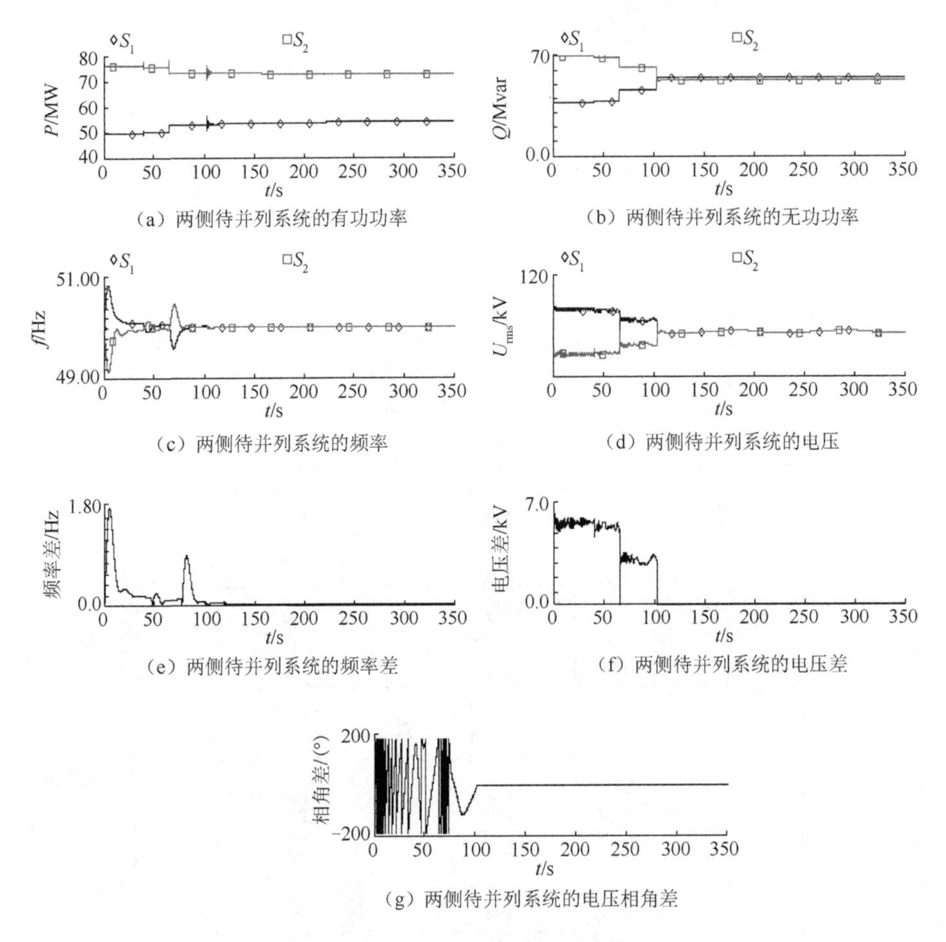

（a）两侧待并列系统的有功功率

（b）两侧待并列系统的无功功率

（c）两侧待并列系统的频率

（d）两侧待并列系统的电压

（e）两侧待并列系统的频率差

（f）两侧待并列系统的电压差

（g）两侧待并列系统的电压相角差

图 3.16　差频并网仿真结果

由图 3.16 可知，两侧系统在 $t=25\text{s}$ 时基本稳定，此时，系统 S_1 输出的有功功率为 48.94MW 左右，无功功率为 36.02Mvar 左右，并列点 $U_{\text{S1}}\approx 116.01\text{kV}$，频率 $f_{\text{S1}}\approx 50.09\text{Hz}$；系统 S_2 输出的 $P_{\text{S2}}\approx 76.07\text{MW}$，$Q_{\text{S2}}\approx 69.07\text{Mvar}$，$f_{\text{S2}}\approx 49.93\text{Hz}$，并列点 $U_{\text{S2}}\approx 110.50\text{kV}$，$\Delta f_0\approx 0.16\text{Hz}$，$\Delta U_0\approx 5.51\text{kV}$。设定电网间同期并列的条件为 $\Delta f\leqslant 0.1\%f_{\text{N}}=0.05\text{Hz}$，$\Delta U\leqslant 5\%U_{\text{N}}=0.52\text{kV}$，此时两端系统并不满足同期并列条件。当 $t=40\text{s}$ 时，启动 VSC，根据两端系统测得的频率和电压确定功率传递由系统 S_1 向系统 S_2 传递，同时控制 VSC 按预先设定的初始功率值 P_1=1.0MW，Q_1=1.0Mvar 传递。经过 25s 后，即 $t=65\text{s}$ 时系统趋于稳定，两侧系统测量值为 $P_{\text{S1}}\approx 49.87\text{MW}$，$Q_{\text{S1}}\approx 37.13\text{Mvar}$，$f_{\text{S1}}\approx 50.05\text{Hz}$，$U_{\text{S1}}\approx 115.60\text{kV}$，$P_{\text{S2}}\approx 75.27\text{MW}$，$Q_{\text{S2}}\approx 67.89\text{Mvar}$，$f_{\text{S2}}\approx 49.95\text{Hz}$，$U_{\text{S2}}\approx 110.67\text{kV}$，此时 $\Delta f_1\approx 0.10\text{Hz}$，$\Delta U_1\approx 4.93\text{kV}$。设定 k_{pf}=1.2，k_{qu}=1.0，Δf_{ref}=0.02Hz，ΔU_{ref}=2.0kV。经计算可知，

需要传递的有功功率 P_{ref}=4.33MW、无功功率 Q_{ref}=7.73Mvar，才能使两端系统满足同期并列条件。同时，控制换流器按计算的 P_{ref} 和 Q_{ref} 进行传递。当 $t=90s$ 时，两侧系统稳定，系统的测量值分别为 $Q_{S1}\approx 44.73$Mvar，$P_{S1}\approx 52.59$MW，$f_{S1}\approx 50.01$Hz，$U_{S1}\approx 114.42$kV，$P_{S2}\approx 73.16$MW，$Q_{S2}\approx 61.06$Mvar，$f_{S2}\approx 49.99$Hz，$U_{S2}\approx 111.71$kV，此时 $\Delta f_2\approx 0.02$Hz，$\Delta U_2\approx 2.71$kV。两端系统的频率差和电压差已满足并网条件，但还存在着较大的相角差，不能立即并网，应等待相角差也满足并网条件。由图3.16（g）可看出，在102s左右有一个滑差过零点。再次判定并列条件是否满足，若满足则发并网合闸命令，合上联络断路器；若不满足则继续传递功率，直到满足并网条件完成并列操作，完成后退出并网运行。

3.4.2　同频环网并列仿真

图3.17为同频环网并列仿真主电路示意图，QF为联络断路器。

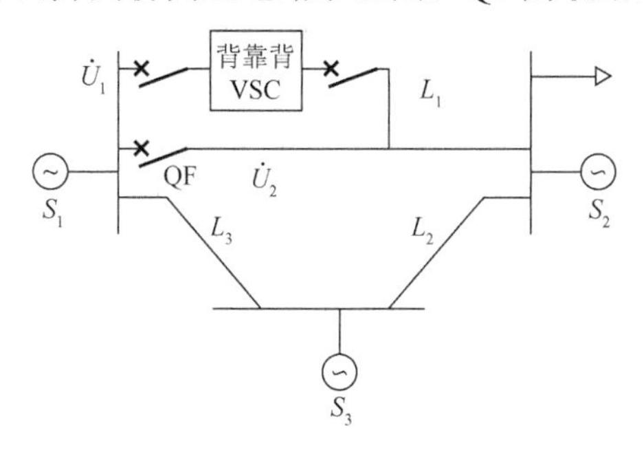

图3.17　同频环网并列仿真主电路示意图

待并列系统 S_1 侧的参数为额定电压 $U_N=10.8$kV，初相角 $\varphi=0°$，电源电抗 $L_S=0.00001$H；待并列系统 S_2 侧的参数为额定电压 $U_N=10.2$kV，初相角 $\varphi=-11°$，电源电抗 $L_S=0.00001$H，负荷为 $(45+j30)$MV·A；系统 S_3 侧的参数为额定电压 $U_N=10.4$kV，初相角 $\varphi=-8°$，电源电抗 $L_S=0.00001$H。联络线路 L_1、L_2、L_3 的参数都为 $L=0.004$H，$R=0.3\Omega$。仿真结果如图3.18所示。

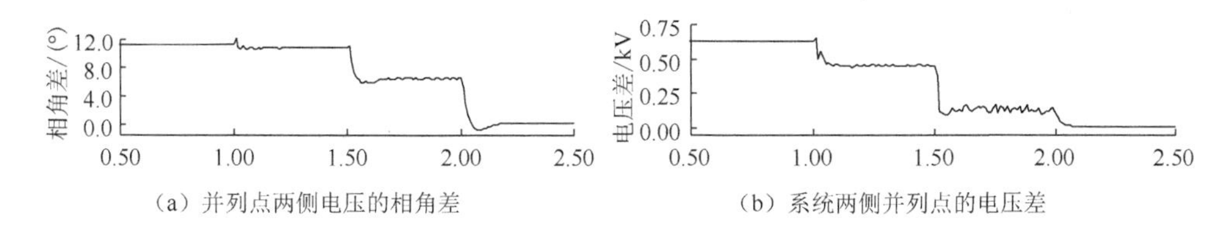

（a）并列点两侧电压的相角差　（b）系统两侧并列点的电压差

图3.18　同期环网并列仿真结果图

从图3.18可以看出，当 $t=0.5s$ 时，并列点断路器QF两侧的电压差约为0.62kV，相角差约为11.04°。设定同频并列应满足电压差 $\Delta U\leqslant 4\%U_n=0.42$kV，相角差$\Delta \mathrm{ph} \leqslant 8°$。当$t=1.0\mathrm{s}$时，控制VSC从系统$S_1$侧向系统$S_2$侧传递功率，传递1MW有功功率和1Mvar无功功率后并列点电压差缩小到0.44kV，相角差减少到10.45°。设定$k_{\mathrm{pph}}=1.0$，$k_{qu}=1.0$，$\Delta \mathrm{ph}_{\mathrm{ref}}=6.0°$，$\Delta U_{\mathrm{ref}}=0.2\mathrm{kV}$，计算得到满足同期并列条件需传递的有功功率$P_{\mathrm{ref}}=8.11\mathrm{MW}$、无功功率$Q_{\mathrm{ref}}=2.29\mathrm{Mvar}$。当$t=1.5\mathrm{s}$时，控制并网装置按计算所得的$P_{\mathrm{ref}}$和$Q_{\mathrm{ref}}$传递功率。功率传递后两端系统的电压差为0.15kV，相角差为6.21°，电压差和相角差同时满足并列条件，此时合上联络断路器QF完成并列操作，同时退出并网运行。

参考文献

陈海荣, 2007. 交流系统故障时VSC-HVDC系统的控制与保护策略研究[D]. 杭州: 浙江大学.

郭权利, 郑俊哲, 许鉴, 2006. 新型自动准同期装置设计[J]. 沈阳工程学院学报(自然科学版), 2(2): 134-136.

胡兆庆, 毛承雄, 陆继明, 2005. 适用于电压源型高压直流输电的控制策略[J]. 电力系统自动化, 29(1): 39-43.

李国栋, 毛承雄, 陆继明, 等, 2005. 基于逆系统理论的VSC-HVDC新型控制[J]. 高电压技术, 31(8): 45-47.

刘家军, 汤涌, 姚李孝, 等, 2010. 电压型换流器实现电网同期并列的原理及仿真研究[J]. 中国电机工程学报, 30(s1): 12-17.

刘家军, 吴添森, 崔志国, 等, 2009. 一种基于STATCOM的电网间同期并列复合系统[J]. 电力系统自动化, 33(18): 87-91.

刘家军, 闫泊, 姚李孝, 等, 2012. 基于功率传递并网方式的联络线功率波动研究[J]. 电力系统保护与控制住, 40(4)：125-128, 144.

刘家军, 姚李孝, 吴添森, 等, 2011. 基于电压型换流器电网间同期并列仿真研究[J]. 系统仿真学报, 23(3): 528-535.

吴添森, 2010. 基于功率传递的电网间同期并列仿真研究[D]. 西安：西安理工大学.

严干贵, 陈涛, 穆刚, 等, 2007. 轻型高压直流输电系统的动态建模及非线性解耦控制[J]. 电网技术, 31(6): 45-50.

张崇巍, 张兴, 2003. PWM整流器及其控制[M]. 北京：机械工业出版社.

张静, 徐政, 陈海荣, 2009. VSC-HVDC系统启动控制[J]. 电工技术学报, 24(9): 159-165.

周斌, 鲁国刚, 2004. 具有检同期合闸功能的变电站测控装置[J]. 电力自动化设备, 24(1): 91-93.

BAHRMAN M P, JOHANSSON J G, NILSSON B A, 2003. Voltage source converter transmission technologies-the right fit for the application[J]. IEEE power engineering society general meeting, 3(3): 1840-1847.

第 4 章　并网换流器的不平衡控制策略

目前关于 VSC-HVDC 的研究多建立在三相电压平衡的条件下，但交流系统的三相电压并不总能严格平衡，换流器在运行中有可能发生不对称故障。此时，基于电压平衡时的控制策略将失去定向基准，其解耦条件也被破坏，有些故障甚至会导致全控型器件的过电压或过电流。

当交流系统电压不平衡时，由于负序分量的存在，在三相电压平衡的基础上建立的换流器控制策略将无法正常工作。因此必须先将交流电压经过实时检测得到各序对称分量，再设计合理的控制策略以抑制不平衡侧交流系统电压中的负序分量，才能得到理想的控制效果。

4.1　对称分量的实时检测

三相交流电压不平衡时，为了抑制负序分量对控制性能的影响，可以利用对称分量法将三相不对称交流量分解成三组对称量（即正序、负序和零序分量），再分别对每一组对称相量进行分析和控制。常用的方法有传统的对称分量法、传统的瞬时对称分量法和改进的瞬时对称分量法。

传统对称分量法是一种基于电工基础的叠加原理、用于线性系统的坐标变换法。它是定义在频域范围内，将一组不对称的三相量分解为三组互相对称的序分量，三组序分量都是三相系统，它们之间相互独立且相互对称，因此可按 3 个独立的三相对称系统来分析，这极大地简化了计算和分析过程。但该方法仅能应用于电力系统处于三相不平衡时的稳态分析，具有一定的局限性，不利于电力系统的暂态分析。

针对传统对称分量法仅能用于稳态分析这一缺陷，Lyon（1954）提出了一种既能用于稳态分析又能用于暂态分析的瞬时对称分量变换法。它是定义在时域范围内，利用电压或电流的瞬时值进行对称分量变换，获得瞬时的正序、负序和零序分量（Iravani et al.，2003；Ei-Habrouk et al.，2000）。该法在求取序分量的过程中采用了三相量的瞬时值，因此不仅适用于电力系统的稳态分析，也适用于暂态过程分析。但计算过程中仍然引入了相量计算和移相算子，不仅增加了计算的复杂度，而且会造成延时。由于传统的瞬时对称分量检测法采用的是相位超前的相量值，并不是当前时刻的瞬时值，因此在延迟时间内电压出现扰动时可能会产生误差。

针对上述两种方法存在的问题，引入一种改进的瞬时对称分量法（袁旭峰等，2008），该方法以三相量的瞬时值为基础，构造出一个无延迟的旋转相量，再经过对称分量变换及相应的复数计算即可得出三序分量。该算法一般采用三角函数分解法求取旋转相量的实部，由于运算过程中采用了相量上一步长的瞬时采样值，如果在这两个步长（$t-\Delta t$ 和 t）之间恰好出现故障情况，则该时刻的相量瞬时采样值会出现较大的误差，再经过中间的计算，将使误差进一步放大，使相量值产生极大的瞬时误差，反映在波形中是一个急剧上升的非模型误差，应采用限幅措施进行消除。而在此之后的采样值均为故障后的值，计算结果不会出现尖峰式的非模型误差。可见该方法只需要一个采样步长的时间就能实现三相电量的对称分量实时变换，计算速度快，实时性好，能满足实际工程的需要。本章采用这种改进的瞬时对称分量法来提取各序分量，并在此基础上设计三相电压不平衡时的控制策略。

为了验证上述提取序分量方法的有效性，本小节在 PSCAD 软件中搭建了简单的系统模型，采用传统的瞬时对称分量法和改进的瞬时对称分量法分别进行仿真验证。如图 4.1 所示，设三相电源电压的幅值为 220kV，初始相位为 0°，频率为 50Hz，内电阻为 3.737Ω；负载为星形连接电阻，且每相电阻的值都相等，即 $R_{La}=R_{Lb}=R_{Lc}=10\Omega$；在 t=0.2s 时系统电源出线处发生 a 相单相接地故障。

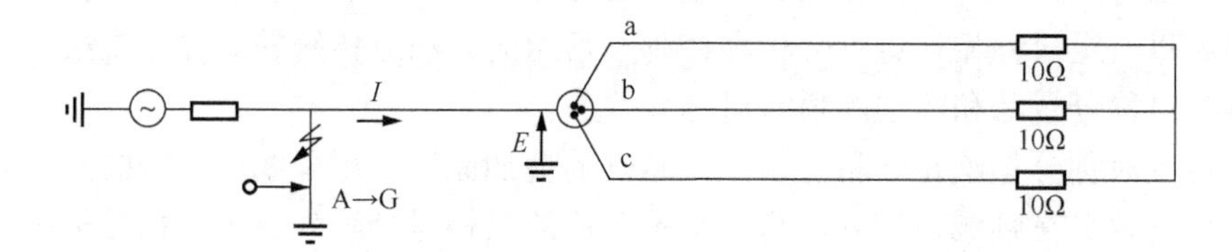

图 4.1　仿真电路图

图 4.2 为采用传统的瞬时对称分量法进行序分量提取的仿真结果。

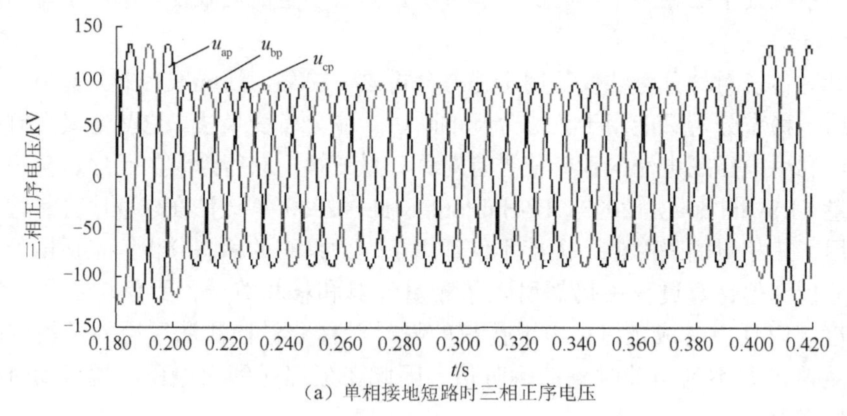

（a）单相接地短路时三相正序电压

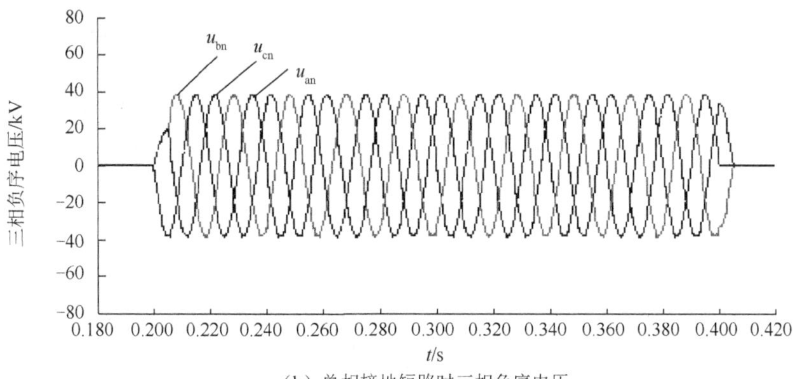

（b）单相接地短路时三相负序电压

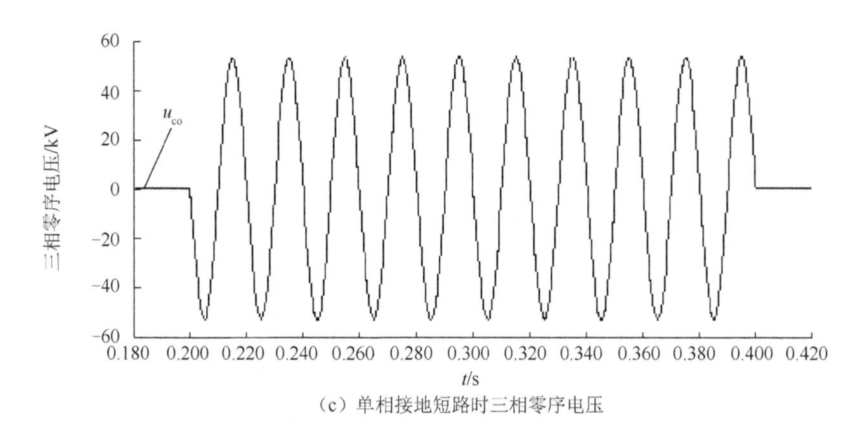

（c）单相接地短路时三相零序电压

图 4.2　单相接地短路时传统瞬时对称分量法仿真图

当发生单相接地短路故障时，系统出现了接地回路，会产生负序和零序分量。由图 4.2 可以看出，在故障发生瞬间，传统瞬时对称分量法可以比较快速地检测正序、负序和零序分量，但在 0.4s 故障恢复瞬间会稍有延迟。

图 4.3 为采用改进的瞬时对称分量法进行序分量提取的仿真结果。

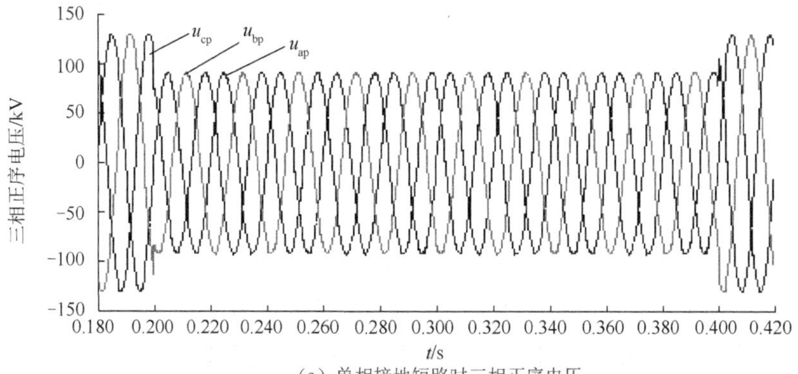

（a）单相接地短路时三相正序电压

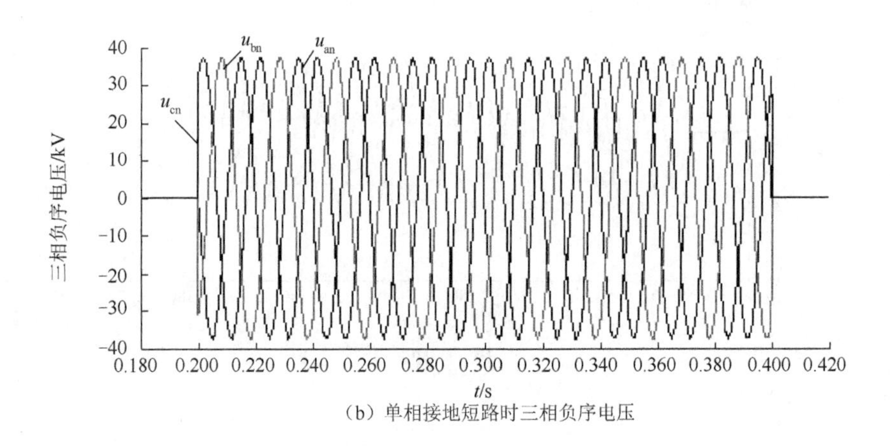

（b）单相接地短路时三相负序电压

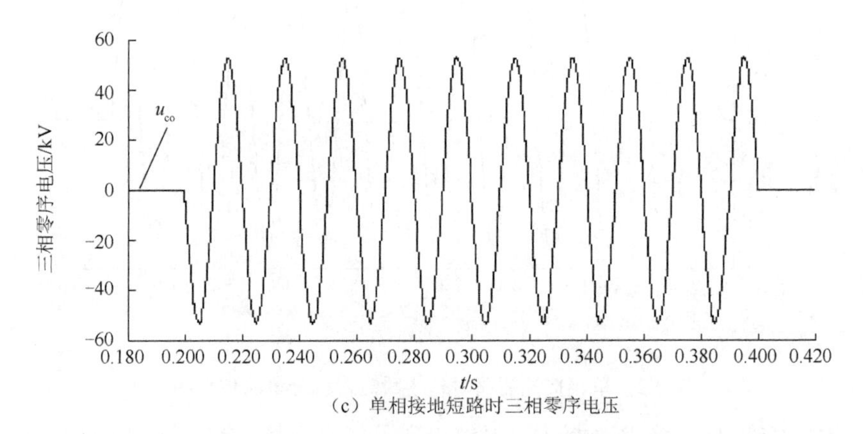

（c）单相接地短路时三相零序电压

图 4.3　单相接地短路时改进瞬时对称分量法仿真图

由图 4.3 可以看出，在故障发生瞬间，改进的瞬时对称分量法能立即检测出正序、负序和零序分量，在故障恢复瞬间，其正序电压能立即恢复正常运行值，负序分量和零序分量也能立即变为零，极大地改善了传统瞬时对称分量法存在一定延时的缺陷。

4.2　交流电压不平衡时的控制策略

目前，针对三相输出电压不平衡所设计的控制策略主要有两类：一类以抑制负序电流为目标；另一类则以抑制直流侧电压和有功功率的波动为目标。前面分析已指出：当交流系统电压不平衡或系统处于不对称状态时，产生的负序分量经过换流器开关的调制作用，使换流站直流侧和两端交流系统出现大量的非特征谐波。这些非特征谐波不仅恶化控制器的性能，而且可能使并网装置中的元器件过电流或过电压，影响交流系统的供电质量，对并列操作造成困难，甚至危及设备安全运行。为了抑制负序分量，本节设计了两种基于改进瞬时对称分量法的不平衡控制策略：正负序双回路双闭环不平衡控制策略和基于负序电压补偿的不平衡控制策略（陈海荣，2007），以提高并网装置在交流系统发生故障时的不间断运行能力。

4.2.1 正负序双回路双闭环不平衡控制策略

由张兴等（2005）的文献可知，电网三相不平衡时，三相 VSC 交流侧复功率矢量 S 可表示为

$$S = p(t) + \mathrm{j}q(t) = (\mathrm{e}^{\mathrm{j}\omega t}V_{dq1} + \mathrm{e}^{-\mathrm{j}\omega t}V_{dq2})(\mathrm{e}^{-\mathrm{j}\omega t}I_{dq1} + \mathrm{e}^{\mathrm{j}\omega t}I_{dq2}) \tag{4.1}$$

式中，下标 1 代表正序；2 代表负序。求解式（4.1）得

$$\begin{cases} p(t) = p_0 + p_{c2}\cos(2\omega t) + p_{s2}\sin(2\omega t) \\ q(t) = q_0 + q_{c2}\cos(2\omega t) + q_{s2}\sin(2\omega t) \end{cases} \tag{4.2}$$

令 VSC 的有功功率指令和无功功率指令分别为 p_0^*、q_0^*、p_{c2}^*、p_{s2}^*，与其对应的电流指令分别为 i_{1d}^*、i_{1q}^*、i_{2d}^*、i_{2q}^*。三相电压经 dq 变换后，令 u_s 方向与 u_d 方向一致，则 $u_{1q} = u_{2q} = 0$。为了抑制 VSC 直流侧电压的二次谐波分量，即令 $p_{c2}^* = 0$，$p_{s2}^* = 0$，可得出交流电流指令值的计算公式为

$$\begin{bmatrix} i_{1d}^* \\ i_{1q}^* \\ i_{2d}^* \\ i_{2q}^* \end{bmatrix} = \frac{2p_0^*}{3D_1}\begin{bmatrix} u_{1d} \\ 0 \\ -u_{2d} \\ 0 \end{bmatrix} + \frac{2q_0^*}{3D_2}\begin{bmatrix} 0 \\ u_{1d} \\ 0 \\ -u_{2d} \end{bmatrix} \tag{4.3}$$

式中

$$\begin{cases} D_1 = u_{1d}^2 - u_{2d}^2 \neq 0 \\ D_2 = u_{1d}^2 + u_{2d}^2 \neq 0 \end{cases} \tag{4.4}$$

由式（4.3）和式（4.4）可计算出正、负序电流内环的给定电流指令（Suh et al., 2006；张崇巍等，2003）。

计算过程中的三序对称分量可以通过改进的瞬时对称分量变换来获取，然后采用坐标变换得到不同参考坐标系下的序分量，最终计算得出正、负序电流内环的给定电流指令。接着对正序电流回路和负序电流回路分别采用 3.3 节设计的双闭环控制策略。

三相电压不平衡时，在广义同步旋转 dq 坐标系下的 VSC 数学模型可以表示为

$$\begin{cases}\dfrac{\mathrm{d}i_{1d}}{\mathrm{d}t}=-\dfrac{R}{L}i_{1d}+L\omega i_{1q}-v_{1d}+u_{1d}\\ L\dfrac{\mathrm{d}i_{1q}}{\mathrm{d}t}=-Ri_{1q}-L\omega i_{1d}-v_{1q}+u_{1q}\end{cases}\tag{4.5}$$

$$\begin{cases}L\dfrac{\mathrm{d}i_{2d}}{\mathrm{d}t}=-Ri_{2d}-L\omega i_{2q}-v_{2d}+u_{2d}\\ L\dfrac{\mathrm{d}i_{2q}}{\mathrm{d}t}=-Ri_{2q}+L\omega i_{2d}-v_{2q}+u_{2q}\end{cases}\tag{4.6}$$

综上所述，可以得到正负序双回路双闭环不平衡控制策略如图 4.4 所示。

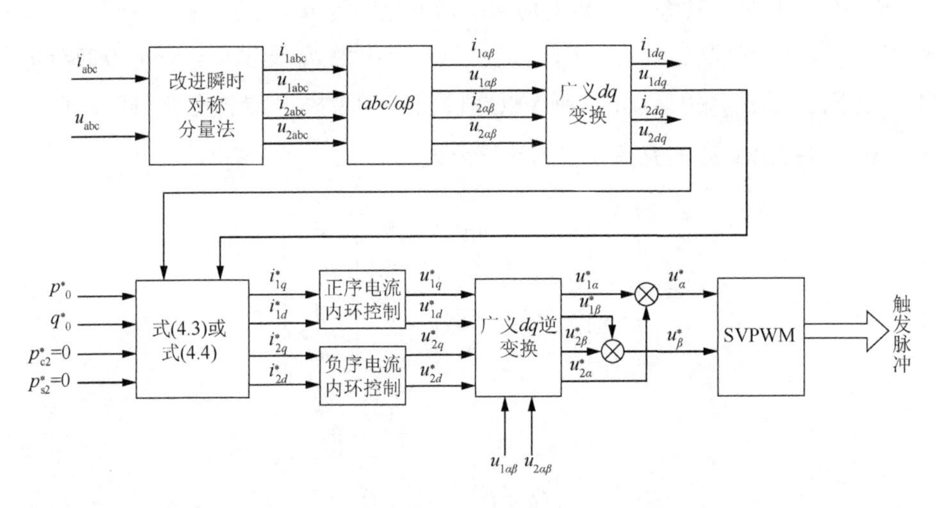

图 4.4　正负序双回路双闭环不平衡控制策略

4.2.2　基于负序电压补偿的不平衡控制策略

在基于瞬时对称分量法的正负序双回路双闭环控制策略中，正序电流控制环和负序电流控制环一起组成控制系统的内环电流控制器。虽然这种方法对负序分量有明显的抑制效果，但该控制策略结构过于复杂、稳定区域小、响应速度慢，

因此可以考虑用电压补偿的方法抵消不平衡电压中的负序分量。本小节将设计一种基于负序电压补偿的不平衡控制策略。

当交流系统发生不平衡故障时，系统将产生负序电压和负序电流。分析式（4.6）可知：当负序电流得到抑制，即 $i_{2d}=i_{2q}=0$ 时，有 $u_{2d}=v_{2d}$，$u_{2q}=v_{2q}$，并且近似有 $i_d=i_{1d}$，$i_q=i_{1q}$。由此可知，当控制 VSC 换流器的输出电压中含有的负序电压等于系统故障引起的负序电压时，就能够有效抑制系统的负序电流。在 $\alpha\beta$ 两相静止坐标下的 VSC 数学模型可表示为

$$\begin{cases} L\dfrac{\mathrm{d}i_\alpha}{\mathrm{d}t}+Ri_\alpha=u_\alpha-v_\alpha \\ L\dfrac{\mathrm{d}i_\beta}{\mathrm{d}t}+Ri_\beta=u_\beta-v_\beta \end{cases} \tag{4.7}$$

将式（4.7）分解为正序分量和负序分量，可得

$$\begin{cases} L\dfrac{\mathrm{d}i_\alpha}{\mathrm{d}t}+Ri_\alpha=u_{1\alpha}+u_{2\alpha}-v_{1\alpha}-v_{2\alpha} \\ L\dfrac{\mathrm{d}i_\beta}{\mathrm{d}t}+Ri_\beta=u_{1\beta}+u_{2\beta}-v_{1\beta}-v_{2\beta} \end{cases} \tag{4.8}$$

当抑制负序电流为零时，系统的负序电压得到补偿后，有

$$\begin{cases} L\dfrac{\mathrm{d}i_\alpha}{\mathrm{d}t}+Ri_\alpha=u_{1\alpha}-v_{1\alpha} \\ L\dfrac{\mathrm{d}i_\beta}{\mathrm{d}t}+Ri_\beta=u_{1\beta}-v_{1\beta} \end{cases} \quad 和 \quad \begin{cases} u_{2\alpha}-v_{2\alpha}=0 \\ u_{2\beta}-v_{2\beta}=0 \end{cases} \tag{4.9}$$

式（4.9）经过广义 dq 变换，可得

$$\begin{cases} L\dfrac{\mathrm{d}i_d}{\mathrm{d}t}=-Ri_d+L\omega i_q-v_{1d}+u_{1d} \\ L\dfrac{\mathrm{d}i_q}{\mathrm{d}t}=-Ri_q-L\omega i_d-v_{1q}+u_{1q} \end{cases} \quad 和 \quad \begin{cases} u_{2d}=v_{2d} \\ u_{2q}=v_{2q} \end{cases} \tag{4.10}$$

式（4.10）中的等式可用基于输入输出反馈线性化的电流解耦控制器来实现。基于负序电压补偿的不平衡控制策略如图 4.5 所示。

其中，有功参考电流 i_d^* 可以通过直流侧的电压或有功功率的偏差经 PI 调节得到，i_q^* 可以通过无功功率的偏差或交流母线电压的偏差经 PI 调节获得。

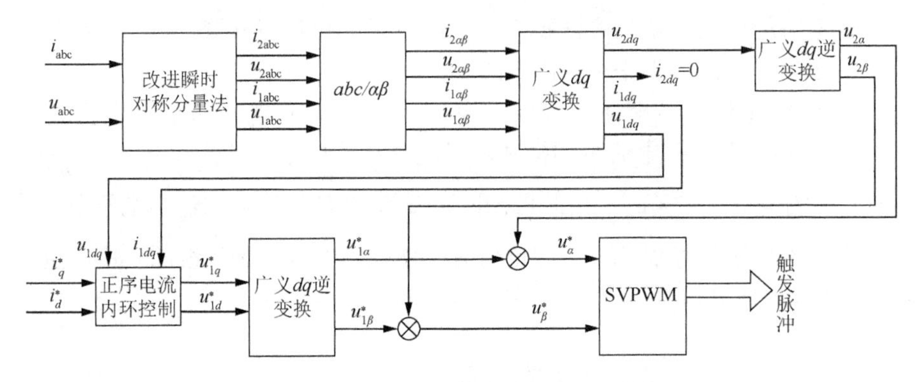

图 4.5　基于负序电压补偿的不平衡控制策略

4.3　仿 真 验 证

在 PSCAD 仿真软件中建立如图 4.6 所示的仿真模型，其中 3Phase RMS 表示三相电压的有效值，Timed Fault Logic 表示时控故障逻辑。系统 S_1 的主要参数为：$U_N=110\text{kV}$，初相角 $\varphi=0°$，电源的等效电感 $L=0.1\text{H}$；变压器 T_1 为 $110/1\text{kV}$，$u_k=10.5\%$，采用Y/△连接；换流器的等效电阻 $R=0.001\Omega$，等效电感 $L=0.0005\text{H}$；直流侧电容 $C=10000\mu\text{F}$，系统 S_2 的参数与系统 S_1 的参数相同。

1. 仿真验证正负序双回路双闭环不平衡控制策略

直流侧额定电压选为 2kV。有功功率和无功功率的参考值分别为 3MW 和 0Mvar，在 t=2.0s 时，逆变侧 VSC_2 交流系统发生 B 相单相接地故障，故障时间为 1.3s。背靠背电压源换流器采用正负序双回路双闭环不平衡控制策略。其中和系统 S_1 侧相连的 VSC 采用定有功功率和定无功功率控制，控制系统中的 PI 参数为 $K_{rp}=5$，$K_{ri}=0.0002$；和系统 S_2 侧相连的 VSC 采用定无功功率和定直流电压控制，控制系统中的 PI 参数为 $K_{ip}=90$，$K_{ii}=0.0002$，$K_{vp}=20$，$K_{vi}=0.002$。仿真结果如图 4.7 所示。

由图 4.7 可以看出，在非故障期间，两侧换流器基本能满足控制系统的要求。但在 2.0s 时逆变侧发生 B 相单相接地故障，对整流侧 VSC_1 侧交流系统影响较小，但产生的负序电压严重影响了逆变侧 VSC_2 输送的有功功率、无功功率及直流侧电压，完全无法满足控制器的控制要求，难以完成并列操作，严重时还会危及装置的安全运行。正负序双回路双闭环不平衡控制策略由于采用了两套旋转坐标系分别跟踪而构成了 4 个 PI 电流内环，控制系统结构复杂、PI 参数调节复杂、稳定区域小、响应速度慢，并没有达到理想的控制效果，因此不建议在本书的并网装置中采用。

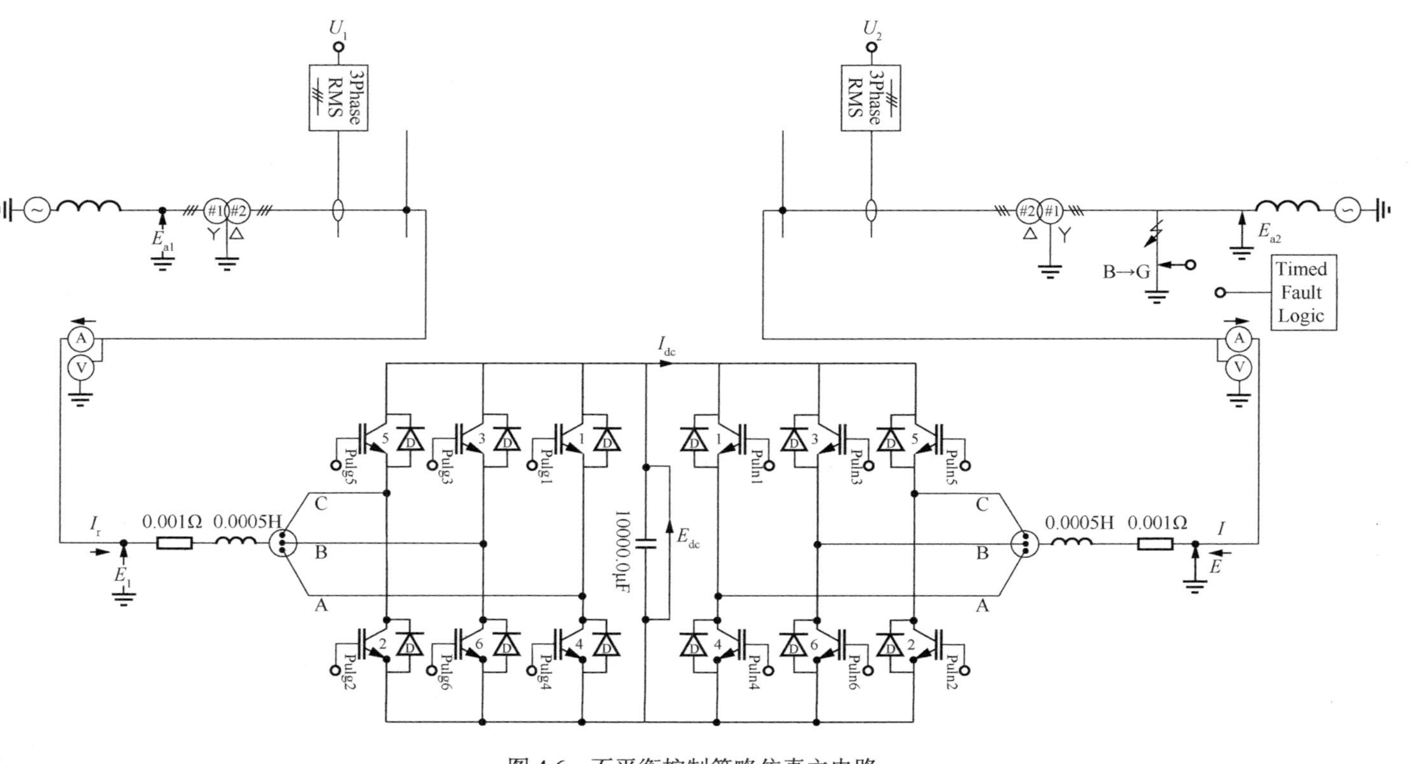

图 4.6　不平衡控制策略仿真主电路

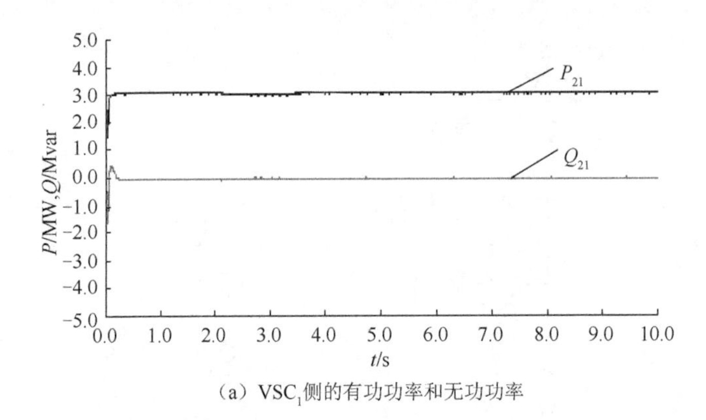

（a）VSC_1侧的有功功率和无功功率

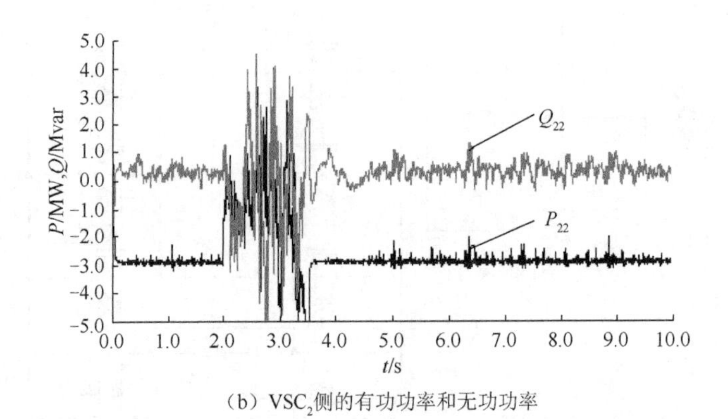

（b）VSC_2侧的有功功率和无功功率

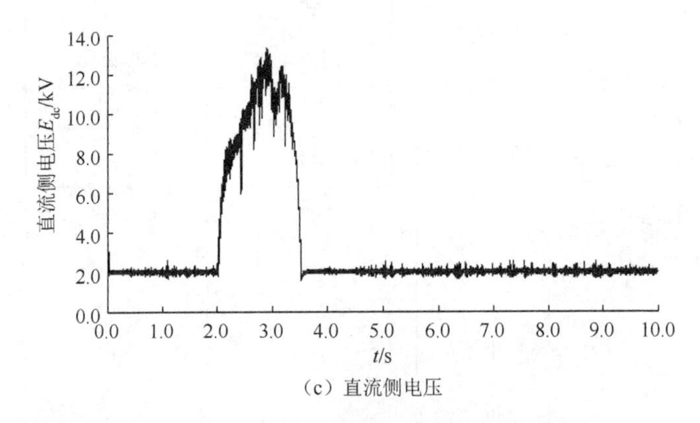

（c）直流侧电压

图 4.7　正负序双回路双闭环不平衡控制策略仿真结果

2. 仿真验证基于负序电压补偿的不平衡控制策略

直流侧额定电压选为 2kV。有功功率和无功功率的参考值分别为 3MW 和 1Mvar，在 t=2.0s 时逆变侧 VSC_2 交流系统发生 B 相单相接地故障，故障时间为 1.3s。背靠背电压源换流器采用基于负序电压补偿的不平衡控制策略。其中连

接系统 S_1 的 VSC 采用定有功功率和无功功率控制，控制系统中的 PI 参数为 $K_{rp}=5$，$K_{ri}=0.0002$；连接系统 S_2 的 VSC 采用定无功功率和定直流电压控制，控制系统中的 PI 参数为 $K_{ip}=10, K_{ii}=0.0002, K_{vp}=3, K_{ui}=0.002$。仿真结果如图 4.8 所示。

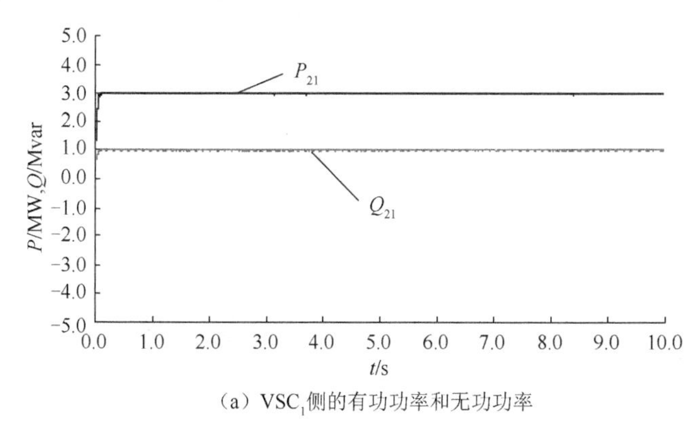

(a) VSC$_1$侧的有功功率和无功功率

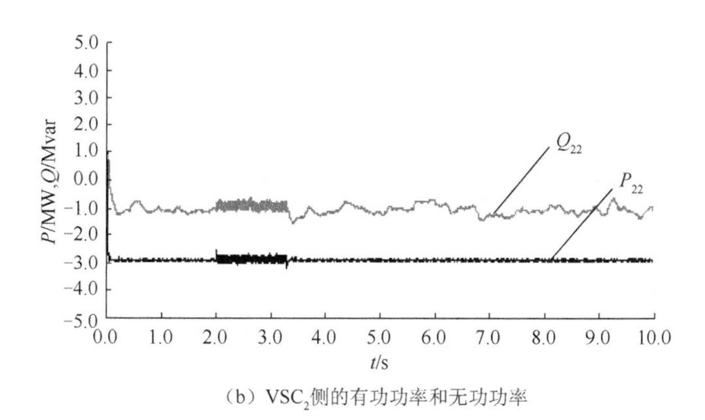

(b) VSC$_2$侧的有功功率和无功功率

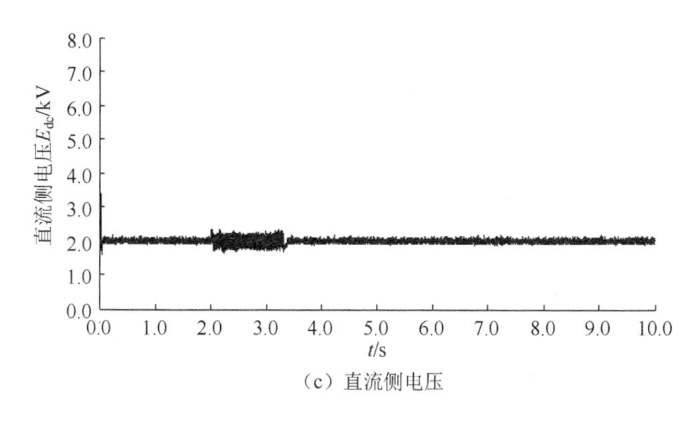

(c) 直流侧电压

图 4.8　基于负序电压补偿的不平衡控制策略仿真结果

由图 4.8 可以看出，在 2.0s 逆变侧发生故障后，产生的负序电压使直流侧电压和经过逆变侧 VSC_2 的有功功率、无功功率产生了波动，但故障对整流侧 VSC_1 侧交流系统的影响较小。由图 4.8（b）和（c）可以看出，由于控制策略中补偿了负序电压，负序电流得到了抑制，从而使逆变侧 VSC_2 在故障期间也能基本达到控制系统的要求，维持系统的暂时稳定。仿真结果表明：基于负序电压补偿的不平衡控制策略能够有效抑制故障产生的负序电流，在故障期间能够基本达到控制系统的要求。而且控制结构简单，在并网装置中采用这种不平衡控制策略，能有效提高系统发生故障时装置的不间断运行能力。

参 考 文 献

陈海荣, 2007. 交流系统故障时 VSC-HVDC 系统的控制和保护策略研究[D]. 杭州: 浙江大学.

袁旭峰, 程时杰, 文劲宇, 2008. 改进瞬时对称分量法及其在正负序电量检测中的应用[J]. 中国电机工程学报, 28(9): 52-58.

张崇巍, 张兴, 2003. PWM 整流器及其控制[M]. 北京: 机械工业出版社.

张兴, 季建强, 张崇巍, 等, 2005. 基于内模控制的三相电压型 PWM 整流器不平衡控制策略研究[J]. 中国电机工程学报, 25(13): 51-56.

EI-HABROUK M, DANWISH M K, MEHTA P, 2000. Active power filters: A review[J]. IEE proceedings- electric power applications, 147(5): 403-413.

IRAVANI M R, KARIMI-GHARTEMANI M, 2003. Online estimation of steady state and instantaneous symmetrical components[J]. IEE proceedings-generation transmission and distribution, 150(5): 616-622.

LYON W V, 1954. Transient analysis of alternating current machinery[M]. New York: The Technology Press of MIT and JohnWiley@ Sons Inc.

SUH Y, LIPO T A, 2006. Modeling and analysis of instantaneous active and reactive power for PWM AC/DC converter under generalized unbalanced network[J]. IEEE transactions on power delivery, 21(3): 1530-1540.

第 5 章　并网系统的联络线功率波动

并网过程中联络线上的功率波动，尤其是在并网合闸瞬间联络线上的功率冲击较大，可能使保护误动作，甚至会造成联络线功率逼近甚至超过其静稳极限值，影响两端交流电网的安全稳定运行。研究并网过程中联络线上的功率波动对系统的安全稳定运行具有重要的意义。本章从理论上深入分析并网过程中联络线上功率波动的机理和计算方法。并网过程分为功率传递过程和合闸过程。在进行功率传递时，联络线上的功率波动取决于系统的指令功率和换流器控制系统的性能。并网合闸瞬间，将联络线功率波动视为互联交流系统由于功率缺额而导致的联络线功率波动，利用二阶系统阶跃响应的超调量计算功率波动峰值，影响功率波动峰值的关键因素是两端待并列系统的惯性常数比和区域振荡模式的阻尼比（刘家军等，2012）。采用 PSCAD 进行仿真，实现了差频同期并列过程，验证了基于功率传递的同期并列方法的可行性和正确性，同时验证了联络线功率波动理论分析的正确性。

背靠背 VSC 用于电网间同期并列时，采用的控制策略流程依据并网调度命令首先启动并网装置，其次采集测量并列点两端系统的电压、频率、电流等电气量，最后计算并判断是否满足同期并列要求。若并列条件满足，则装置捕捉同期点并发同期合闸命令完成并网，同时装置退出并列操作，再根据电网调度操作命令装置转入其他功能运行或停机。若不满足，则需要根据两端待并列系统的频率差、电压差和相角差确定功率传递的方向，同时按公式计算出满足并列条件所需传递功率的大小；接着控制两侧电压源换流器传输所需功率，使其尽快满足同期并列条件，快速完成并网过程（刘家军等，2010）。

5.1　并网过程中联络线的功率波动

当采用并网系统的控制策略进行功率传递时，将引起联络线上较明显的功率波动，可能会对系统稳定造成影响。为了减少功率波动，在传递的功率值与装置最大容量范围内，可采用线性递增控制策略。这种功率传递方式能大大减小联络线上的功率波动，进而保证两端待并列系统的安全稳定运行，但是会增加并网的时间，特别是在系统故障后，不利于供电快速恢复，具体功率传递措施应根据实际情况来确定，应综合考虑系统抗冲击能力、并网速度要求、并网时负荷的变化情况等多方面因素来确定是否需要采用逐次递增法来传递功率（刘家军等，2010）。

5.1.1 功率传递时联络线的功率波动

基于瞬时无功功率理论，采用 Park 变换将三相换流器的输出电流变换到同步旋转 dq 坐标系上，实现对有功电流和无功电流的分离，分别控制有功电流和无功电流的大小和方向，对电网传递的有功功率和无功功率进行独立控制。

依据 2.3.2 小节的传递功率值计算方法计算出并网所需的传递功率值。并列系统存在频率差，有功功率从频率较高的一侧流向频率较低的一侧，无功功率从电压较高的一侧流向电压较低的一侧。按式（5.1）和式（5.2）分别计算并列所需有功和无功传递值为

$$P_{\text{ref}} = P_0 + k_{pf} \frac{P_0}{\Delta f_0 - \Delta f_1}(\Delta f_0 - \Delta f_{\text{ref}}) \tag{5.1}$$

$$Q_{\text{ref}} = Q_0 + k_{qu} \frac{Q_0}{\Delta U_0 - \Delta U_1}(\Delta U_0 - \Delta U_{\text{ref}}) \tag{5.2}$$

式中，P_0 为装置开始传递的较小有功功率；Δf_0 为传递 P_0 前待并系统频率差；Δf_1 为传递 P_0 后待并系统频率差；Δf_{ref} 为装置整定的频率差，其值小于并网条件中的最大频差；k_{pf} 为 ΔP_f 的修正系数；Q_0 为装置开始传递的较小无功功率；ΔU_0 为传递 Q_0 前待并系统的电压差；ΔU_1 为传递 Q_0 后待并系统的电压差；ΔU_{ref} 为装置整定的电压差，其值小于并网条件中的最大电压差；k_{qu} 为 ΔQ_u 的修正系数。

同频并网时，有功功率从相角超前侧流向相角滞后侧，无功功率从电压较高侧流向电压较低侧。同频并网时，满足并列条件所需传递的有功功率和无功功率的大小分别为

$$P_{\text{ref}} = P_0 + k_{\text{pph}} \frac{P_0}{\Delta \text{ph}_0 - \Delta \text{ph}_1}(\Delta \text{ph}_0 - \Delta \text{ph}_{\text{ref}}) \tag{5.3}$$

$$Q_{\text{ref}} = Q_0 + k_{qu} \frac{Q_0}{\Delta U_0 - \Delta U_1}(\Delta U_0 - \Delta U_{\text{ref}}) \tag{5.4}$$

式中，Δph_0 为传递 P_0 前待并系统相角差；Δph_1 为传递 P_0 后待并系统相角差；$\Delta \text{ph}_{\text{ref}}$ 为装置整定的相角差，其值小于并网条件中的最大相角差；k_{pph} 为 ΔP_{ph} 的修正系数。

在式（5.3）和式（5.4）中，P_{ref} 和 Q_{ref} 分别为满足并列条件所需传递的有功功率和无功功率，其最大值不能超过并网装置换流器的容量，通过并网装置在联络线上传递，引起的功率波动与上述指令功率以及控制器的控制性能有关。

5.1.2　并网合闸瞬间联络线的功率波动

当并网系统控制背靠背 VSC 按计算所得的指令功率在待并两网之间进行传递时，待并列系统基本满足并列条件，而不是理想的并网条件。合闸瞬间的功率波动可看作由于交流系统功率不足而在联络线上产生的功率波动。

汤涌等（2010）提出了两大区域互联交流系统由于功率缺额引起的联络线功率振荡的线性化模型，并基于二阶线性系统时域分析理论和电力系统冲击功率的功率分配理论，阐明了联络线功率波动机制，在此基础上提出了功率缺额后联络线功率波动峰值的计算方法。

二阶线性系统的阶跃响应如图 5.1 所示。当二阶线性系统的阻尼比大于 0 且小于 1 时，该系统属于二阶欠阻尼线性系统。

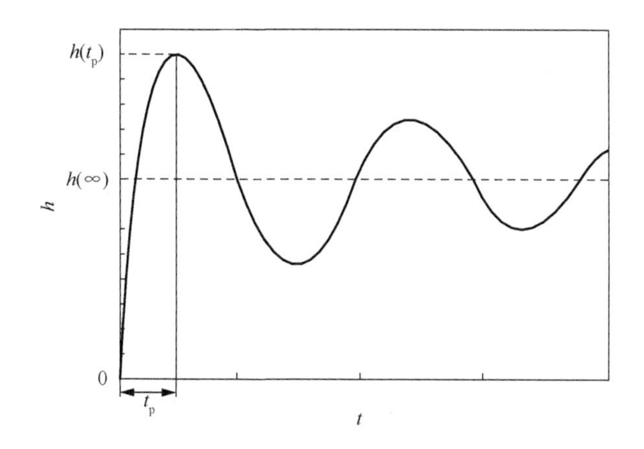

图 5.1　二阶线性系统的阶跃响应

定义σ为二阶线性系统阶跃响应的超调量，则有

$$\sigma = \frac{h(t_p) - h(\infty)}{h(\infty)} \times 100\% \tag{5.5}$$

式中，$h(\infty)$为阶跃响应的稳态值；t_p为系统到达第一个振荡峰值的时间；$h(t_p)$为阶跃响应的头摆峰值。

其中，二阶系统阶跃响应的超调量为

$$\sigma = \mathrm{e}^{-\pi\varsigma/\sqrt{1-\varsigma^2}} \times 100\% \tag{5.6}$$

式中，ς为二阶线性系统的阻尼比。

由式（5.5）推广可得联络线上的功率波动峰值为

$$\Delta P_{\text{tie}}(t_p) = \Delta P_{\text{tie}}(\infty)(1+\sigma) \tag{5.7}$$

式中，$\Delta P_{\text{tie}}(t_{\text{p}})$为联络线功率波动的峰值；$\Delta P_{\text{tie}}(\infty)$为联络线功率波动的稳态值。$\Delta P_{\text{tie}}(\infty)$由两区域系统的总惯性常数比来确定。假设同期并列系统 S_1 和系统 S_2 的总惯性常数之比为$H_{\Sigma 1}/H_{\Sigma 2}$。如果系统 S_1 发生功率扰动，引起联络线功率波动，其稳态值为

$$\Delta P_{\text{tie}}(\infty)=\Delta P\frac{H_{\Sigma 2}}{H_{\Sigma 1}+H_{\Sigma 2}} \tag{5.8}$$

式中，ΔP 为系统 S_1 的功率扰动。当系统功率缺额时，ΔP 取正值；反之，ΔP 取负值。

将式（5.6）和式（5.8）代入式（5.7）可得

$$\Delta P_{\text{tie}}(t_{\text{p}})=\Delta P\frac{H_{\Sigma 2}}{H_{\Sigma 1}+H_{\Sigma 2}}(1+\mathrm{e}^{-\pi\varsigma/\sqrt{1-\varsigma^2}}) \tag{5.9}$$

式中，ς 为互联系统区域振荡模式的阻尼比。假设联络线的功率初值为$P_{\text{tie}}(0)$，功率扰动后联络线功率的实际波动峰值为$P_{\text{tie}}(t_{\text{p}})$，则$P_{\text{tie}}(t_{\text{p}})$的计算公式为

$$P_{\text{tie}}(t_{\text{p}})=P_{\text{tie}}(0)+\Delta P_{\text{tie}}(t_{\text{p}})=P_{\text{tie}}(0)+\Delta P\frac{H_{\Sigma 2}}{H_{\Sigma 1}+H_{\Sigma 2}}(1+\mathrm{e}^{-\pi\varsigma/\sqrt{1-\varsigma^2}}) \tag{5.10}$$

若扰动发生在子系统 S_2，则式（5.8）～式（5.10）的分子 $H_{\Sigma 2}$ 应该相应地改为 $H_{\Sigma 1}$。

由式（5.10）可知，合闸并网瞬间引起联络线上的功率波动，其波动峰值受两侧待并列系统的总惯性常数之比和振荡模式的阻尼比影响较大。并网装置在合闸并网时，合闸瞬间引起的联络线上功率的实际波动峰值可通过式（5.10）计算得到。

5.2　联络线功率波动的仿真分析

基于功率传递的并网系统控制背靠背 VSC 进行功率传递，以缩小两端待并列系统的电压差、频率差和相角差，尽快满足电网并列条件。本章通过在 PSCAD 软件中搭建基于功率传递的并网模型，研究联络线上的功率波动情况，并确定合适的保护配置方案。

为了验证联络线上功率波动理论分析的正确性，在 PSCAD 仿真软件中建立相应的并网系统模型，以研究联络线上的功率波动情况。并网仿真主电路如图 5.2 所示。

假设待并列两系统 S_1、S_2 主要参数如下。

系统 S_1 的变压器容量为 120MV·A，电压变比为 13.8/121kV，$u_k=10.5\%$；输

电线路电阻 R=1Ω，电感 L=0.0191H；水力发电机功率 S_N=120MV·A，机端电压 U_N=13.8kV，励磁机 V_{ref}=1.01，调速器的 ω_{ref}=1.2；系统有功负荷为 15MW，无功负荷为 9Mvar，$\frac{dP}{df}=1.5$，$\frac{dQ}{dV}=2.0$。

系统 S_2 的发电机也为水力发电机，其励磁机的 V_{ref}=1.0，调速器的 $\omega_{ref}=0.9$；系统有功负荷为 25MW，无功负荷为 18Mvar；其他参数与系统 S_1 一样。

在仿真模型控制器中，背靠背 VSC-HVDC 采用的控制策略为：与 S_1 系统相连的一侧换流器采用定有功功率和无功功率控制，与 S_2 系统相连的一侧换流器采用定无功功率和定直流电压控制，两换流器参考功率方向相反、大小相等。控制器的 PI 参数为 K_{ip}=5，K_{vp}=1.5，K_{ii}=0.0002，K_{vi}=0.03。

在仿真图中，当 $t<40$s 时，VSC 两侧的开关 BRK$_1$、BRK$_2$ 和联络线开关 BRK 均处于断开状态；当 $40\text{s}<t<65\text{s}$ 时，闭合 VSC 两侧的开关 BRK$_1$、BRK$_2$，开始传递一个较小功率，其有功功率为 $P_0=P_{ref}=1.0$MW，无功功率为 $Q_0=Q_{ref}=1.0$Mvar。开关状态保持不变，当 $t>65$s 时，传递满足并网条件所需的有功功率值和无功功率值，在 $t>90$s 后，依据测量值判定并网装置两侧并列点的电压差、相角差与系统频率差是否达到并列条件要求，若满足要求则闭合开关 BRK，同时断开开关 BRK$_1$ 与 BRK$_2$，完成并网操作。上述仿真结果如图 5.3 所示。

由图 5.3 可知，两侧系统在 $t=25$s 时基本稳定，在 $t=40$s 时启动 VSC-HVDC，根据待并列两侧的频率与电压测量值，确定有功功率和无功功率的传递方向均由系统 S_1 传递到系统 S_2，按预先设定的有功功率 P_1 和无功功率 Q_1 进行功率传递，P_1=1.0MW，Q_1=1.0Mvar。联络线上的有功功率稳态值 P_1 为 0.993MW，有功功率最大波动值 P_{max} 为 1.97MW；无功功率稳态值 Q_1 为 0.78Mvar，无功功率最大波动值 Q_{1max} 为 0.88Mvar。根据理论计算得出的联络线上无功波动稳态值 Q_{10} 为 1.0Mvar，有功波动稳态值 P_{10} 为 1.0MW。

两侧系统在 t=65s 时趋于稳定，此时系统 S_1 的功率测量值 Q_{S1} 约为 37.13Mvar，P_{S1} 约为 49.87MW；系统 S_2 的功率测量值 Q_{S2} 约为 67.89Mvar，P_{S2} 约为 75.27MW；系统频率差 Δf_1 约为 0.10Hz，并列点电压差 ΔU_1 约为 4.93kV。若设定 Δf_{ref}=0.02Hz，ΔU_{ref}=2.0kV，K_{pf}=1.2，K_{qu}=1.0，经计算得 P_{ref}=4.33MW，Q_{ref}=7.73Mvar。此时，控制 VSC 按照 P_{ref} 和 Q_{ref} 进行功率传递，引起联络线上的功率波动，其有功功率稳态值 P_2 为 4.06MW，最大波动值 P_{2max} 为 4.06MW；无功功率稳态值 Q_2 为 6.37Mvar，最大波动值 Q_{2max} 为 7.15Mvar。根据理论计算得出的联络线上功率波动稳态值中无功功率 Q_{20} 为 7.73Mvar，有功功率 P_{20} 为 4.33MW。

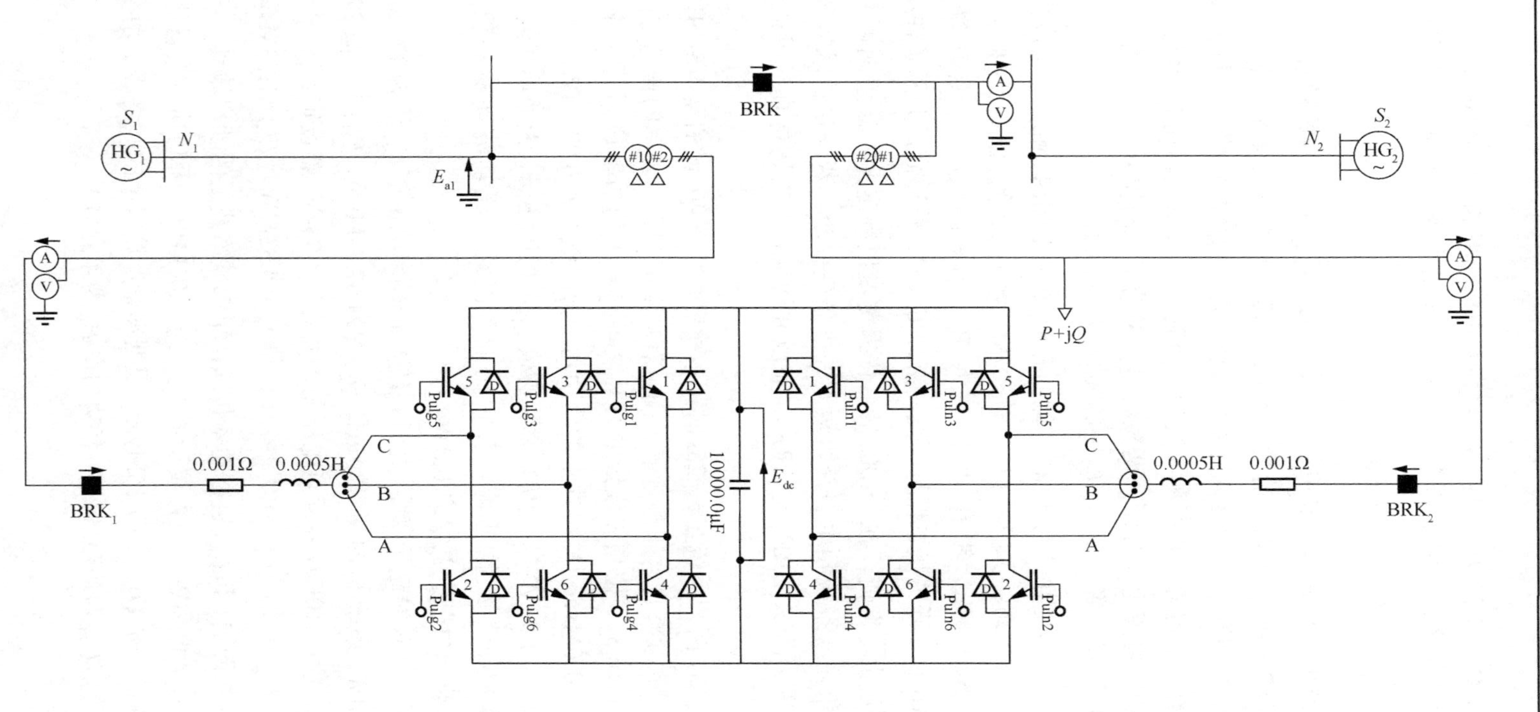

图 5.2　并网仿真主电路示意图

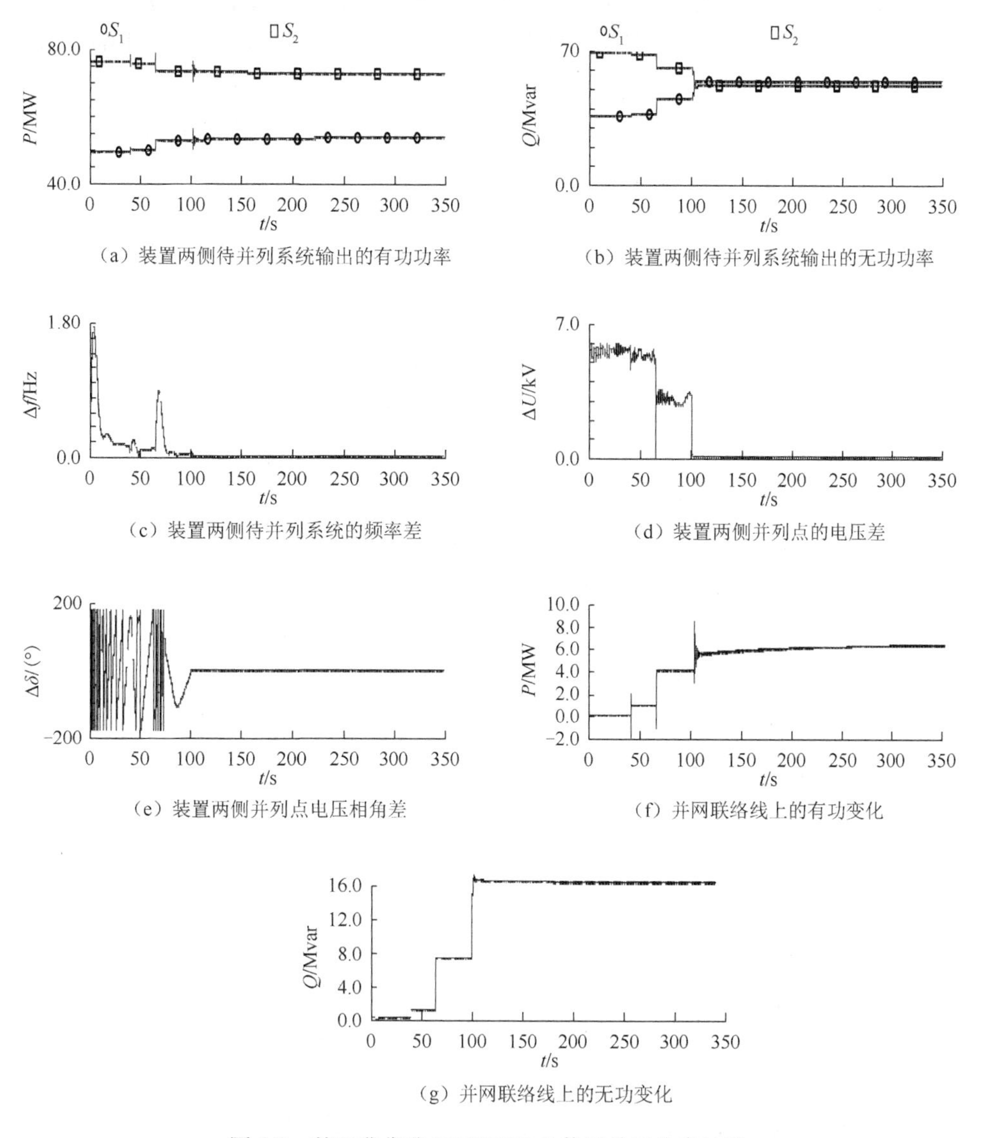

（a）装置两侧待并列系统输出的有功功率

（b）装置两侧待并列系统输出的无功功率

（c）装置两侧待并列系统的频率差

（d）装置两侧并列点的电压差

（e）装置两侧并列点电压相角差

（f）并网联络线上的有功变化

（g）并网联络线上的无功变化

图 5.3　基于背靠背 VSC-HVDC 装置并网仿真结果

两侧系统在 t=90s 时再次进入稳态，测得系统 S_1 的无功功率 Q_{S1} 约为 44.73Mvar，有功功率 P_{S1} 约为 52.59MW；系统 S_2 的有功功率 P_{S2} 约为 73.16MW，无功功率 Q_{S2} 约为 61.06Mvar；系统电压差 ΔU_2 约为 2.71kV，系统频率差 Δf_2 约为 0.02Hz，满足并列条件。在 t 约为 102s 时，滑差过零点，此刻合上并网断路器 BRK，两系统实现并列，同时断开开关 BRK_1 和 BRK_2，背靠背 VSC-HVDC 退出并网操作模式。

在开关 BRK 合闸的瞬间，系统电压差ΔU_3约为 3.02kV，频率差Δf_3约为 0.028Hz，并网系统无功功率缺额ΔQ_3为 6.16Mvar，有功功率缺额ΔP_3为 1.058MW，引起联络线上功率波动，无功功率稳态值Q_3为 16.63Mvar，最大波动值$Q_{3\max}$为 17.26Mvar；有功功率稳态值P_3为 5.56MW，最大波动值$P_{3\max}$为 8.39MW。待并列两端交流电网的惯性常数比通常为 1.1～1.5，振荡的阻尼比通常为 0.07～0.2。针对不同的惯性常数比和振荡模式阻尼比，由式（5.10）可计算得出联络线上有功功率的最大值。假设理论计算得出的联络线有功功率的稳态值和最大值分别用P_{30}和$P_{30\max}$表示，计算结果如表 5.1 所示。

表 5.1　不同条件下联络线上的有功功率波动计算结果

阻尼比	惯性常数比为 1.1		惯性常数比为 1.5	
	P_{30} /MW	$P_{30\max}$ /MW	P_{30} /MW	$P_{30\max}$ /MW
0.07	5.39	6.29	5.39	6.15
0.08	5.39	6.29	5.39	6.14
0.09	5.39	6.28	5.39	6.13
0.10	5.39	6.26	5.39	6.12
0.11	5.39	6.25	5.39	6.11
0.12	5.39	6.24	5.39	6.10
0.13	5.39	6.23	5.39	6.09
0.14	5.39	6.22	5.39	6.08
0.15	5.39	6.20	5.39	6.07
0.16	5.39	6.19	5.39	6.07
0.17	5.39	6.18	5.39	6.06
0.18	5.39	6.17	5.39	6.05
0.19	5.39	6.17	5.39	6.04
0.20	5.39	6.16	5.39	6.03

由表 5.1 可知，不同的系统阻尼比和惯性常数比对联络线功率波动的峰值有一定的影响。假设两端系统的惯性常数比为 1.1、阻尼比为 0.07，理论计算得出的联络线功率波动的稳定值$P_{30}=5.39\text{MW}$，有功功率波动的最大值$P_{30\max}=6.29\text{MW}$，与仿真结果比较吻合。

参 考 文 献

刘家军, 刘昌博, 徐银凤, 等, 2015. 电网间同期并列复合系统控制策略[J]. 电网技术, 39(7): 1933-1939.

刘家军, 汤涌, 姚李孝, 等, 2010. 电压型换流器实现电网间同期并列的原理及仿真研究[J]. 中国电机工程学报, 30: 12-17.

刘家军, 闫泊, 姚李孝, 等, 2012. 基于功率传递并网方式的联络线功率波动研究[J]. 电力系统保护与控制, 40(4): 125-128.

刘家军, 姚李孝, 吴添森, 等, 2011. 基于电压型换流器电网间同期并列仿真研究[J]. 系统仿真学报, 23(3): 528-535.

汤涌, 孙华东, 易俊, 等, 2010. 两大区互联系统交流联络线功率波动机制与峰值计算[J]. 中国电机工程学报, 30(19): 1-6.

第 6 章　并网系统的保护配置

分析并网系统运行特性的前提是两端交流系统及并网系统正常运行，即系统没有发生较大扰动或故障，交流母线电压和负载均保持三相对称。一般情况下，三相阻抗和三相负荷不可能完全均衡，特别是当系统发生故障、运行在特殊条件或负荷发生较大扰动时，都会使系统电压出现严重的三相不平衡，使并网系统中的各个部件承受过电压和过电流的冲击。对于系统发生的轻微瞬时性故障，背靠背换流器可通过调整自身的控制策略，如转入三相电压不平衡控制策略来维持系统的短时稳定，待故障消除后系统再次恢复正常运行，继续完成并网过程。即实际运行过程中发生的部分瞬时性故障可在背靠背 VSC 控制策略的作用下自行恢复运行。但对于一些严重的瞬时性故障或永久性故障，系统无法通过自身的调节作用恢复正常，可能会损坏换流器中价格昂贵的全控型换流器件及其他重要部件，甚至影响两侧待并列交流系统的安全稳定运行。因此，对于系统中的严重故障，并网系统应采用相应的保护策略使并网装置及时退出运行，防止故障对并列装置的冲击，避免并列操作失败。

若并列系统没有配置保护方案，在并列过程中，两端交流系统或并列装置本身发生故障时，可能会产生如下一些不正常现象（刘洪涛，2003），情况严重时将危及两端待并列系统的安全稳定运行。

（1）换流器直流侧过电压。

（2）换流器直流侧电压大幅度降低。

（3）换流器直流侧的电压电流中出现二次谐波。

（4）换流变压器及换流器中稳态时的电流超过允许上限值。

（5）换流器发生某些故障时，如桥臂直通故障，换流器件中瞬间产生很大的过电流，即产生较高的电流变化率，对换流器件尤其不利。

本章将针对上述五种不正常现象，利用 PSCAD/EMTDC 仿真软件为并列系统分区配置保护，使换流器的重要部件在系统发生严重故障时免受过电压或过电流的冲击，并且尽可能使并网装置在一些轻微故障下继续运行。因此，研究并网系统故障时的保护策略具有重要的意义。

6.1　故障时并网系统的运行特性

6.1.1　谐波传递特性分析

对于背靠背 VSC-HVDC 系统而言，正常运行时，交流系统三相电压和系统参数都对称，直流电流的谐波次数为 $n=kp$，交流侧电流的谐波次数为 $n=kp\pm1$，其中，k 为正整数，p 为换流器的脉动数。一般将这两种谐波次数称为直流侧和交流侧的特征谐波次数。但若交流系统参数不对称或发生故障，系统电压将产生严重的三相不平衡，此时直流输电系统不只产生特征谐波，还将产生各种非特征谐波。

图 6.1 为背靠背 VSC-HVDC 的电路结构示意图。其中，V_{sr} 和 V_{cr} 分别为整流侧交流系统的基波电压和交流母线电压，L_r 为整流侧变压器的等效电感，V_{ra}、V_{rb} 和 V_{rc} 是整流器输出的三相交流电压，I_{dcr} 为整流器输出的直流电流，I_{dc} 为流过电容器连线的直流电流，I_{dci} 为逆变器输出的直流电流，V_{ia}、V_{ib} 和 V_{ic} 是逆变器输出的三相交流电压，L_i 为逆变侧变压器的等效电感，V_{si} 和 V_{ci} 分别为逆变侧交流系统的基波电压和交流母线电压。

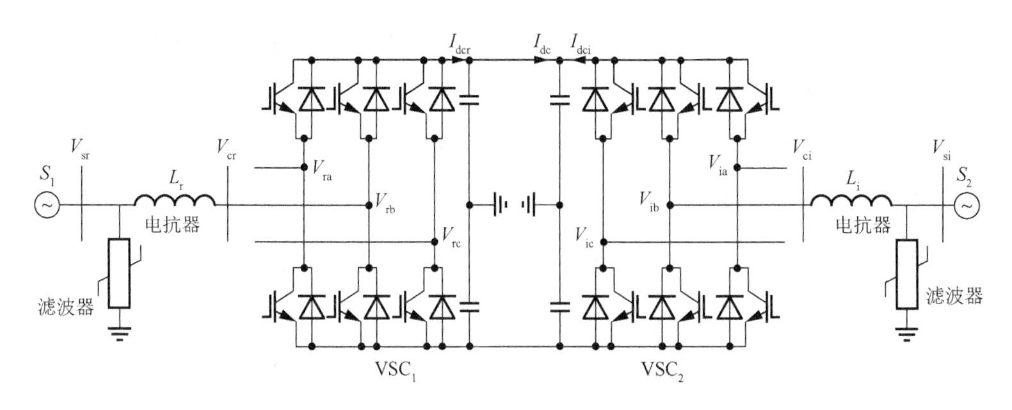

图 6.1　背靠背 VSC-HVDC 电路结构示意图

在分析三相电压不平衡情况下，背靠背 VSC-HVDC 的谐波特性时，假设只考虑电网基波电压的作用，双极性开关函数也只考虑其基波分量。本节以逆变侧为例来分析背靠背 VSC-HVDC 的谐波特性。正常运行时采用三相平衡时的控制策略，逆变侧交流系统可用式（6.1）描述：

$$L_i \frac{\mathrm{d}i_i}{\mathrm{d}t} + R_i i_i = v_{si} - v_{ik} \tag{6.1}$$

式中，R_i 为逆变侧变压器的等值电阻；k=a，b，c；v_{ik} 可分别表示为

$$\begin{cases} v_{\mathrm{ia}}(\omega t) = V_{\mathrm{dci}} A_{\mathrm{i}} \sin(\omega t) \\ v_{\mathrm{ib}}(\omega t) = V_{\mathrm{dci}} A_{\mathrm{i}} \sin(\omega t - 120^{\circ}) \\ v_{\mathrm{ic}}(\omega t) = V_{\mathrm{dci}} A_{\mathrm{i}} \sin(\omega t + 120^{\circ}) \end{cases} \tag{6.2}$$

式中，$A_{\mathrm{i}} \sin(\omega t)$、$A_{\mathrm{i}} \sin(\omega t - 120^{\circ})$、$A_{\mathrm{i}} \sin(\omega t + 120^{\circ})$ 分别为逆变器 3 个桥臂的双极性开关函数。

分析直流侧的电压、电流，有

$$\begin{cases} C_{\mathrm{dc}} \dfrac{\mathrm{d}V_{\mathrm{dcr}}}{\mathrm{d}t} = I_{\mathrm{dcr}} - I_{\mathrm{dc}} \\ C_{\mathrm{dc}} \dfrac{\mathrm{d}V_{\mathrm{dci}}}{\mathrm{d}t} = I_{\mathrm{dci}} + I_{\mathrm{dc}} \\ V_{\mathrm{dcr}} = V_{\mathrm{dci}} + R_{\mathrm{dc}} I_{\mathrm{dc}} \end{cases} \tag{6.3}$$

式中，R_{dc} 为直流输电线路的等效电阻；V_{dcr}、V_{dci} 分别为整流器和逆变器的直流侧电压。

将式（6.2）代入式（6.3），逆变侧直流电流可表示为

$$I_{\mathrm{dci}} = i_{\mathrm{ia}} A_{\mathrm{i}} \sin(\omega t) + i_{\mathrm{ib}} A_{\mathrm{i}} \sin(\omega t - 120^{\circ}) + i_{\mathrm{ic}} A_{\mathrm{i}} \sin(\omega t + 120^{\circ}) \tag{6.4}$$

将逆变器三相交流电流的瞬时值写为有效值的形式，则式（6.4）可写为

$$\begin{aligned} i_{\mathrm{dci}}(\omega t) = {} & I_{\mathrm{ia}} \sin(\omega t - \varphi_{\mathrm{ia}}) A_{i} \sin(\omega t) + I_{\mathrm{ib}} \sin(\omega t - \varphi_{\mathrm{ib}}) A_{\mathrm{i}} \sin(\omega t - 120^{\circ}) \\ & + I_{\mathrm{ic}} \sin(\omega t - \varphi_{\mathrm{ic}}) A_{\mathrm{i}} \sin(\omega t + 120^{\circ}) \end{aligned} \tag{6.5}$$

利用三角函数的积化和差公式，可将式（6.5）转化为

$$\begin{aligned} i_{\mathrm{dci}}(\omega t) = {} & \frac{1}{2} A_{\mathrm{i}} [I_{ia} \cos(2\omega t - \varphi_{\mathrm{ia}}) + I_{\mathrm{ib}} \cos(2\omega t - \varphi_{\mathrm{ib}} - 120^{\circ}) \\ & + I_{\mathrm{ic}} \cos(2\omega t - \varphi_{\mathrm{ic}} + 120^{\circ})] + I_{\mathrm{dci0}} \end{aligned} \tag{6.6}$$

其中

$$I_{\mathrm{dci0}} = \frac{1}{2} A_{\mathrm{i}} [I_{\mathrm{ia}} \cos\varphi_{\mathrm{ia}} + I_{\mathrm{ib}} \cos(\varphi_{\mathrm{ib}} - 120^{\circ}) + I_{\mathrm{ic}} \cos(\varphi_{\mathrm{ic}} + 120^{\circ})] \tag{6.7}$$

在式（6.7）中，I_{ia}、I_{ib}、I_{ic} 以及 φ_{ia}、φ_{ib}、φ_{ic} 均为常量，故 I_{dci0} 也是一个常数，是电流的直流分量。

若逆变侧三相系统参数平衡，三相电流有效值相等，相角互相对称，相差 120°，此时有

$$I_{\mathrm{ia}} \cos(2\omega t - \varphi_{\mathrm{ia}}) + I_{\mathrm{ib}} \cos(2\omega t - \varphi_{\mathrm{ib}} - 120^{\circ}) + I_{\mathrm{ic}} \cos(2\omega t - \varphi_{\mathrm{ic}} + 120^{\circ}) = 0 \tag{6.8}$$

式（6.6）可写为 $i_{\mathrm{dci}}(\omega t) = I_{\mathrm{dci0}}$，即逆变侧的直流电流中仅含有直流分量，不含有交流谐波分量。

若逆变侧交流系统三相参数不平衡，此时 i_{dci} 中不仅含有直流分量，还包括二次谐波分量。二次谐波电流分量会产生相应的直流电压二次谐波分量，即

$$V_{\mathrm{dci}}(\omega t)=V_{\mathrm{dci0}}+V_{\mathrm{dci2}}\sin(2\omega t+\theta_{\mathrm{i2}}) \tag{6.9}$$

式中，V_{dci0} 为直流电压的直流分量；$V_{\mathrm{dci2}}\sin(2\omega t+\theta_{\mathrm{i2}})$ 为二次谐波分量。

将式（6.9）代入式（6.2）中，则逆变器的三相交流电压可表示为

$$\begin{cases} v_{\mathrm{ia}}(\omega t)=V_{\mathrm{dci0}}A_{\mathrm{i}}\sin(\omega t)+\dfrac{1}{2}V_{\mathrm{dci2}}A_{\mathrm{i}}[\cos(\omega t+\theta_{\mathrm{i2}})-\cos(3\omega t+\theta_{\mathrm{i2}})] \\ v_{\mathrm{ib}}(\omega t)=V_{\mathrm{dci0}}A_{\mathrm{i}}\sin(\omega t-120^{\circ})+\dfrac{1}{2}V_{\mathrm{dci2}}A_{\mathrm{i}}[\cos(\omega t+\theta_{\mathrm{i2}}-120^{\circ})-\cos(3\omega t+\theta_{\mathrm{i2}}-120^{\circ})] \\ v_{\mathrm{ic}}(\omega t)=V_{\mathrm{dci0}}A_{\mathrm{i}}\sin(\omega t+120^{\circ})+\dfrac{1}{2}V_{\mathrm{dci2}}A_{\mathrm{i}}[\cos(\omega t+\theta_{\mathrm{i2}}+120^{\circ})-\cos(3\omega t+\theta_{\mathrm{i2}}+120^{\circ})] \end{cases} \tag{6.10}$$

由式（6.10）可知，当逆变侧交流系统三相参数不平衡时，逆变侧的三相交流电压中除包含基波分量外，还包含三次谐波分量。相应地会在三相交流电流中产生三次谐波分量。

将含有三次谐波分量的交流电流代入式（6.4）中，并进行积化和差运算。通过计算可知三次谐波电流分量将在直流侧产生二次和四次谐波分量，直流侧的二次和四次谐波分量又将在交流侧产生三次和五次谐波分量。如此反复相互作用，直流侧将产生 $2m$（m 取正整数）次谐波分量，交流侧将产生 $2m+1$ 次谐波分量。

因此，当背靠背 VSC-HVDC 所联交流电网的三相系统不平衡时，除了在直流侧产生 6、12 等 kp 次（k 取正整数，p 为脉动数）特征谐波外，还会产生 2、4、8 等 $2m$ 次（$m\neq 3k$，m、k 均取正整数）非特征谐波；同样地，在交流侧不仅会产生 5、7、11、13 等 $kp\pm 1$ 次（k 取正整数，p 为脉动数）特征谐波，还会产生 3、9 等 $2m\pm 1$ 次（$m\neq 3k$，m、k 均取正整数）非特征谐波分量。同理，逆变器直流侧中的谐波电流和谐波电压将会通过直流线路传至整流侧直流电流，相应地，不仅会在整流侧交流系统中产生 5、7、11、13 等 $kp\pm 1$ 次（k 取正整数，p 为脉动数）特征谐波，还会产生 3、9 等 $2m\pm 1$ 次（$m\neq 3k$，m、k 均取正整数）非特征谐波分量。

6.1.2　谐波传递特性仿真分析

为了分析背靠背 VSC-HVDC 的谐波传递特性，现以 PSCAD/EMTDC 仿真软件中的 VSCTrans.psc 算例为基础，分析各种故障情况下背靠背 VSC-HVDC 的谐波特性。在此算例中，PWM 的载波频率采用 33 倍的基波频率。整流侧利用整流侧交流系统和逆变侧交流系统的相角差来控制系统传输的有功功率，同时控制整流侧母线的无功功率；逆变侧采用定交流电压幅值控制和定直流电压控制。

现重点分析正常运行、B 相接地故障、BC 两相接地故障、B 相断线故障、BC 两相断线故障五种工况条件下，背靠背 VSC-HVDC 系统的谐波传递特性。以上故障发生时间均为 2s，短路故障持续时间为 0.5s。

图 6.2 和图 6.3 分别为不同运行工况下，直流电压和直流电流的谐波构成图。图中，[2]表示二次谐波分量，[7]表示七次谐波分量。两侧交流系统短路故障时，直流电压和直流电流的二次谐波分量明显增多；断路故障时，各次谐波含量均有增加，其中以基频分量和二次谐波分量为主。因此，验证了当背靠背 VSC-HVDC 所联交流电网的三相系统不平衡时，将会在直流侧产生二次谐波分量。

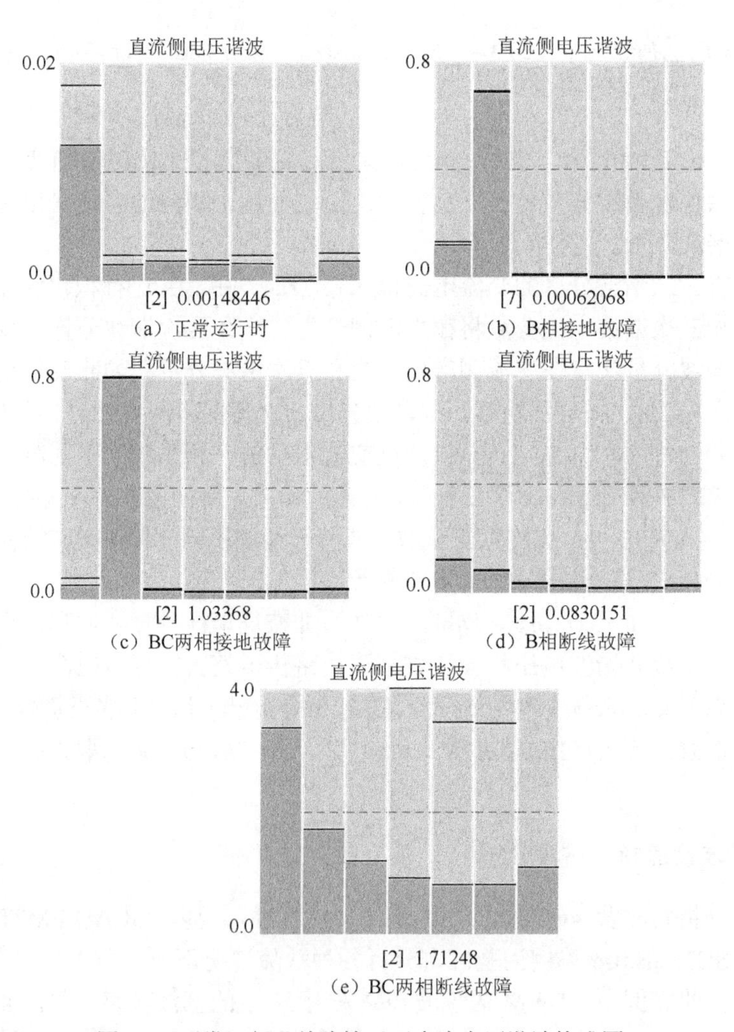

(a) 正常运行时　(b) B相接地故障
(c) BC两相接地故障　(d) B相断线故障
(e) BC两相断线故障

图 6.2　正常运行及故障情况下直流电压谐波构成图

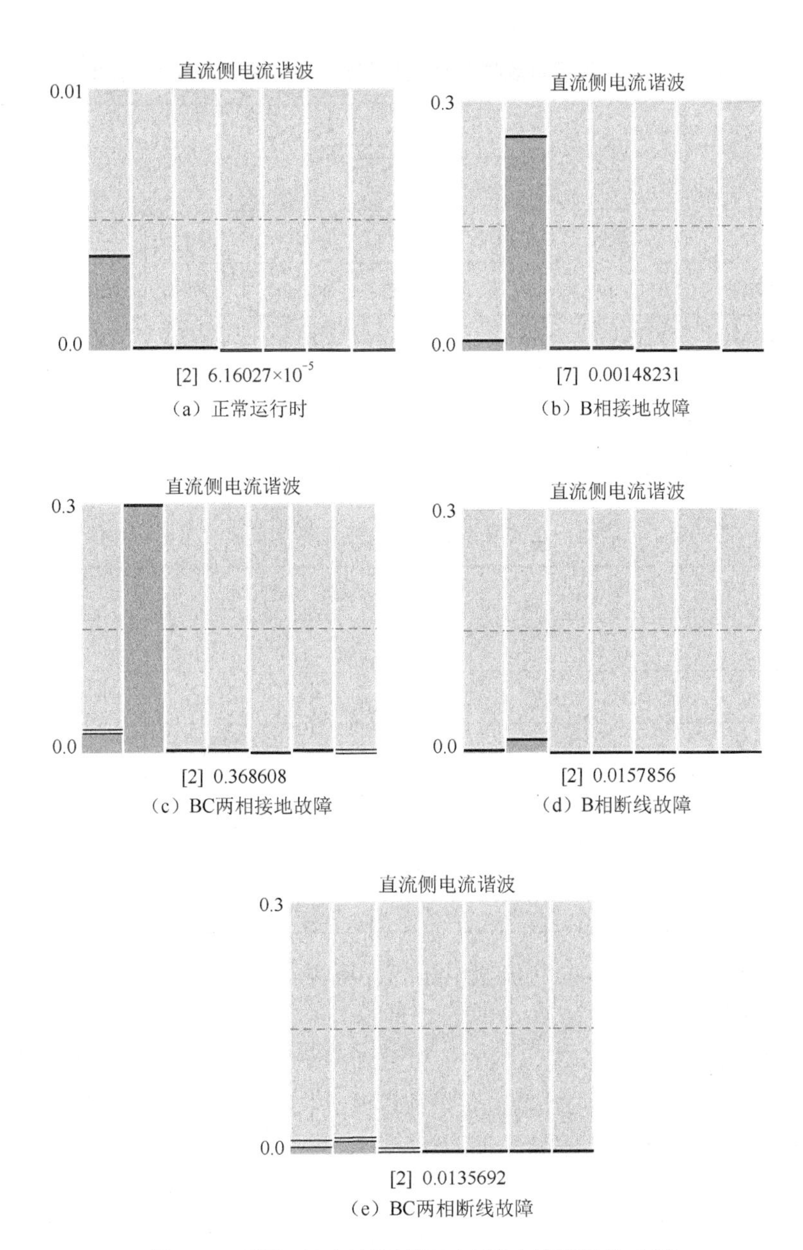

（a）正常运行时

（b）B相接地故障

（c）BC两相接地故障

（d）B相断线故障

（e）BC两相断线故障

图 6.3　正常运行及故障情况下直流电流谐波构成图

为了进一步定量分析直流侧的谐波含量关系，表 6.1 和表 6.2 给出了正常运行及故障情况下直流电压和直流电流各次谐波含量的对比值。

表 6.1　正常运行及故障情况下直流电压各次谐波含量的对比值

运行工况	谐波次数						
	1	2	3	4	5	6	7
正常运行	0.01250	0.00148	0.00186	0.00131	0.00160	0.00008	0.00171
B 相接地故障	0.12250	0.68512	0.00498	0.00400	0.00116	0.00044	0.00062
BC 两相接地故障	0.05024	1.03368	0.03466	0.02303	0.02189	0.02175	0.02916
B 相断线故障	0.11823	0.08302	0.02811	0.02224	0.01871	0.01925	0.02558
BC 两相断线故障	3.36424	1.71248	1.19081	0.93482	0.80518	0.79783	1.07449

表 6.2　正常运行及故障情况下直流电流各次谐波含量的对比值

运行工况	谐波次数						
	1	2	3	4	5	6	7
正常运行	0.00360	0.00006	0.00005	0.00003	0.00003	0.00002	0.00003
B 相接地故障	0.01213	0.25569	0.00255	0.00272	0.00121	0.00162	0.00148
BC 两相接地故障	0.02390	0.36861	0.00152	0.00291	0.00074	0.00166	0.00099
B 相断线故障	0.00192	0.01579	0.00040	0.00022	0.00026	0.00024	0.00037
BC 两相断线故障	0.00813	0.01357	0.00367	0.00293	0.00249	0.00240	0.00333

由表 6.1 和表 6.2 可知，直流侧电压和直流侧电流中，除了含有较多的二次谐波分量外，四、六次谐波含量与正常运行时相比，含量也较大。因此，验证了当背靠背 VSC-HVDC 所联交流电网的三相系统不平衡时，除了在直流侧产生 6、12 等 kp 次（k 取正整数，p 为脉动数）特征谐波外，还会产生 2、4、8 等 $2m$ 次（$m \neq 3k$，m、k 均取正整数）非特征谐波。

图 6.4～图 6.7 分别为正常运行及故障情况下，整流侧交流电压和电流、逆变侧交流电压和电流的谐波构成图。图中，[3]表示三次谐波分量，[7]表示七次谐波分量。两侧交流系统发生短路故障时，整流侧和逆变侧交流电压和电流中的三次谐波分量明显增多；发生断路故障时，各次谐波含量均有所增加，其中以二次谐波分量和三次谐波分量为主。因此，验证了当背靠背 VSC-HVDC 所联交流电网的三相系统不平衡时，直流侧电流和电压中将产生二次谐波分量，相应地在交流系统中产生三次谐波分量。

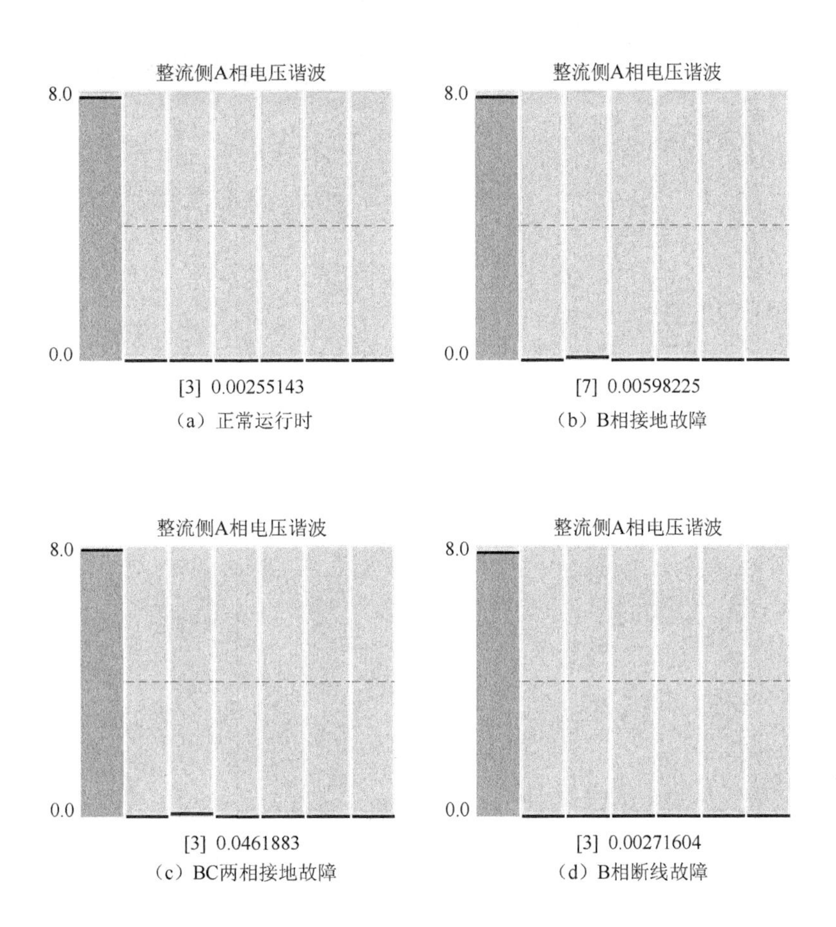

（a）正常运行时

（b）B相接地故障

（c）BC两相接地故障

（d）B相断线故障

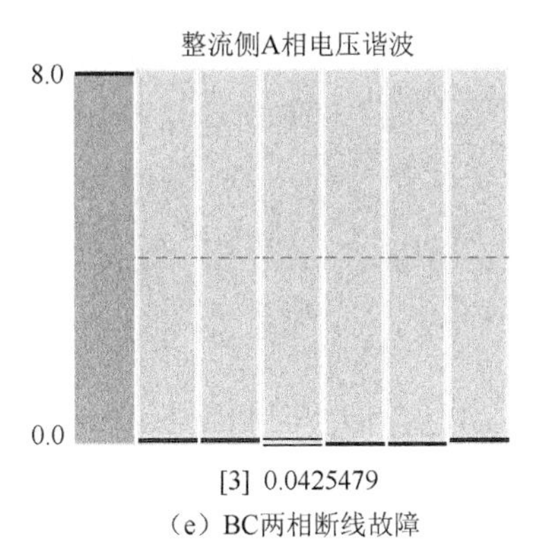

（e）BC两相断线故障

图 6.4　正常运行及故障情况下整流侧 A 相电压谐波构成图

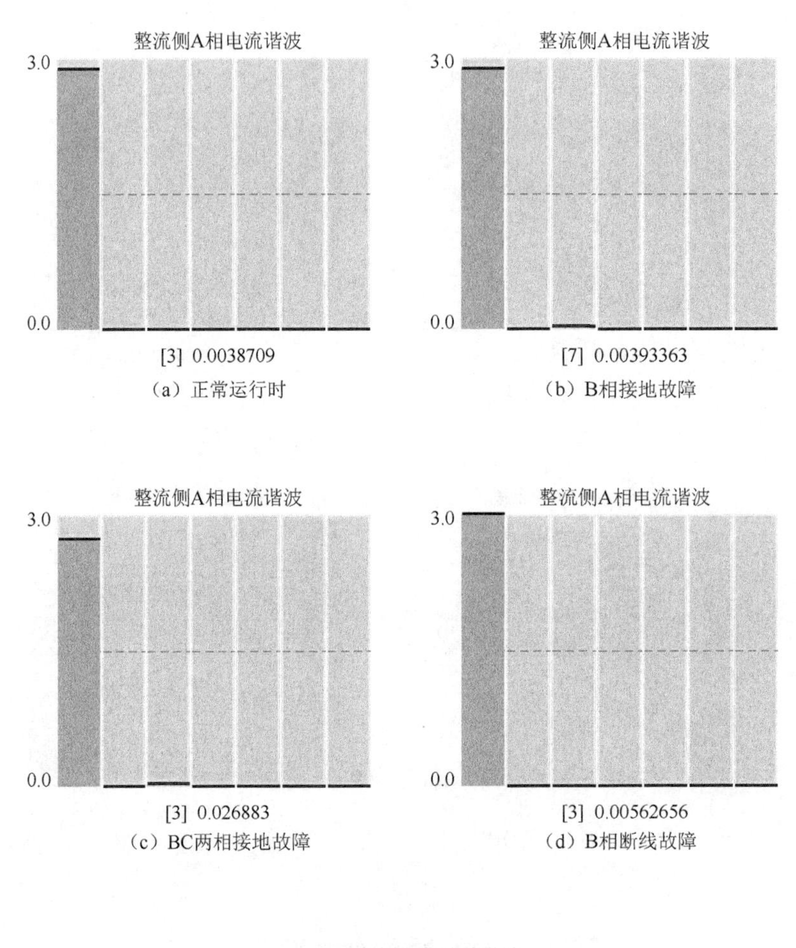

（a）正常运行时　（b）B相接地故障

（c）BC两相接地故障　（d）B相断线故障

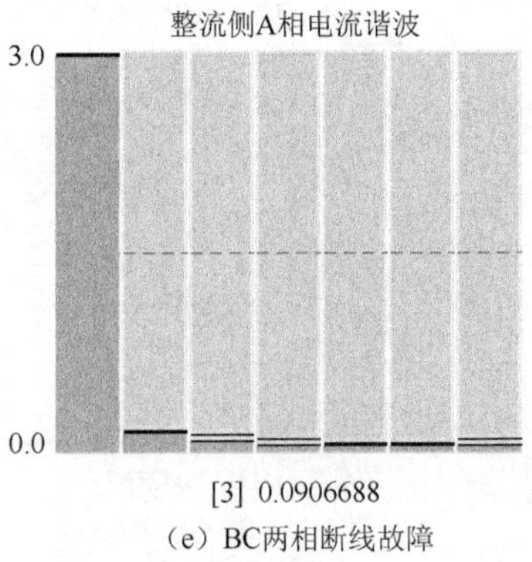

（e）BC两相断线故障

图 6.5　正常运行及故障情况下整流侧 A 相电流谐波构成图

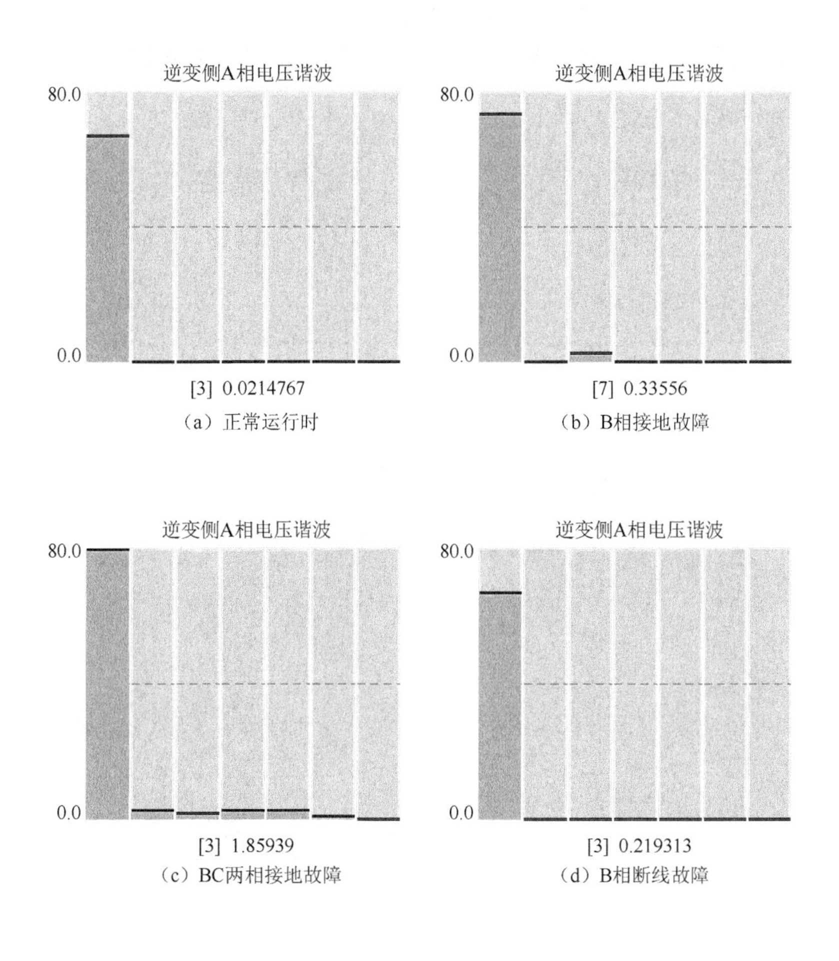

（a）正常运行时

（b）B相接地故障

（c）BC两相接地故障

（d）B相断线故障

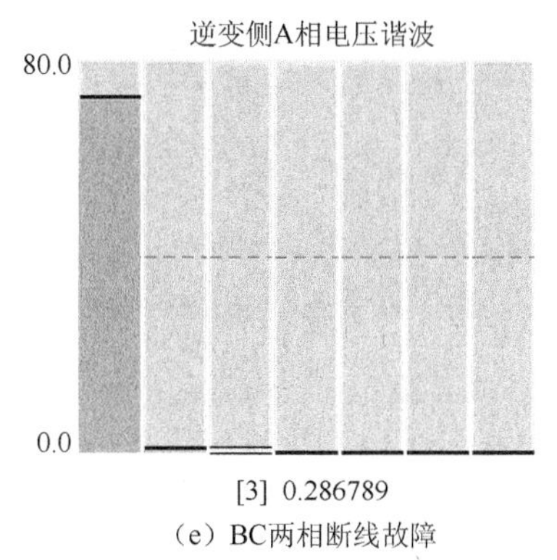

（e）BC两相断线故障

图 6.6　正常运行及故障情况下逆变侧 A 相电压谐波构成图

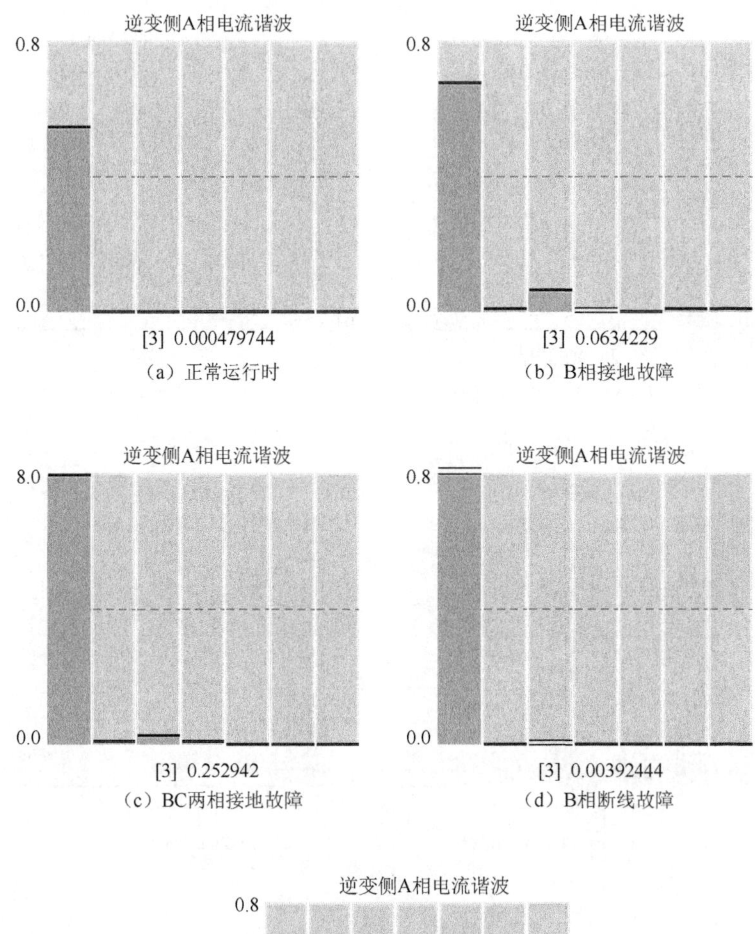

（a）正常运行时

（b）B相接地故障

（c）BC两相接地故障

（d）B相断线故障

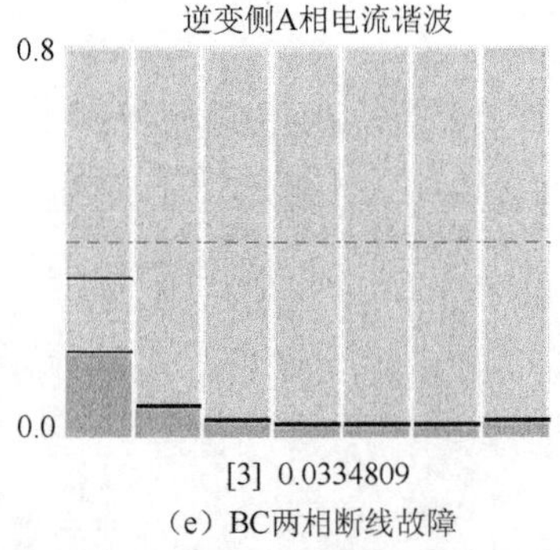

（e）BC两相断线故障

图 6.7　正常运行及故障情况下逆变侧 A 相电流谐波构成图

为了进一步定量分析交流电压和交流电流中的谐波含量关系，表 6.3～表 6.6 给出了正常运行及故障情况下整流侧交流电压和电流、逆变侧交流电压和电流的各次谐波含量对比值。

表 6.3　正常运行及故障情况下整流侧交流电压各次谐波含量的对比值

运行工况	谐波次数						
	1	2	3	4	5	6	7
正常运行	7.75947	0.00306	0.00255	0.00346	0.01450	0.00947	0.00573
B 相接地故障	7.77232	0.01351	0.04369	0.00635	0.01861	0.00235	0.00598
BC 两相接地故障	7.82461	0.00862	0.04619	0.00469	0.00511	0.00404	0.00545
B 相断线故障	7.74711	0.00259	0.00272	0.00277	0.01053	0.00392	0.00292
BC 两相断线故障	8.54499	0.08442	0.04255	0.03680	0.03287	0.03266	0.04363

表 6.4　正常运行及故障情况下整流侧交流电流各次谐波含量的对比值

运行工况	谐波次数						
	1	2	3	4	5	6	7
正常运行	2.87062	0.00712	0.00387	0.00334	0.00531	0.00320	0.00467
B 相接地故障	2.88845	0.00502	0.01934	0.00275	0.00460	0.00228	0.00393
BC 两相接地故障	2.73208	0.00582	0.02688	0.00542	0.01019	0.00251	0.00338
B 相断线故障	3.03074	0.00528	0.00563	0.00269	0.00231	0.00242	0.00321
BC 两相断线故障	5.69495	0.13614	0.09067	0.06565	0.05106	0.05056	0.06554

表 6.5　正常运行及故障情况下逆变侧交流电压各次谐波含量的对比值

运行工况	谐波次数						
	1	2	3	4	5	6	7
正常运行	66.28800	0.07159	0.02148	0.03243	0.19069	0.03766	0.10428
B 相接地故障	72.61910	0.17861	2.78554	0.07035	0.32052	0.08813	0.33556
BC 两相接地故障	84.59600	2.41903	1.85939	2.61851	2.19132	0.57583	0.31050
B 相断线故障	66.53620	0.05184	0.21931	0.01827	0.19123	0.00950	0.11064
BC 两相断线故障	72.37020	0.89452	0.28679	0.16209	0.20165	0.08626	0.13349

表 6.6　正常运行及故障情况下逆变侧交流电流各次谐波含量的对比值

运行工况	谐波次数						
	1	2	3	4	5	6	7
正常运行	0.54148	0.00221	0.00048	0.00077	0.00329	0.00047	0.00071
B 相接地故障	0.67433	0.00954	0.06343	0.00220	0.00288	0.00510	0.00923
BC 两相接地故障	8.84538	0.11550	0.25294	0.05749	0.03095	0.00911	0.00724
B 相断线故障	0.79643	0.00175	0.00392	0.00043	0.00386	0.00010	0.00130
BC 两相断线故障	0.17980	0.06231	0.03348	0.02665	0.02122	0.02223	0.02944

由表 6.3～表 6.6 可知，交流侧的电压和电流中，除了含有较多的三次谐波分量外，与正常运行时相比，五、七次谐波含量也较大。因此验证了，当背靠背 VSC-HVDC 所联交流电网的三相系统不平衡时，在交流系统中除了产生 5、7、11、13 等 $kp\pm1$ 次（k 取正整数，p 为脉动数）特征谐波，还会产生 3、9 等 $2m\pm1$ 次（$m\neq3k$，m、k 均取正整数）非特征谐波分量。

6.2 并网系统保护配置的特点

6.2.1 并网装置的特点

用于并网装置的电压源换流器的负极没有直接接地，而是采用直流电容中性点接地方式。与负极直接接地方式相比，该接地方式可减小系统对地短路电流和变电站地网的暂态电流，还可避免异常工况下直流电流将变电站地网电位抬高。

并网直流系统与传统的直流输电系统的主要区别如下。

（1）为了减小功率传递过程中对系统的冲击作用，并网装置每次传输的功率比传统直流输电系统要小。

（2）背靠背并网系统没有直流输电线路，故不需要配置如线路纵差保护、直流欠电压保护、电压变化率保护及直流断线保护等直流线路保护。

（3）并网系统只有一个 6 脉动换流桥，不涉及均流问题，故不需要配置桥差保护。

（4）并网装置的运行方式多变。并网装置除可完成并网功能外，还可实现无功补偿、直流融冰、UPFC 等综合功能。保护功能应随系统功能的不同而变化，具有自适应性。

6.2.2 并网系统的保护配置

为了避免系统设备遭受严重破坏，保证并网系统的安全稳定运行，并网系统需要配置合理的保护方案，当并网系统出现不同类型的故障时，能快速、可靠地切除故障以保护系统设备，将故障和异常运行对电网的影响限制到最小范围，所设计的保护系统应满足严密性、安全性、冗余性和独立性，且各保护之间应正确配合，不能无故越级动作。

并网装置的保护根据被保护对象和区域的不同，可分为换流变压器保护区、交流母线保护区、交流连接线保护区、换流器保护区、直流电容保护区。并网装置的保护分区示意图如图 6.8 所示。

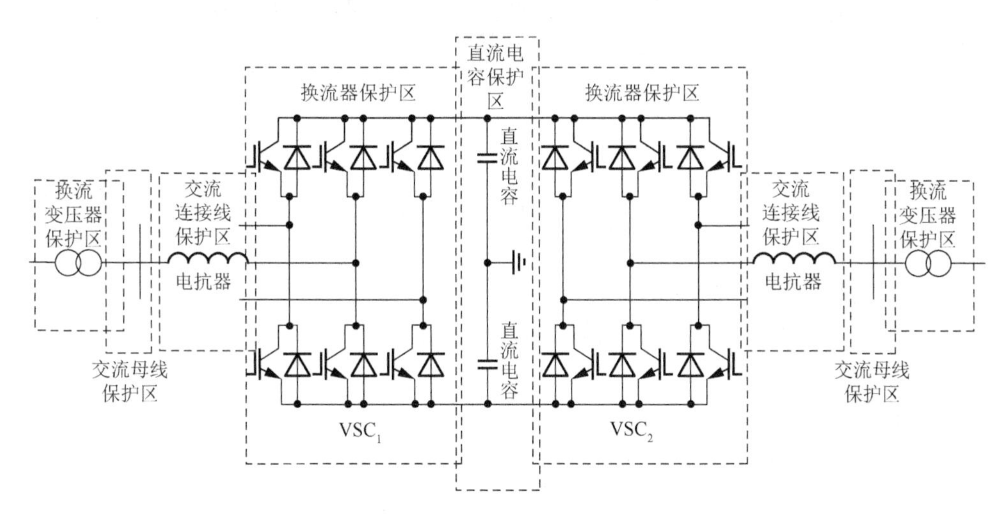

图 6.8　并网装置保护分区示意图

（1）换流变压器配置的保护。换流变压器与常规变压器相比，其特点是流过绕组中的电流含有较大的谐波成分。换流变压器配置的保护分为具有谐波制动的纵联差动保护、过电流欠电压保护和零序过电流保护。

① 具有谐波制动的纵联差动保护为换流变压器的主保护，应保证区内故障时保护不拒动，区外故障时保护不误动，且应采用二次谐波制动来防止励磁涌流引起纵差保护的误动作。换流变压器采用 YNd 接线方式。假设换流变压器一侧电流互感器的电流为I_{1a}、I_{1b}、I_{1c}，另一侧电流互感器的电流为I_{2a}、I_{2b}、I_{2c}，则差动电流为$I_{\text{differ}}=(I_{1a}-I_{1b})+I_{2a}$。保护判据为

$$I_{\text{differ1}}>I_{\text{res1}} \quad 和 \quad I_{\text{differ2}}<I_{\text{res2}} \tag{6.11}$$

式中，I_{differ1}为差动电流的基波分量；I_{differ2}为差动电流的二次谐波分量；I_{res1}为差动保护的限制电流；I_{res2}为二次谐波制动保护的限制电流。

② 过电流欠电压保护为换流变压器的后备保护，保护延迟 0.5s 动作。保护判据为

$$(|I_{1a}|>I_{\text{setg}} \quad 或 \quad |I_{1b}|>I_{\text{setg}} \quad 或 \quad |I_{1c}|>I_{\text{setg}}) \quad 和 \quad U_{\text{rms}}<U_{\text{setq}} \tag{6.12}$$

式中，I_{setg}为过电流保护电流整定值，$I_{\text{setg}}=K_{\text{rel}}\cdot\dfrac{I_{\text{N}}}{K_{\text{re}}}$；$U_{\text{setq}}$为欠电压保护的电压定值，$U_{\text{setq}}=\dfrac{U_{\text{L.min}}}{K_{\text{rel}}\cdot K_{\text{re}}}$，$U_{\text{L.min}}$为正常运行时变压器高压母线的最低电压值，$K_{\text{rel}}$、$K_{\text{re}}$分别为保护的可靠系数和返回系数；$U_{\text{rms}}$为换流变压器高压侧的电压有效值。

③ 零序过电流保护为换流变压器的后备保护，保护延迟 1.0s 动作。保护判据为

$$|I_{1a}+I_{1b}+I_{1c}|>I_{setg0} \tag{6.13}$$

式中，I_{setg0} 为零序过电流保护的电流整定值。

除上述保护之外，换流变压器还应配置瓦斯保护、油温检测、绕组温度检测、铁心温度检测及变压器抽头保护等其他保护。

（2）交流母线保护区。交流母线配置的保护有母线电流差动保护、过电流欠电压保护。下面主要介绍母线电流差动保护和过电流欠电压保护。

① 母线电流差动保护为交流母线的主保护。假设母线一侧的电流为 I_{2a}、I_{2b}、I_{2c}，另一侧的电流为 I_{3a}、I_{3b}、I_{3c}。保护判据为

$$|I_{2a}+I_{3a}|>I_{setmc} \quad 或 \quad |I_{2b}+I_{3b}|>I_{setmc} \quad 或 \quad |I_{2c}+I_{3c}|>I_{setmc} \tag{6.14}$$

式中，I_{setmc} 为母差保护的电流整定值，$I_{setmc}=K_{rel}\dfrac{0.1I_{max}}{n}$，$K_{rel}$ 为可靠系数，I_{max} 为正常运行时流过母线的最大电流，n 为电流互感器的变比。

② 过电流欠电压保护为交流母线的后备保护，为了与换流变压器的后备保护相配合，保护延迟 0.5s 动作。保护判据为

$$(|I_{2a}|>I_{setmg} \quad 或 \quad |I_{2b}|>I_{setmg} \quad 或 \quad |I_{2c}|>I_{setmg}) \quad 和 \quad U_1<U_{setmq} \tag{6.15}$$

式中，I_{setmg} 为母线过电流保护电流整定值；U_{setmq} 为母线欠电压保护的电压整定值。

整定值的计算类似于换流变压器欠电压过电流保护的定值计算。此外，交流母线还应配置交流过电压保护。当交流过电压不能被主要过电压限制措施限制在规定的幅值和持续时间范围内时，应切除交流滤波器。

（3）交流连接线保护区。交流连接线配置的保护有电流速断保护、限时电流速断保护和过电流欠电压保护。电流速断保护为线路的主保护，故障时能立即动作。限时电流速断保护为线路的后备保护，保护延迟 0.5s 动作。过电流欠电压保护为线路的后备保护，保护延迟 1.0s 动作。

（4）换流器保护区。换流器配置的保护有阀短路保护、换相失败保护、换流器差动保护、50Hz 和 100Hz 保护。

① 阀短路保护。阀短路是非常严重的故障，会威胁同一换流组其他阀臂的安全。当换流阀短路、换流器整流侧阀厅直流端出线短路或交流侧相间短路时，均可能导致换流阀遭受过应力。为了防止换流器因故障造成过应力，故需要配置阀短路保护作为换流器的主保护（Hillborg，1999）。并网装置采用 6 脉动换流器，故阀短路的保护判据为

$$i_{VD} - \max(i_{dH}, i_{dN}) > I_0 + K\max(i_{dH}, i_{dN}) \tag{6.16}$$

② 换相失败保护。该保护旨在检测换流器的换相失败故障（袁清云，2004）。6 脉冲桥换相失败故障的特点是直流电流增大，交流电流幅值明显降低。换相失败时，直流电流与交流电流的差值大于正常运行时的二者之差。故换相失败的保护判据为

$$|I_{dH} - i_{VD}| > I_{sethx} \tag{6.17}$$

式中，I_{sethx} 为换相失败保护电流的整定值。

③ 换流器差动保护。该保护为阀短路保护的后备保护，保护延迟 0.5s 动作。保护判据为

$$|i_{dH} - i_{dN}| > I_{setcd} \tag{6.18}$$

式中，I_{setcd} 为换流器差动保护电流的整定值。

④ 50Hz 和 100Hz 保护。该保护为换相失败保护的后备保护，故障时直流电流中的谐波含量大于正常运行时谐波含量的最大限定值，故该保护又称为谐波保护。保护判据为

$$I_{dH}(50\text{Hz}) > \varDelta_1 \quad 和 \quad I_{dH}(100\text{Hz}) > \varDelta_2 \tag{6.19}$$

式中，$I_{dH}(50\text{Hz})$、$I_{dH}(100\text{Hz})$ 分别为直流电流中的 50Hz 和 100Hz 分量的含量；$\varDelta_1$、$\varDelta_2$ 分别为 50Hz 和 100Hz 保护的整定值。

（5）直流电容保护区。直流电容配置的保护有电容差动保护、电容过电流保护、电压突变量保护。

① 电容差动保护为直流电容的主保护。假设电容一侧流过的电流为 I_{da}，另一侧电流为 I_{db}。保护判据为

$$|I_{da} - I_{db}| > I_{setdrcd} \tag{6.20}$$

式中，$I_{setdrcd}$ 为电容差动保护电流的整定值。

② 电容过电流保护和电压突变量保护为电容差动保护的后备保护，保护延迟 0.5s 动作。后备保护以电容过电流保护和电压突变量保护共同作为判据，提高了保护动作的可靠性。保护判据为

$$I_{da} > I_{setgldr} \quad 和 \quad du/dt > du\_set \tag{6.21}$$

式中，$I_{setgldr}$ 为电容过电流保护的电流整定值；du/dt 为单位时间内电压的突变量；du_set 为电压突变量保护电压变化率的整定值。

（6）其他保护。并网系统中除了应配置上述保护外，还应有其他附加保护，如开路试验保护、阀结温过热保护、最后断路器保护、阀触发异常保护等。

6.2.3 保护配置仿真分析

图 6.9 为并网仿真主电路示意图，图中显示了发生故障的位置和保护所需的各测量参数。

仿真不同位置发生的故障时，配置的保护与动作情况见表 6.7～表 6.9。其中，表 6.7 为 A 相发生单相接地故障时，各区保护的动作情况；表 6.8 为 AB 两相发生接地故障时，各区保护的动作情况；表 6.9 为发生三相接地故障时，各区保护的动作情况。

表 6.7　A 相单相接地故障时各区保护动作情况

保护动作情况	故障位置及类型					
	f1/A 相接地	f2/A 相接地	f3/A 相接地	f4/A 相接地	f5/A 相接地	f6/A 相接地
变压器纵联差动保护	动作 0s	不动作	不动作	不动作	不动作	不动作
变压器过电流欠电压保护	动作 0.5s	不动作	不动作	不动作	不动作	不动作
变压器零序过电流保护	动作 1.0s	不动作	不动作	不动作	不动作	不动作
母线电流差动保护	不动作	动作 0s	不动作	不动作	不动作	不动作
母线过电流欠电压保护	动作 0.5s	动作 0.5s	动作 0.5s	不动作	不动作	不动作
电流速断保护	不动作	不动作	动作 0s	不动作	不动作	不动作
限时电流速断保护	动作 0.5s	动作 0.5s	动作 0.5s	动作 0.5s	动作 0.5s	动作 0.5s
过电流欠电压保护	动作 1.0s	动作 1.0s	动作 1.0s	动作 1.0s	动作 1.0s	动作 1.0s
阀短路保护	动作 0s	动作 0s	动作 0s	动作 0s	动作 0s	动作 0s
换流器差动保护	不动作	动作 0.5s	动作 0.5s	动作 0.5s	动作 0.5s	不动作
换相失败保护	动作 0s	动作 0s	动作 0s	动作 0s	动作 0s	动作 0s
50Hz 和 100Hz 保护	动作 0.5s	动作 0.5s	动作 0.5s	动作 0.5s	动作 0.5s	不动作
电容差动保护	不动作	不动作	不动作	不动作	不动作	动作 0s
电容过电流保护和电压突变量保护	动作 0.5s	动作 0.5s	动作 0.5s	动作 0.5s	动作 0.5s	动作 0.5s

PSCAD 仿真结果表明：所配置的保护方案在各种故障情况下均能可靠动作，仅在某些情况下，少数后备保护会有延时误动作。但由于各区均配置有即时速动保护，故障后通过相应的速动保护动作立即消除故障，使后备保护来不及误动。在基于功率传递的并网系统中，保护的信赖性远重于安全性。

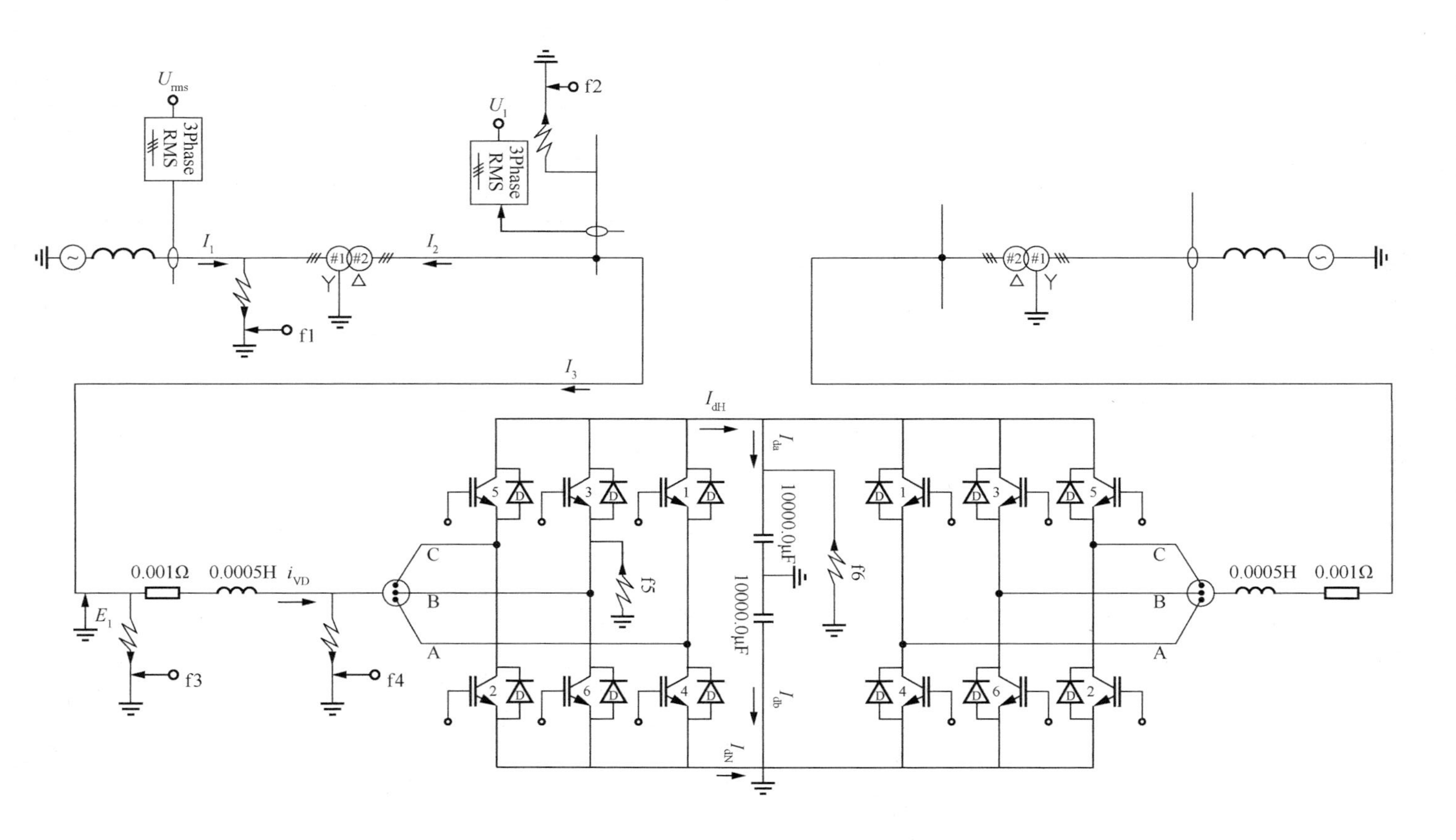

图 6.9　并网仿真主电路示意图

表 6.8　AB 两相接地故障时各区保护动作情况

保护动作情况	故障位置及类型					
	f1/AB 两相接地	f2/AB 两相接地	f3/AB 两相接地	f4/AB 两相接地	f5/AB 两相接地	f6/AB 两相接地
变压器纵联差动保护	动作 0s	不动作	不动作	不动作	不动作	不动作
变压器过电流欠电压保护	动作 0.5s	不动作	不动作	不动作	不动作	不动作
变压器零序过电流保护	动作 1.0s	不动作	不动作	不动作	不动作	不动作
母线电流差动保护	不动作	动作 0s	不动作	不动作	不动作	不动作
母线过电流欠电压保护	动作 0.5s	动作 0.5s	动作 0.5s	不动作	不动作	不动作
电流速断保护	不动作	不动作	动作 0s	不动作	不动作	不动作
限时电流速断保护	动作 0.5s	动作 0.5s	动作 0.5s	动作 0.5s	动作 0.5s	动作 0.5s
过电流欠电压保护	动作 1.0s	动作 1.0s	动作 1.0s	动作 1.0s	动作 1.0s	动作 1.0s
阀短路保护	动作 0s	动作 0s	动作 0s	动作 0s	动作 0s	动作 0s
换流器差动保护	不动作	动作 0.5s	动作 0.5s	动作 0.5s	动作 0.5s	不动作
换相失败保护	动作 0s	动作 0s	动作 0s	动作 0s	动作 0s	动作 0s
50Hz 和 100Hz 保护	动作 0.5s	动作 0.5s	动作 0.5s	动作 0.5s	动作 0.5s	不动作
电容差动保护	不动作	不动作	不动作	不动作	不动作	动作 0s
电容过电流保护和电压突变量保护	动作 0.5s	动作 0.5s	动作 0.5s	动作 0.5s	动作 0.5s	动作 0.5s

表 6.9　三相接地故障时各区保护动作情况

保护动作情况	故障位置及类型					
	f1/ABC 三相接地	f2/ABC 三相接地	f3/ABC 三相接地	f4/ABC 三相接地	f5/ABC 三相接地	f6/ABC 三相接地
变压器纵联差动保护	动作 0s	不动作	不动作	不动作	不动作	不动作
变压器过电流欠电压保护	动作 0.5s	不动作	不动作	不动作	不动作	不动作
变压器零序过电流保护	动作 1.0s	不动作	不动作	不动作	不动作	不动作
母线电流差动保护	不动作	动作 0s	不动作	不动作	不动作	不动作
母线过电流欠电压保护	动作 0.5s	动作 0.5s	动作 0.5s	不动作	不动作	不动作
电流速断保护	不动作	不动作	动作 0s	不动作	不动作	不动作
限时电流速断保护	动作 0.5s	动作 0.5s	动作 0.5s	动作 0.5s	动作 0.5s	动作 0.5s
过电流欠电压保护	动作 1.0s	动作 1.0s	动作 1.0s	动作 1.0s	动作 1.0s	动作 1.0s
阀短路保护	动作 0s	动作 0s	动作 0s	动作 0s	动作 0s	动作 0s
换流器差动保护	不动作	动作 0.5s	动作 0.5s	动作 0.5s	动作 0.5s	不动作
换相失败保护	动作 0s	动作 0s	动作 0s	动作 0s	动作 0s	动作 0s
50Hz 和 100Hz 保护	动作 0.5s	动作 0.5s	动作 0.5s	动作 0.5s	动作 0.5s	不动作
电容差动保护	不动作	不动作	不动作	不动作	不动作	动作 0s
电容过电流保护和电压突变量保护	动作 0.5s	动作 0.5s	动作 0.5s	动作 0.5s	动作 0.5s	动作 0.5s

6.3　并网系统的保护策略

并网控制保护系统是能顺利进行并网操作的重要保障，其性能的好坏直接决定了并网操作能否可靠、安全地完成及并网装置能否不受损坏。而并网系统的保护策略是控制保护系统设计的重要组成部分，主要为了保护设备的安全运行、避免故障或异常工况对设备造成损坏甚至影响两端交流系统的稳定运行。并网系统可能出现的故障情况包括换流器故障、交流部分故障和直流部分故障。直流控制保护系统针对不同故障情况下，直流系统的运行特点和故障持续时间，而采用不同的保护策略。选择合理的保护动作策略，不仅可以尽快隔离故障、限制事故进一步扩大发展，甚至可能使系统尽快从故障中恢复，尽量减小故障对电网的影响。因此，研究并网系统的保护策略具有重要的意义。

如果并网进行时，两端交流电网发生故障，并网系统必须停止功率传递并退出并网运行模式，直到故障清除，否则不仅危及并网装置的安全运行，还有可能使交流系统故障进一步扩大，发展为严重的永久性故障，影响系统的稳定运行。外部暂态故障清除后，根据需要，并网系统必须能够手动或自动重新启动恢复功率传递功能。对于非永久性故障，并网系统不应该立即跳闸，而应该把控制策略转换为相应的不平衡控制策略，维持系统的暂时稳定。目前已有大量文献（杨晓萍等，2010；袁旭峰等，2010；邵文君等，2009；陈海荣，2007）研究了三相电压不平衡时VSC的控制策略，主要采用的不平衡控制策略有双电流控制环结构的不平衡控制策略和基于负序电压补偿的VSC不平衡控制策略。其中，基于负序电压补偿的VSC不平衡控制策略的控制结构简单且控制性能好，在工程上获得了广泛应用。在不平衡控制策略的作用下，若非永久性故障消除，系统恢复正常并网运行模式，否则停止功率传递并退出并网运行方式。

若直流部分发生故障，不仅要及时闭锁并网系统，还应断开所有与并网系统有电气联系的交流断路器或直流断路器，以防止故障继续通过VSC站的反并联二极管馈入，从而影响交流系统的设备安全及稳定运行。

若换流器内部发生故障，VSC站配置的保护必须迅速隔离任何故障元件，并且尽快把并网系统从运行中闭锁。其中，换流器内部故障包括换流器内部各元件短路和非正常运行。若不及时处理，将导致设备的损坏或者危及交流系统的安全稳定运行。

本节主要分析并网系统的保护策略，说明故障后保护动作的处理方式。并网系统的保护应与直流控制系统及交流系统配置的保护正确地协调配合，使并网系统各区保护的防拒动性和防误动性都比较好，实现保护最优的整体性能。在故障或异常运行工况下，既要求能迅速、可靠地清除故障或隔离不正常运行设备，不能危及设备及系统的安全运行，又要尽可能减少并网系统的停运次数，避免不必要的停运，将故障对系统的影响降至最低。

6.3.1　并网系统保护策略的设计原则

并网系统保护策略的设计应该满足以下要求（龙英等，2004）。

（1）应能检测出设备故障或异常运行情况，且能隔离影响系统正常运行的故障设备。

（2）应将故障换流器对健全换流器的影响降到最小。

（3）保护系统应至少双重化配置，即同一设备应配置两套不同原理的主保护和后备保护。若没有不同保护原理，则应按完全多重化配置原则配置两套相同原理的保护。

（4）各保护应有重叠区，不允许有保护空白区。

（5）断路器跳闸回路应采用双回路，避免出口回路故障，断路器拒动。

（6）保护配置在进行保护试验和维护时，应不影响换流器的正常运行。

6.3.2　并网保护动作的执行方式

并网直流系统采用 6 脉动换流桥，且没有直流输电线路，则并网系统保护动作的执行方式主要有发出告警和启动故障录波、冗余控制系统切换、功率回降、闭锁换流器、重启动、交流断路器跳闸、启动断路器失灵保护、交流断路器锁定继电器。

针对不同程度的故障，保护动作应采取不同的执行方式（张民等，2007）。

（1）对于轻微故障，系统仅发出报警信号并启用故障录波。运行人员应根据报警信号采取相应措施改善系统的运行情况。

（2）对于较严重的故障，如连续发生换相失败、直流接地故障及直流过电流等较严重的故障时，应立即改变整流侧的控制策略，使之运行于逆变方式，以抑制故障电流的持续增大，接着闭锁换流器并跳开交流断路器。

（3）对于严重故障，且在需要立即闭锁换流器或无法正确选择旁通对的情况下，如整流侧桥臂短路或丢失脉冲故障、联络线波动功率峰值超过稳定极限值等，应立即闭锁触发脉冲并断开交流断路器，退出并网装置。

此外，保护策略还应针对故障的发展程度，采取不同的措施（Phadke et al.，2000）。例如，直流线路接地故障，系统首先会调整整流侧控制策略使之运行于逆变方式，便于释放直流故障能量。若为临时性故障，则直流线路可重启成功，重新恢复正常运行；若为永久性故障，则应闭锁换流器，跳开交流断路器，停运故障极。若逆变侧发生换相失败，切换控制系统，若换相失败仍然存在，则应启动逆变侧的换相失败保护，采用相应的保护执行方式。

参 考 文 献

陈海荣, 2007. 交流系统故障时 VSC-HVDC 系统的控制与保护策略研究[D]. 杭州: 浙江大学.

刘洪涛, 2003. 新型直流输电的控制和保护策略研究[D]. 杭州: 浙江大学.

刘耀, 王明新, 2008. 高压直流输电系统保护装置冗余配置的可靠性分析[J]. 电网技术, 32(5): 51-54, 65.

龙英, 袁清云, 2004. 高压直流输电系统的保护策略[J]. 电力设备, 5(11): 9-13.

梅念, 李银红, 刘登峰, 等, 2009. 高压直流输电中阀短路保护的动作方程研究[J]. 中国电机工程学报, 29(1): 40-47.

邵文君, 宋强, 刘文华, 2009. 轻型直流输电系统的不对称故障控制策略[J]. 电网技术, 33(12): 42-48.

闫泊, 2012. 基于 VSC-HVDC 并网方式的保护策略研究[D]. 西安: 西安理工大学.

杨晓萍, 段先锋, 钟彦儒, 2010. 直驱永磁同步风电机组不对称故障穿越的研究[J]. 电机与控制学报, 14(2): 7-12, 19.

袁清云, 2004. 直流输电换流站换流器保护的配置及原理[J]. 高电压技术, 3(11): 13-14.

袁旭峰, 高璐, 文劲宇, 等, 2010. VSC-HVDC 三相不平衡控制策略[J]. 电力自动化设备, 30(9): 1-5.

张帆, 徐桂芝, 荆平, 等, 2010. 直流融冰系统保护配置与操作策略[J]. 电网技术, 34(2): 169-173.

张民, 石岩, 韩伟, 2007. 特高压直流保护动作策略的研究[J]. 电网技术, 31(10): 10-16.

赵畹君, 2004. 高压直流输电工程技术[M]. 北京: 中国电力出版社.

HILLBORG H, 1999. DC system protection for the Three gorges-Changzhou 500kV DC transmission project[R]. Ludvika, Sweden: ABB Power System.

PHADKE A G, HADJSAID N, 2000. Measurements for adaptive protection and control in a competitive market [C]. Proceedings of the 33rd annual Hawaii international conference on system science, Maui: 1-7.

第7章　并网装置实现复合功能转换电路及控制策略

同期并列操作对电力系统的稳定性具有重要意义。刘家军等（2011）提出了一种应用电压源换流器实现电网间同期并列的原理及控制策略，通过背靠背电压源换流器在待并列两侧系统之间进行有功和无功功率的快速独立控制，从而达到调整两侧系统频率差、电压差、相角差的目的，使两侧满足同期并列条件，完成并列操作。该方法解决了电网间同期并列时变电站无法调整频率差和电压差的问题，加快了并网速度，缩短了并网的时间，提高了并网的自动化程度，可实现电网间同期并列和环网并列。但是，并网完成后设备退出系统处于闲置状态，造成较大浪费。背靠背 VSC-HVDC 通过功率传递实现电网同期并列，在完成并网后可将并网装置转换为无功补偿装置，从而提高并网装置的利用率。本章研究了该系统实现 STATCOM、静止同步串联补偿器（synchronous static series compensator，SSSC）以及 UPFC 等多种功能的转换电路和控制策略，并通过仿真验证其有效性。

7.1　并网装置实现复合功能的转换电路

在并网装置用于并网的主接线电路图 2.6 的基础上，在待并网的联络线 L 上串接一台与并网装置容量及联络线电流匹配的三相变压器，增加一台断路器和 6 台隔离开关，可实现复合功能的转换电路如图 7.1 所示。通过相应的电路倒闸操作及相应的控制策略，图 7.1 所示电路可以转换为装置并网电路、STATCOM 电路、UPFC 电路以及 SSSC 电路，可实现装置的多种功能，同时发挥了装置的综合效益。相应电路转换倒闸操作具体如下。

（1）并网装置电路的实现。当需要并网操作时，QF_3 断路器分闸，然后将隔离开关 GK_2、GK_5、GK_6 分闸，合上 GK_1、GK_3、GK_4，再分别将断路器 QF_1、QF_2、QF_4 合闸，即构成并网电路，在控制策略控制下实现并网功能。装置并网时，自动合上断路器 QF，断路器 QF_1、QF_2 分闸，装置完成并网退出运行。装置并网等效电路如图 7.2 所示。

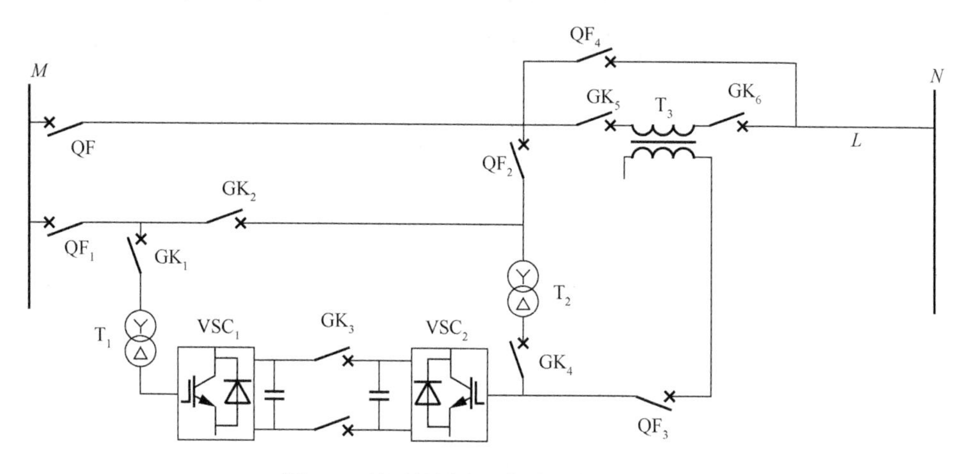

图 7.1　并网装置实现复合功能转换电路

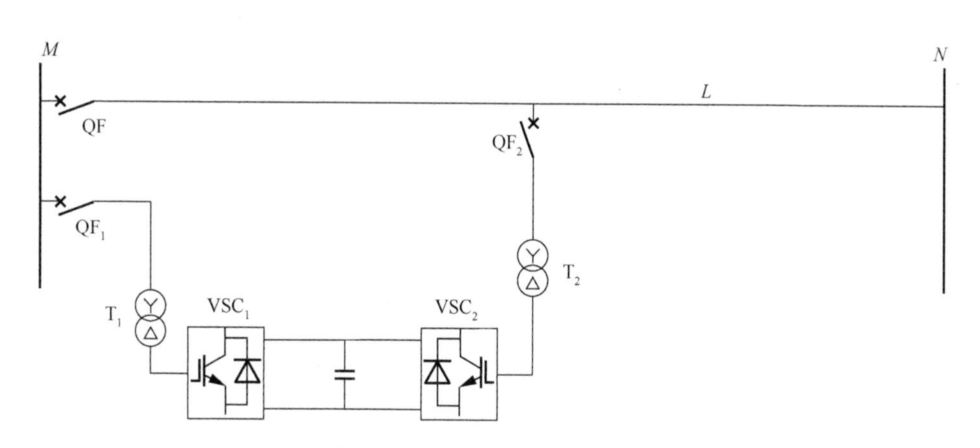

图 7.2　转换为并网装置等效图

（2）转换为 STATCOM 电路。进行不同的操作，可以完成三种不同结构的 STATCOM 电路（敬华兵等，2013；孙毅超等，2013）。在装置完成并网退出运行状态下，保持电路结构不变，分开 GK_3，将并网装置背靠背 VSC-HVDC 解开为两个相同的独立的 VSC 电路，合上断路器 QF_1，形成一个以 VSC_1 为主电路，容量为并网装置容量一半的 STATCOM 电路，并接在电网母线 M 上。若在装置完成并网退出运行状态下，保持电路结构不变，分开 GK_3、GK_1，合上 GK_2，再合上断路器 QF_1，形成一个以 VSC_2 为主电路，容量为并网装置容量一半的 STATCOM 电路，并接在电网母线 M 上。若在装置完成并网退出运行状态下，保持电路结构不变，分开 GK_3，合上 GK_2，再合上断路器 QF_1，形成一个分别以 VSC_1 和 VSC_2

为主电路，容量为并网装置容量一半的两个 STATCOM 电路并联，并接在电网母线 M 上，并网装置转为 STATCOM 等效电路，如图 7.3 所示。

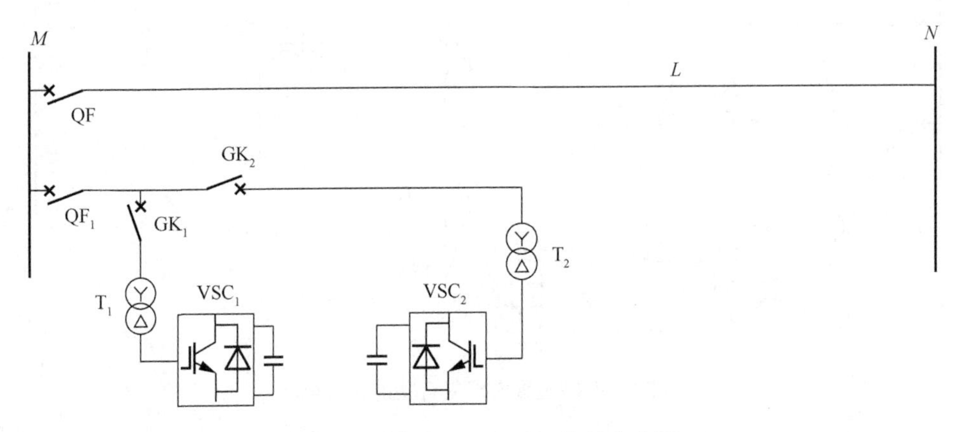

图 7.3　转换为 STATCOM 等效电路图

（3）转换为 UPFC 电路。在装置完成并网退出运行状态下，保持电路结构不变，断开 QF_2、QF_3、QF_1，分开 GK_4、GK_2，将变压器 T_2 退出，再合闸 GK_5、GK_6、GK_3、GK_1，将断路器 QF_3 合闸，再将断路器 QF_1 合闸，QF_4 分闸，即可实现 UPFC 装置的投入，改变相应的控制策略即可实现 UPFC 的功能，并网装置的 UPFC 等效电路如图 7.4 所示。

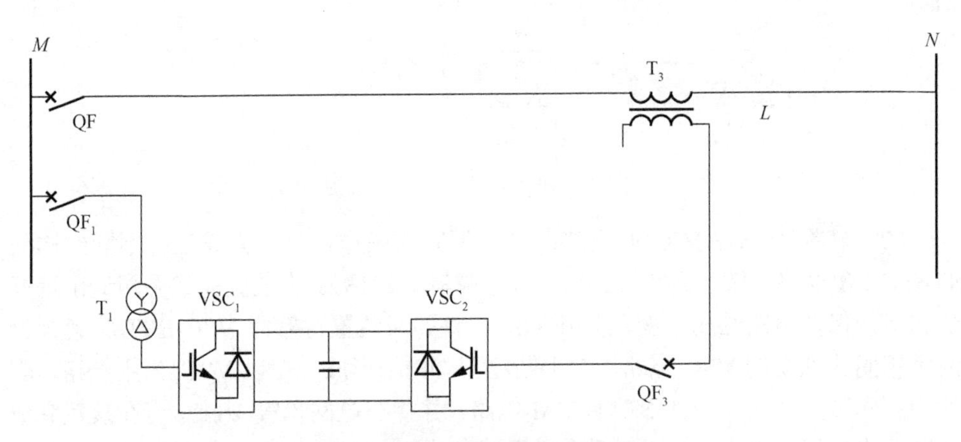

图 7.4　转换为 UPFC 等效电路图

（4）转换为 SSSC 电路。在装置完成并网退出运行状态下，保持电路结构不变，即此时系统中各开关状态如下：断路器 QF_1、QF_2、QF_3 处于分闸状态，隔离开关 GK_2、GK_5、GK_6 处于分位，其他开关均处于合位。在此状态下，依次打开隔离开关 GK_3、GK_4，分别将 GK_5、GK_6 合上，然后将断路器 QF_3 合闸，最后将 QF_4 分闸，就完成了 SSSC 电路的转换，并网装置的 SSSC 等效电路如图 7.5 所示。

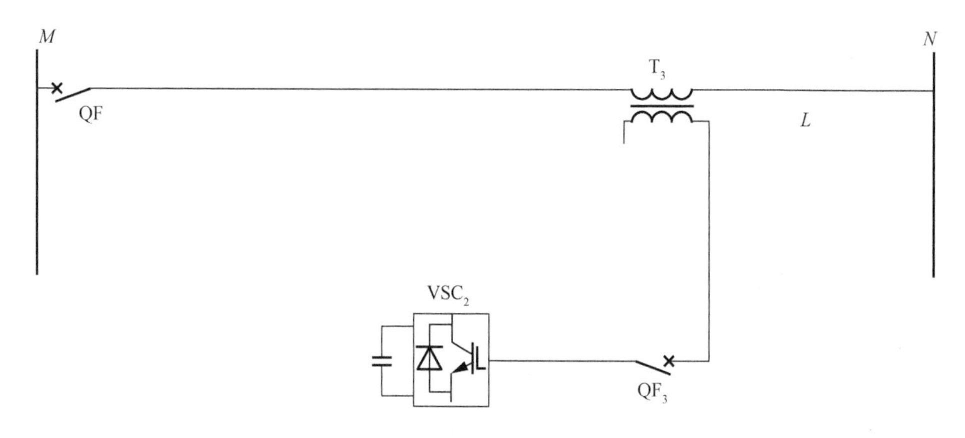

图 7.5　转换为 SSSC 等效电路图

7.2　复合系统的控制策略

设置一个控制策略的控制选择开关 K，并网装置依据 K 的取值判定执行相应的控制策略，实现对应的复合功能。K 的取值与转换电路的拓扑结构有关，与参与转换电路的断路器及隔离开关状态相关联，可以生成一个开关矩阵。先定义一个基于并网母线 M、联络线 L 及母线 N 的支路开关变量 K_{li}。基于背靠背 VSC-HVDC 的并网装置复合系统安装于系统 S_1 的变电站 A 中，通过其母线 M、联络线 L 与系统 S_2 变电站 B 中的母线 N 同期并列联网。并网装置实现复合功能转换的电路如图 7.1 所示，为了便于分析，将图 7.1 按参与功能转换的顺序及布局空间位置关系重绘，如图 7.6 所示。根据复合系统功能转换及相应开关倒闸操作实现并网、UPFC、SSSC 及 STATCOM 装置。从图 7.6 中可以看出，从母线 M 经过联络线 L 到母线 N 有 5 条通路，分别定义为 K_{li}（$i=1,2,3,4,5$）。

K_{li} 支路中所有参与功能电路转换操作的开关状态（设开关合闸为 1 值，分闸为 0 值，通过开关状态信号采集得到）经过逻辑与运算的结果为 K_{li} 的取值，于是得到复合系统功能转换结果对应的支路开关变量值见表 7.1。

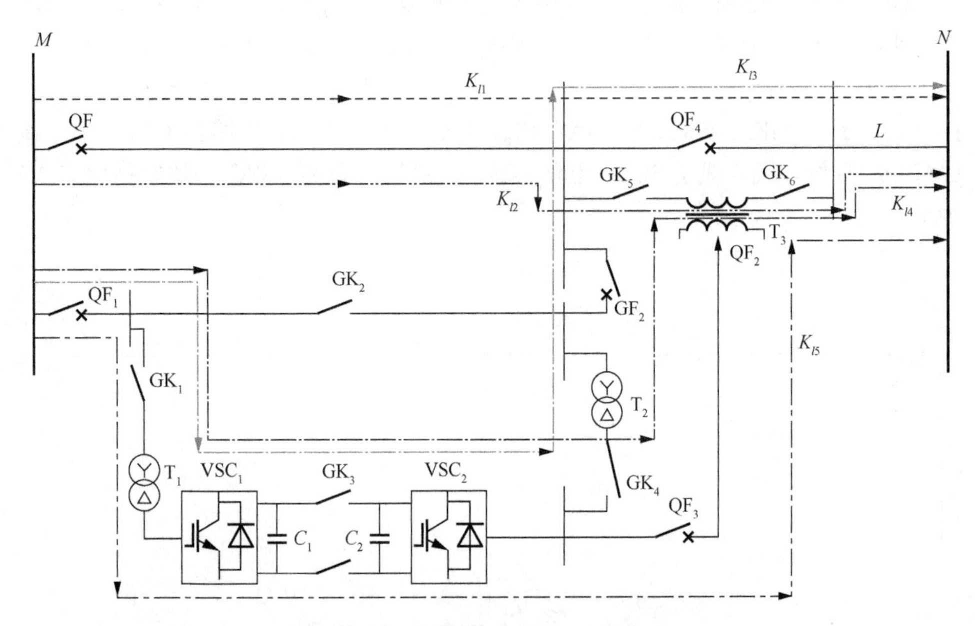

图 7.6 复合系统开关布局支路示意图

表 7.1 对应装置功能的支路开关变量值

装置功能实现方式	K_{l1}	K_{l2}	K_{l3}	K_{l4}	K_{l5}
同期并网	0	0	1	0	0
UPFC	0	1	0	0	1
STATCOM	1	0	0	0	0
SSSC	0	1	0	0	0
STATCOM 与 SSSC	0	1	0	0	0
装置并网后退出运行	1	0	0	0	0

根据表 7.1 中支路开关的逻辑计算值可以很容易地判断出装置是工作于并网状态还是 UPFC 状态，但对于装置是否工作于 STATCOM、SSSC 及其组合状态则不能判定。为了能全面判定装置需投入的工作状态，现引入开关矩阵的概念，将装置同期并网复合系统中参与功能转换、实现各相应电路转换需倒闸操作的断路器、隔离开关组合顺序的开关操作状态定义为开关矩阵 K_K，矩阵 K_K 的列表示并列系统装置由并列点母线 M 开始从左到右开关的顺序；行表示由母线 M 开始与联络线 L 相连的并列支路数，其行列交叉点即为并网装置复合系统中开关的实际位置，矩阵中未与实际开关位置对应的元素默认为有虚拟开关对应但始终处于断开状态（取值为 0）。

为了便于描述开关矩阵，将图 7.6 重绘成图 7.7。根据图 7.7 中断路器及隔离开关所在的位置以及开关位置和所在回路定义该矩阵为六阶方阵 $K_\mathrm{K}=\left(k_{ij}\right)_{6\times6}$，根据开关矩阵的定义，$K_\mathrm{K}$ 矩阵为

$$K_\mathrm{K}=\begin{bmatrix} K_\mathrm{QF} & 0 & 0 & 0 & K_\mathrm{QF4} & 0 \\ 0 & 0 & 0 & 0 & K_\mathrm{GK5} & K_\mathrm{GK6} \\ 0 & 0 & 0 & K_\mathrm{QF2} & 0 & 0 \\ K_\mathrm{QF1} & 0 & K_\mathrm{GK2} & 0 & 0 & 0 \\ 0 & K_\mathrm{GK1} & 0 & K_\mathrm{GK4} & 0 & 0 \\ 0 & 0 & K_\mathrm{GK3} & 0 & K_\mathrm{QF3} & 0 \end{bmatrix}$$

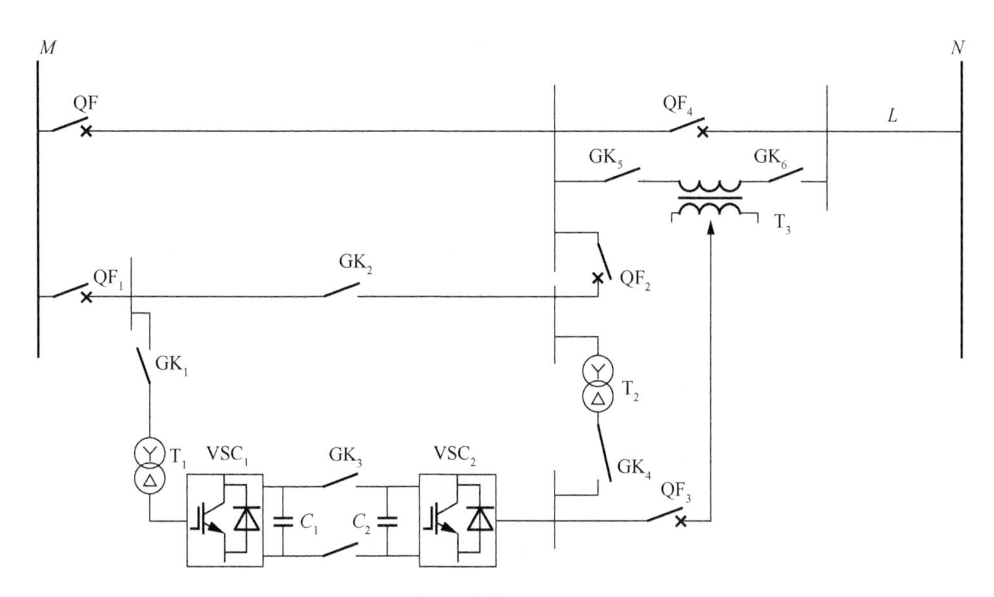

图 7.7　复合系统矩阵开关布局图

根据复合系统转换为相应的并网、STATCOM、SSSC 及 UPFC 装置的原理电路操作形成对应的开关矩阵表示如下。

（1）并网装置操作的开关矩阵 K_BW：

$$K_\mathrm{BW}=\begin{bmatrix} 0 & 0 & 0 & 0 & 1 & 0 \\ 0 & 0 & 0 & 0 & 0 & 0 \\ 0 & 0 & 0 & 1 & 0 & 0 \\ 1 & 0 & 0 & 0 & 0 & 0 \\ 0 & 1 & 0 & 1 & 0 & 0 \\ 0 & 0 & 1 & 0 & 0 & 0 \end{bmatrix}$$

（2）SSSC 装置的开关矩阵 K_{SS}：

$$K_{\mathrm{SS}}=\begin{bmatrix}1&0&0&0&0&0\\0&0&0&0&1&1\\0&0&0&0&0&0\\0&0&0&0&0&0\\0&0&0&0&0&0\\0&0&0&0&1&0\end{bmatrix}$$

（3）UPFC 装置的开关矩阵 K_{UP}：

$$K_{\mathrm{UP}}=\begin{bmatrix}1&0&0&0&0&0\\0&0&0&0&1&1\\0&0&0&0&0&0\\1&0&0&0&0&0\\0&1&0&0&0&0\\0&0&1&0&1&0\end{bmatrix}$$

（4）STATCOM1 的开关矩阵 K_{T1}：

$$K_{\mathrm{T1}}=\begin{bmatrix}1&0&0&0&1&0\\0&0&0&0&0&0\\0&0&0&0&0&0\\1&0&0&0&0&0\\0&1&0&0&0&0\\0&0&0&0&0&0\end{bmatrix}$$

（5）STATCOM2 的开关矩阵 K_{T2}：

$$K_{\mathrm{T2}}=\begin{bmatrix}1&0&0&0&1&0\\0&0&0&0&0&0\\0&0&0&0&0&0\\1&0&1&0&0&0\\0&0&0&1&0&0\\0&0&0&0&0&0\end{bmatrix}$$

（6）STATCOM3 的开关矩阵 K_{T3}：

$$K_{\mathrm{T3}}=\begin{bmatrix}1&0&0&0&1&0\\0&0&0&0&0&0\\0&0&0&0&0&0\\1&0&1&0&0&0\\0&1&0&1&0&0\\0&0&0&0&0&0\end{bmatrix}$$

（7）STATCOM 与 SSSC 同时投入的开关矩阵 K_{TS}：

$$K_{\mathrm{TS}}=\begin{bmatrix}1&0&0&0&0&0\\0&0&0&0&1&1\\0&0&0&0&0&0\\1&0&0&0&0&0\\0&1&0&0&0&0\\0&0&0&0&1&0\end{bmatrix}$$

（8）装置并网后直接退出运行的开关矩阵 K_{BQ}：

$$K_{\mathrm{BQ}}=\begin{bmatrix}1&0&0&0&1&0\\0&0&0&0&0&0\\0&0&0&0&0&0\\0&0&0&0&0&0\\0&0&0&0&0&0\\0&0&1&0&0&0\end{bmatrix}$$

将开关矩阵 K_{K} 分块为

$$K_{\mathrm{K}}=\left[\begin{array}{cccc|cc}K_{\mathrm{QF}}&0&0&0&K_{\mathrm{QF4}}&0\\0&0&0&0&K_{\mathrm{GK5}}&K_{\mathrm{GK6}}\\0&0&0&K_{\mathrm{QF2}}&0&0\\\hline K_{\mathrm{QF1}}&0&K_{\mathrm{GK2}}&0&0&0\\0&K_{\mathrm{GK1}}&0&K_{\mathrm{GK4}}&0&0\\0&0&K_{\mathrm{GK3}}&0&K_{\mathrm{QF3}}&0\end{array}\right]$$

令 $K_{\mathrm{K}}=\begin{pmatrix}K_{\mathrm{A}}&K_{\mathrm{B}}\\K_{\mathrm{C}}&K_{\mathrm{D}}\end{pmatrix}$，由分块矩阵可以看出，其他功能的分块矩阵 K_{A} 都相同，其特征是矩阵元素 $K_{34}=0$，而 $K_{11}=1$，这与并网矩阵分块矩阵 K_{A} 正好相反，此特征正好可以区分装置转换是实现并网或是其他功能。根据功能转换的开关矩阵，结合支路变量值可得装置工作模式选择判据如下(刘家军等，2015)。

（1）并网模式判据是 $K_1=\bar{K}_{11}K_{34}K_{l3}$，若满足则为并网模式。

（2）SSSC 的分块矩阵 K_{C} 是零矩阵，而其他功能的分块矩阵 K_{C} 不是零矩阵，与支路变量 K_{li} 配合可构成 SSSC 装置投入的判据是 $K_2=K_{65}\bar{K}_{63}K_{l2}$，若满足则为

SSSC 投入工作，启动 VSC_2 工作于 SSSC 模式。

（3）UPFC 的分块矩阵 K_B、K_D 分别与 SSSC 的分块矩阵 K_B、K_D 相同。K_B 的特征是其元素 K_{25}、K_{26} 为 1，其他为零。K_D 的特征是其元素 K_{65} 为 1，其他为零。与支路变量 K_{li} 配合可构成 UPFC 装置投入的判据是 $K_3 = K_{l2}K_{l5}$，若满足则 UPFC 投入工作。

（4）STATCOM 共有 4 种方式，其中开关矩阵 K_{T1}、K_{T2}、K_{T3} 的分块矩阵 K_B、K_D 都相同。K_B 的特征是其元素 K_{15} 为 1，其他为零。K_D 的特征是零矩阵。结合各自的分块矩阵 K_C，再与支路变量 K_{li} 配合可构成对应 STATCOM 装置投入的判据。STATCOM1 的判据是 $K_4 = K_{11}K_{34}K_{41}K_{52}\bar{K}_{63}K_{l1}$，满足条件则启动 VSC_1 工作于 STATCOM 功能模式；STATCOM2 的判据是 $K_5 = K_{41}K_{43}K_{54}\bar{K}_{63}K_{l1}$，满足条件则启动 VSC_2 工作于 STATCOM 功能模式；STATCOM3 的判据是 $K_6 = K_{41}K_{43}K_{54}K_{52}\bar{K}_{63}K_{l1}$，满足条件则同时启动 VSC_1 与 VSC_2 工作于 STATCOM 功能模式。

（5）STATCOM 与 SSSC 同时投入工作模式，其分块矩阵与 SSSC 分块矩阵相比只有 K_C 不同，且 K_C 不是零矩阵，判据是 $K_7 = K_{41}K_{52}\bar{K}_{63}K_{l2}$，若满足条件则需同时启动 VSC_1 与 VSC_2，VSC_1 工作于 STATCOM 功能模式，而 VSC_2 工作于 SSSC 功能模式。

（6）并网装置实现并网后直接退出运行模式，其分块矩阵与 STATCOM 分块矩阵相比，只有 K_C 不同，且 K_C 也不是零矩阵，判据是 $K_8 = K_{63}K_{l1}$，若满足条件则需同时对 VSC_1 与 VSC_2 进行停机，装置处于待机状态。

根据由开关操作矩阵及支路变量形成的装置模式操作选择判据，可通过接入一个多路选择开关，来选择对应的控制策略完成复合系统对应的功能。其控制策略如图 7.8 所示。

依据控制策略流程图，首先启动换流器，根据电网的调度命令确定并网装置的运行模式。若电网调度命令是并网运行，则还需依据开关矩阵是否满足判据条件来确定装置运行控制策略，再判断两侧系统的频率差、电压差和相角差是否满足并网条件，若满足则直接合上联络断路器，完成并列操作并退出并网运行；若不满足，则需要根据两侧待并列系统的频率差、电压差和相角差确定功率传递的方向，同时按公式计算出满足并列条件所需传递功率的大小；然后控制两侧电压源换流器传输所需功率，可以采用 SVPWM 技术产生各换流器件的触发脉冲。在传递一定时间 t 后系统再次趋于稳定，重复上述步骤直到两端待并列系统满足同期并列条件，完成并网操作。若调度命令需实现其他功能，则完成相应电路转换，并依据相应的开关矩阵判据值改变控制策略运行在相应的模式下，实现对应的功能，否则退出运行，处于待命状态或停机。

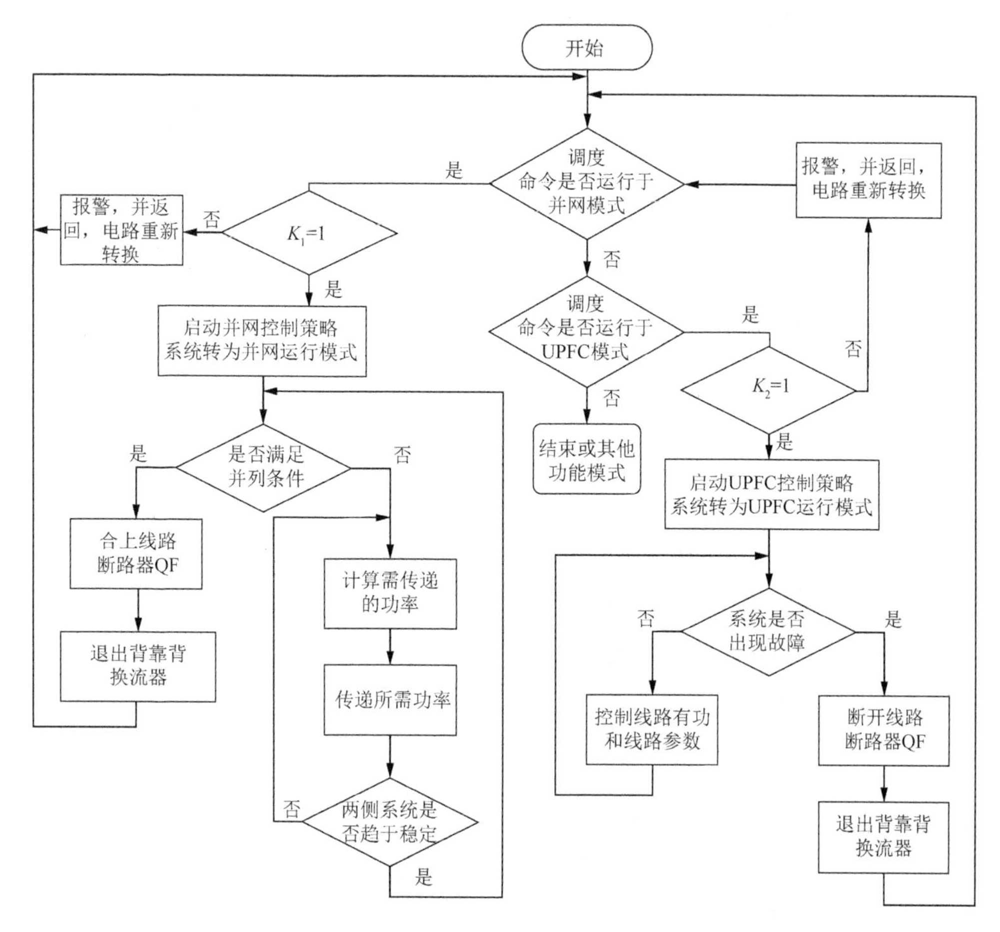

图 7.8　复合系统的控制策略流程图

7.3　并网装置转换为 STATCOM 的控制策略及仿真

7.3.1　STATCOM 装置的控制策略

在电力系统正常运行的情况下，利用复合系统可以实现对系统的无功补偿和电压调节。通过上述分析可知，STATCOM 的无功功率控制可通过控制装置输出电流的无功分量 i_{1q} 来实现，装置要正常运行，其 VSC 直流侧母线电压必须稳定。这可以通过装置的有功电流分量 i_{1d} 控制直流侧的母线电压来实现。在同步旋转 dq 坐标系下，系统的 d 轴与 q 轴存在着耦合，利用相关文献提出的实现解耦控制方案（Lehn，2002；Blasko et al.，1997），设计基于并网装置 STATCOM 的控制框图如图 7.9 所示。

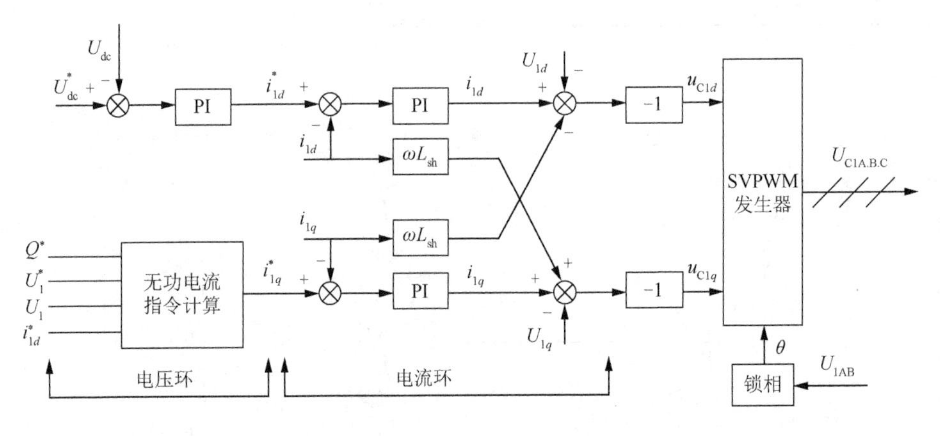

图 7.9　STATCOM 控制框图

图 7.9 中，电流参考值i_{1d}^*是 VSC 直流侧母线直流电压的 PI 调节输出值，而参考电流i_{1q}^*由系统无功调节参考值确定。

对 STATCOM 产生的无功电流或者说无功功率进行调节的控制方法很多，其中最具代表性的是电流直接控制和电流间接控制。电流直接控制就是将三相电流参考值与瞬时电流进行比较，经 PI 调节后应用 PWM 控制技术直接控制电流波形的瞬时值。由于该控制对主电路半导体开关器件的开关频率有较高的要求，因此大多用于容量相对较小的 STATCOM 中。电流间接控制就是将 STATCOM 看作交流电源，然后对 STATCOM 装置交流侧产生电压的相位与幅值进行控制，以实现对 STATCOM 交流侧电流的间接控制。STATCOM 的电流间接控制适用于装置容量比较大的场合。

7.3.2　STATCOM 的多目标控制

1. STATCOM 的多目标

与别的无功补偿装置相比，STATCOM 具有优良的实时控制性能（李峰，2006），因此它是相对动态、较为灵活且理想的一种无功补偿方式。为了使 STATCOM 按照要求的目标实现对节点电压的维持，同时实现对电压闪变的抑制，以及对系统振荡的阻尼等多种效果，必须保证系统电路设计的合理性和 STATCOM 控制方法的合理有效性。电力系统要求 STATCOM 达到的主要目标如下：

（1）使 STATCOM 和系统侧连接处的电压保持恒定，使电压的闪变得到抑制。

（2）使系统的暂态稳定极限得到提高。

（3）使系统的振荡得到抑制。

（4）使电力系统能够获得更佳的动态稳定性。

在设计上使STATCOM具备上述的某一种功能并不困难，但是要使STATCOM兼具以上多种功能，在设计上则是比较困难的，通常采用模糊控制进行参数协调，上述目标在一定条件下是矛盾的。现主要研究 STATCOM 的电流间接控制，以实现 STATCOM 的电压控制以及阻尼振荡的功能。

2. 维持节点电压恒定

图 7.10 为接入 STATCOM 系统的等值电路图，X 是短路电抗，U_S 是系统电压，U_d 是节点电压，Q_S 是 STATCOM 向系统注入的无功功率，$P+jQ$ 是有功功率负载和无功功率负载。

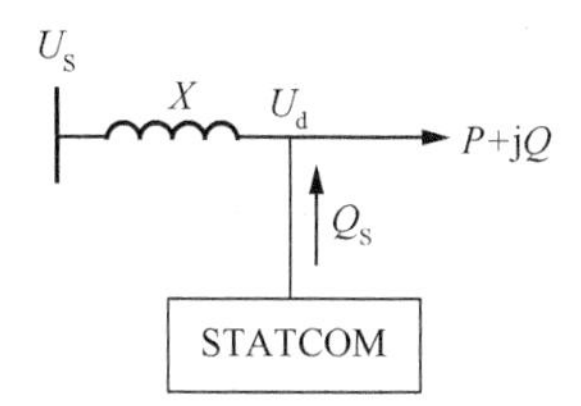

图 7.10　接入 STATCOM 系统的等值电路图

将电阻忽略，则电压降大小与无功功率的关系为

$$U_S - U_d \approx \frac{Q - Q_S}{U_d} X \tag{7.1}$$

当 $Q_S = 0$ 时，由式（7.1）可得

$$U_S - U_d = \frac{Q}{U_d} X \tag{7.2}$$

而当 STATCOM 促使 $U_d = U_{ref}$ 时，可得

$$U_S - U_{ref} \approx \frac{Q - Q_S}{U_{ref}} X \tag{7.3}$$

联立式（7.1）～式（7.3）可推出

$$\Delta U = U_{ref} - U_d \approx \frac{Q_S}{U_{ref}} X \tag{7.4}$$

$$Q_S \approx \frac{U_{ref} \Delta U}{X} \tag{7.5}$$

以 STATCOM 在稳态下向系统注入的无功功率为依据求系统电压与 STATCOM 输出电压的相角差δ为

$$\delta=\frac{1}{2}\arcsin\left(\frac{2R\Delta U}{3U_{\text{ref}}X}\right) \tag{7.6}$$

由式（7.6）可得，已知等效电阻 R、短路电抗 X 与系统电压的参考值U_{ref}，便可求出ΔU，进而可以求出δ，装置就能具有控制节点电压的功能。

常用的方法是 PI 控制方法，这种方法属于单δ控制，但因为其 PI 参数不容易整定，所以近年来逆系统 PI 控制方法得到了广泛采用。这种方法属于 PI 控制方法的改进型，其响应速度比传统 PI 控制更快，控制框图如图 7.11 所示。

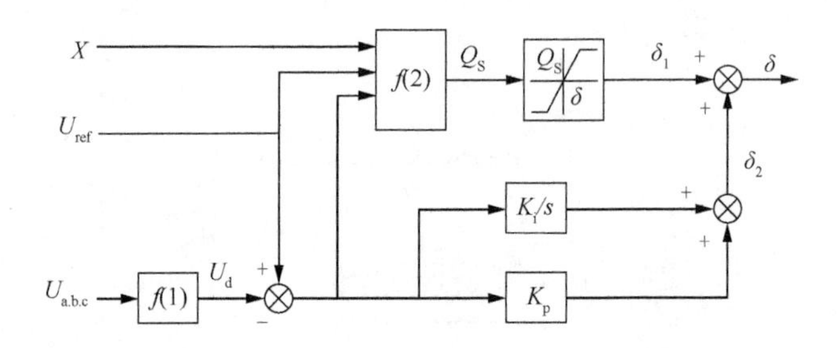

图 7.11　逆系统 PI 控制框图

在图 7.11 中，X 为短路电抗，U_{ref} 是系统节点电压参考值，$U_{\text{a.b.c}}$ 是三相瞬时相电压U_{a}、U_{b}和U_{c}，K_{p}和K_{i}/s分别是比例、积分调节参数，f（1）为$U_{\text{p}}=\frac{1}{\sqrt{3}}\sqrt{U_{\text{a}}^2+U_{\text{b}}^2+U_{\text{c}}^2}$，其可实现对节点电压瞬时值的有效值的快速计算，$f$（2）的表达式为式（7.5），可求取$Q_{\text{S}}$。

3. 阻尼系统振荡

图 7.12 是含 STATCOM 的单机无穷大系统，其中发电机的转子运动方程为

$$\begin{cases}\dfrac{\mathrm{d}\delta_0}{\mathrm{d}t}=(\omega-1)\omega_0\\[2ex]\dfrac{\mathrm{d}\omega}{\mathrm{d}t}=\left(P_{\text{m}}-P_{\text{e}}-D\dfrac{\mathrm{d}\delta}{\mathrm{d}t}\right)\Big/T_{\text{j}}\end{cases} \tag{7.7}$$

式中，ω为发电机角频率；ω_0为同步角频率；δ_0为发电机的功角；T_{j}为惯性时间常数；D 为发电机阻尼系数。

为了使发电机的阻尼增大，必须在式（7.7）中增加一个与$D\frac{\mathrm{d}\delta}{\mathrm{d}t}$相似且符号

相同的项，以增大阻尼。如果原动机的出力 P_m 保持恒定，则可以对发电机的电磁功率 P_e 进行控制。

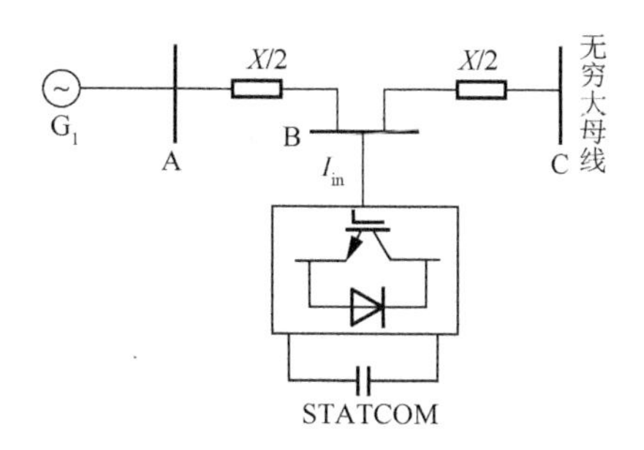

图 7.12　含 STATCOM 的单机无穷大系统

对于图 7.12 所示的系统，有下列关系成立：

$$\Delta P_e \propto \Delta I_{\mathrm{STATCOM}} \propto \int \delta_{\mathrm{STATCOM}} \mathrm{d}t \tag{7.8}$$

为了满足 $\Delta P_e \propto \frac{\mathrm{d}\delta}{\mathrm{d}t}$，则需要满足：

$$\int \delta_{\mathrm{STATCOM}} \mathrm{d}t \propto \frac{\mathrm{d}\delta}{\mathrm{d}t} \propto \int \Delta\dot{\omega} \mathrm{d}t \tag{7.9}$$

由式（7.8）和式（7.9）可以推导出

$$\delta_{\mathrm{STATCOM}} \propto \Delta\dot{\omega} \tag{7.10}$$

由式（7.8）～式（7.10）可知，要在 ΔP_e 中引入一个与 $D\frac{\mathrm{d}\delta}{\mathrm{d}t}$ 相似且符号相同的项，则需要在 STATCOM 控制角 $\delta_{\mathrm{STATCOM}}$ 中加入一个与 $\Delta\dot{\omega}$ 成正比的项。

由于是对并网系统拓展功能的研究而不是对其算法的研究，因此并不采用模糊控制来协调控制各个功能，而采用手动调节参数来进行说明。如果将阻尼控制环节直接附加在电压控制环节上，则控制电路如图 7.13 所示。

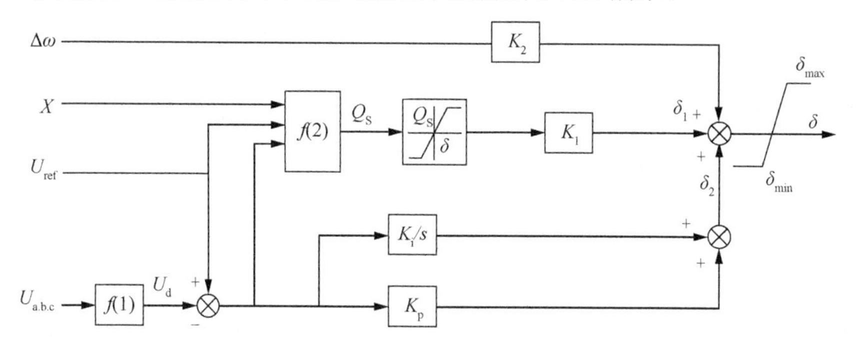

图 7.13　含附加阻尼环节的控制框图

7.3.3 STATCOM 逆系统 PI 控制

1. 控制流程

由于 STATCOM 是非线性系统，当应用常规的 PI 控制时，对于非线性时变的电力系统与非线性的 STATCOM，确定一个 PI 参数使其在全局的范围内均优化是很困难的。逆系统 PI 控制方法是指通过反馈线性化使非线性系统转换成线性系统，转换完成后，再通过线性系统理论对其控制器进行设计的方法。

在 7.3.2 小节中已经对逆系统 PI 控制进行了简单介绍，根据图 7.11 所示的逆系统 PI 控制框图，通过式（7.6）可计算出系统电压与 STATCOM 输出端电压间的相角差 δ（仿真图中用 shift 表示），用 PI 控制器可使稳态时系统的调节误差为零。STATCOM 计算 shift 时在 PSCAD 中建立的控制流程图如图 7.14 所示。

2. STATCOM 脉冲发生控制

采用载波 PWM 技术进行仿真，即将载波与调制波进行比较，从而获得开关脉冲触发信号。图 7.15 所示为三角载波产生控制框图。按照图 7.15 所示的控制框图进行仿真，产生的三角载波如图 7.16 所示。

图 7.17 所示为移相触发电路。通过锁相环（phase-locked loop，PLL）测量从而获得与系统同步的信号，进而输出一组幅值为 360°、彼此相差 60° 的锯齿波，其第一相输出与系统电压 U_a 同相位。经过移相 shift 后再与 TrgOn、TrgOff 比较，从而获得一组三相两电平触发脉冲。其中，shift 是由图 7.14 计算出来的，再通过移相器（shifter）滞后移相 shift 得到目标输出电压相位。因为 U_a、U_b、U_c 处在星形/三角形变压器的星形侧，所以 U_a、U_b、U_c 滞后三角形侧 30°，因此在 U_a、U_b、U_c 相位的基础上减去 30°。图 7.17 中可触发脉冲的是脉冲触发器，移相后产生的同步正弦信号与图 7.15 中产生的三角波进行比较，获得触发脉冲 g_1、g_2、g_3、g_4、g_5、g_6，对 GTO 进行导通与关断控制。

仿真中由图 7.17 所示的脉冲触发电路所产生的脉冲如图 7.18 所示。

3. 含 STATCOM 的单机无穷大系统仿真

建立单机无穷大系统并进行仿真，含 STATCOM 单机无穷大系统的模型如图 7.19 所示，其中，无穷大母线由理想电压源模拟，其额定容量为 1000MV·A，频率为 50Hz，电压等级为 110kV。

仿真在 1.5s 时，在母线 3 处发生三相短路故障，故障持续时间为 0.15s，故障在 1.65s 时切除。当未投入 STATCOM 时，发电机转速与 STATCOM 接入点电压的变化如图 7.20 所示。其中，图 7.20（b）的纵坐标为交流电压，值为以 110kV 为基准电压求得的标幺值。

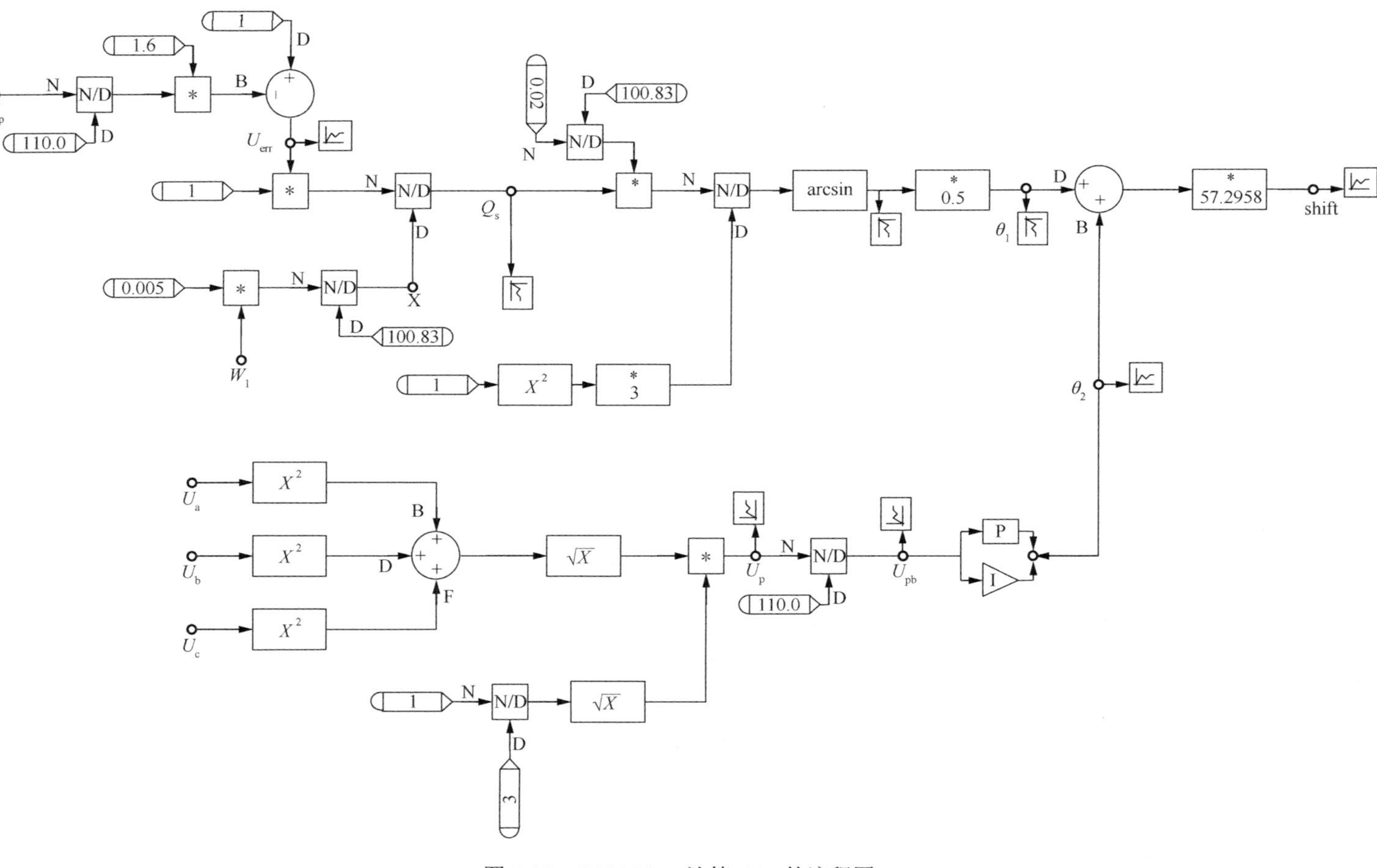

图 7.14　STATCOM 计算 shift 的流程图

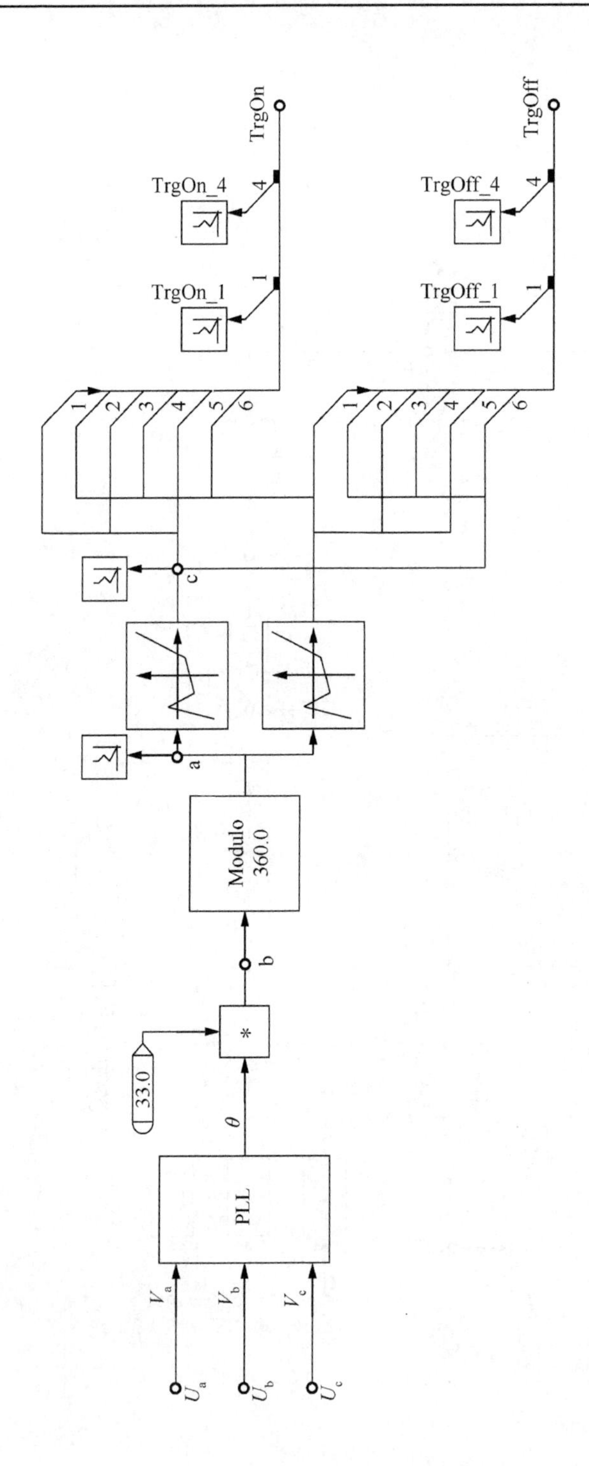

图 7.15　三角载波产生控制框图

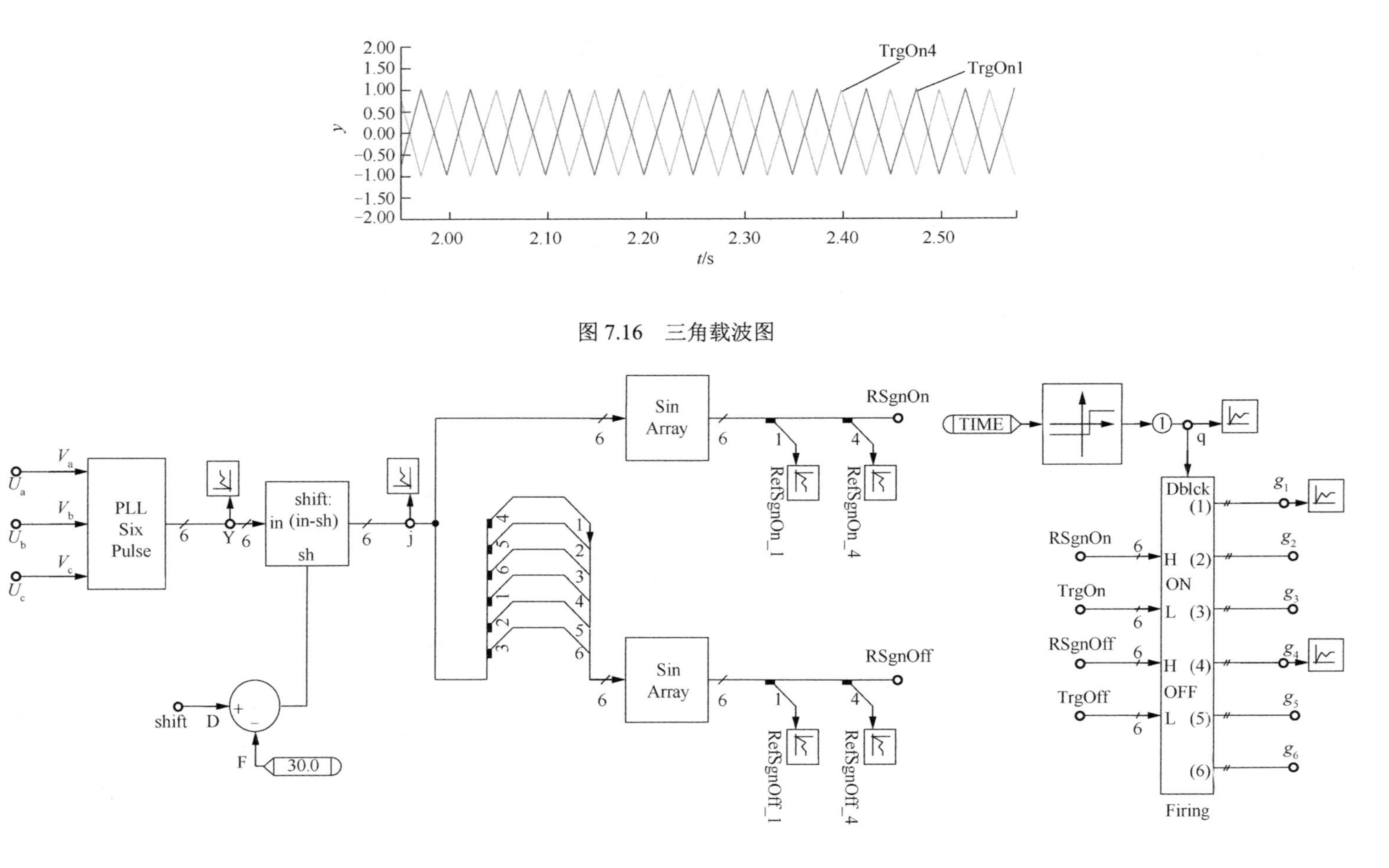

图 7.16　三角载波图

图 7.17　脉冲触发电路

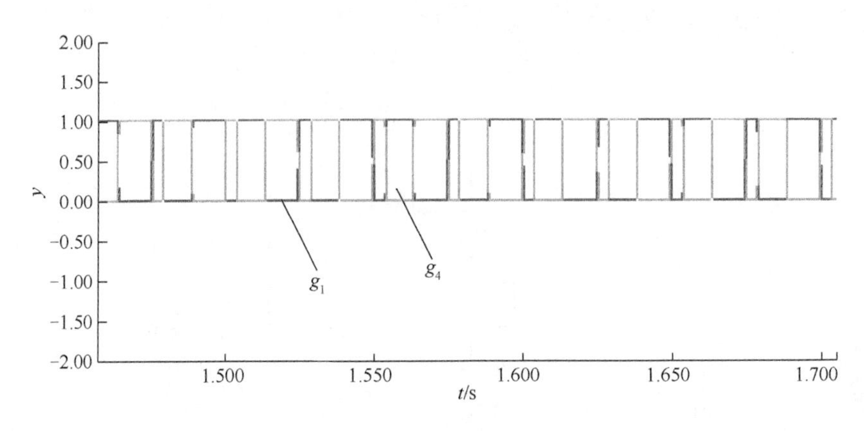

图 7.18　脉冲图

由图 7.20 可以看出，系统在 0～1.5s 保持稳定的运行状态，同步发电机 HG_1 的转速一直保持在 314.159rad/s，母线 3 处的交流电压的标幺值一直保持在 1.02。在 1.5s 时投入三相故障，同步发电机 HG_1 的转速迅速增大，在约 1.65s 时上升至 320.6rad/s。当三相故障切除后，即 1.65s 后，同步发电机转速开始快速下降，在大约 2s 时，下降至 307.8rad/s，且在 2s 时开始振荡，其振荡频率约为 0.7Hz，但此振荡状态衰减缓慢。在未发生故障以前，母线 3 的交流电压值一直处于稳定状态，1.5s 投入三相故障，母线 3 的交流电压值迅速减小为零，当故障被切除之后，母线 3 的交流电压值迅速上升，在故障切除后，电压开始波动，并且一直持续波动。

当故障切除时，即在 1.65s 时，投入只进行电压控制的 STATCOM，仿真结果如图 7.21 所示。其中，母线 3 的交流电压值的曲线得到了很大的改善。在故障切除后，交流电压标幺值迅速回到 1 附近，并且慢慢地，同步发电机 HG_1 转速变化曲线与未投入纯电压控制的 STATCOM 时基本相同。

将图 7.20 与图 7.21 进行对比可知，纯电压控制的 STATCOM 对接入点电压的控制有很好的效果，而对系统低频振荡的抑制没有显著效果。因此，为了使该 FACTS 装置具有抑制低频振荡的功能，必须在其控制器中附加阻尼振荡的控制部分。其控制 STATCOM 时计算 shift 在 PSCAD 中建立的控制流程图如图 7.22 所示。

将图 7.22 与图 7.14 进行对比，在图 7.22 中，电压控制部分增加了一个单输入比较器，其作用是防止故障发生时，进行电压控制部分的作用太强以至于影响阻尼振荡控制目标的实现。给单输入比较器输入一个阈值，先使 $\Delta\dot{\omega}$ 或者说 $\Delta\omega$ 经过一个绝对值环节，当 $\Delta\dot{\omega}$ 或 $\Delta\omega$ 的绝对值小于前面设置的阈值时，单输入比较器输出为 1，而当其绝对值大于所设置的阈值时，单输入比较器输出为 0，此环节相当于图 7.13 中的 K_1。另外，图 7.22 所示的控制图中加入了一个与 $\Delta\dot{\omega}$ 成正比的项，将其附加到 STATCOM 控制角 δ_{STATCOM} 中，其中的 K_2 是通过一个可以进行手动调节的滑块控制的。在图 7.19 所示的单机无穷大仿真系统中应用这种控制策略进行仿真，其仿真结果如图 7.23 所示。

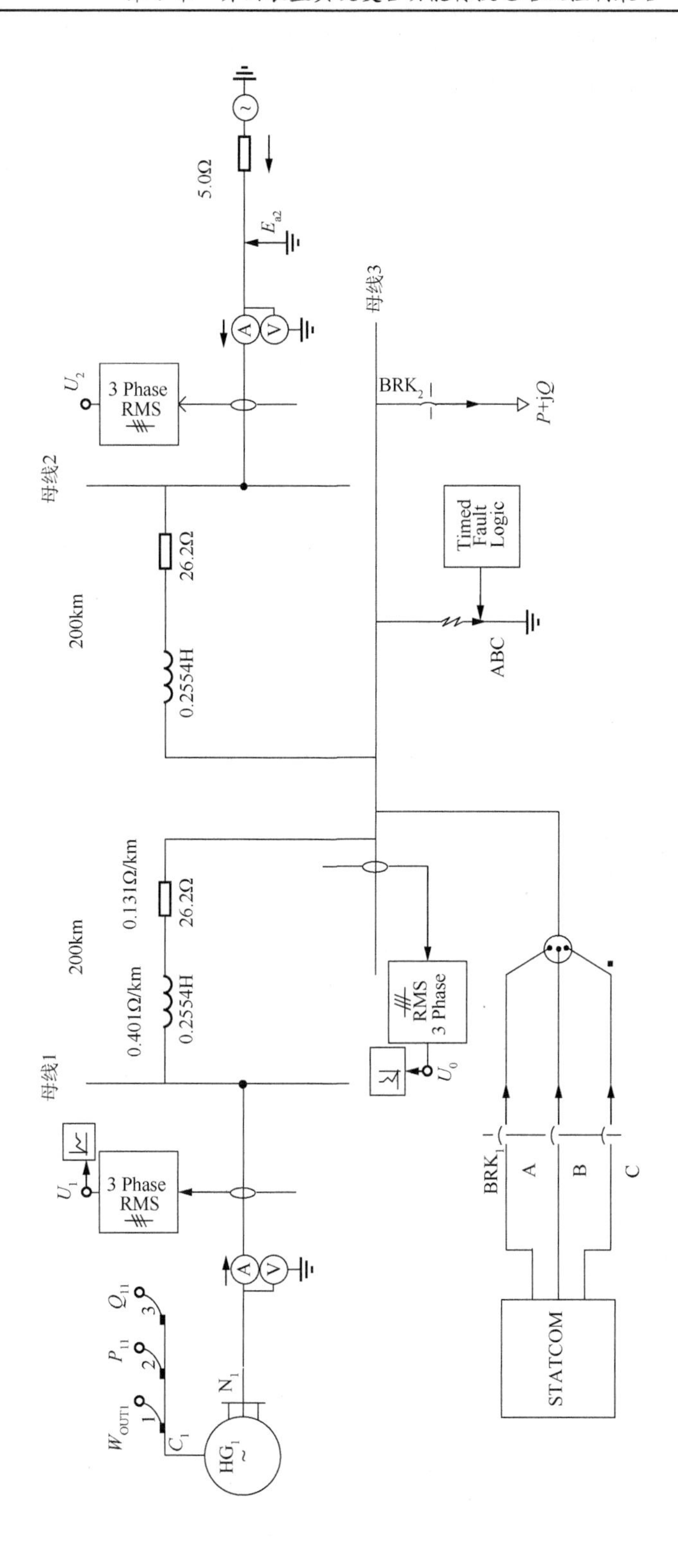

图 7.19　含 STATCOM 的单机无穷大系统模型

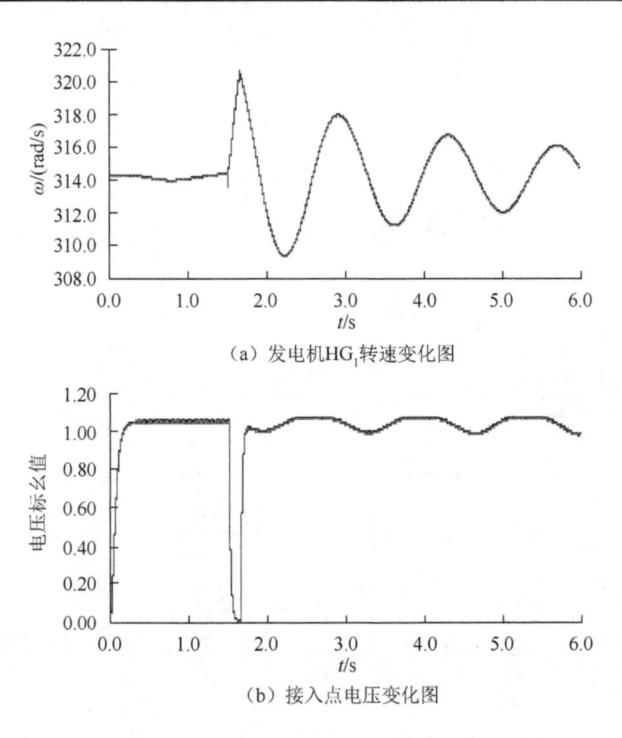

（a）发电机HG_1转速变化图

（b）接入点电压变化图

图 7.20　未投入 STATCOM 时的仿真图

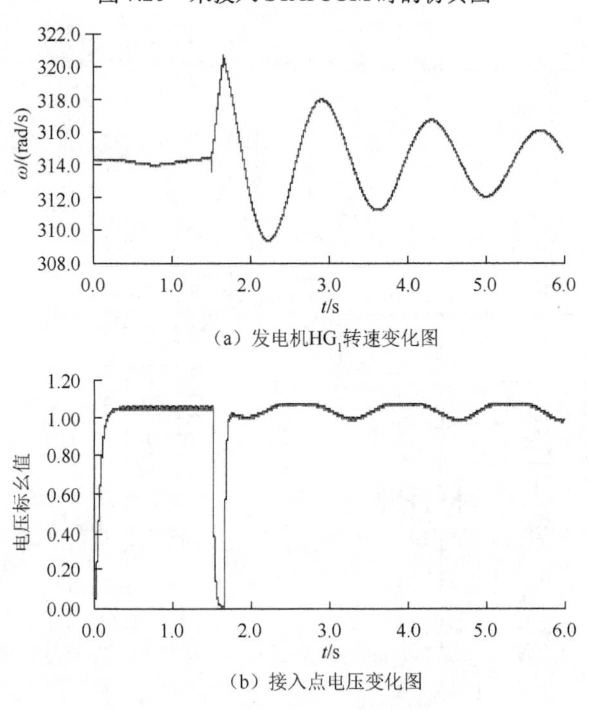

（a）发电机HG_1转速变化图

（b）接入点电压变化图

图 7.21　投入电压控制 STATCOM 仿真图

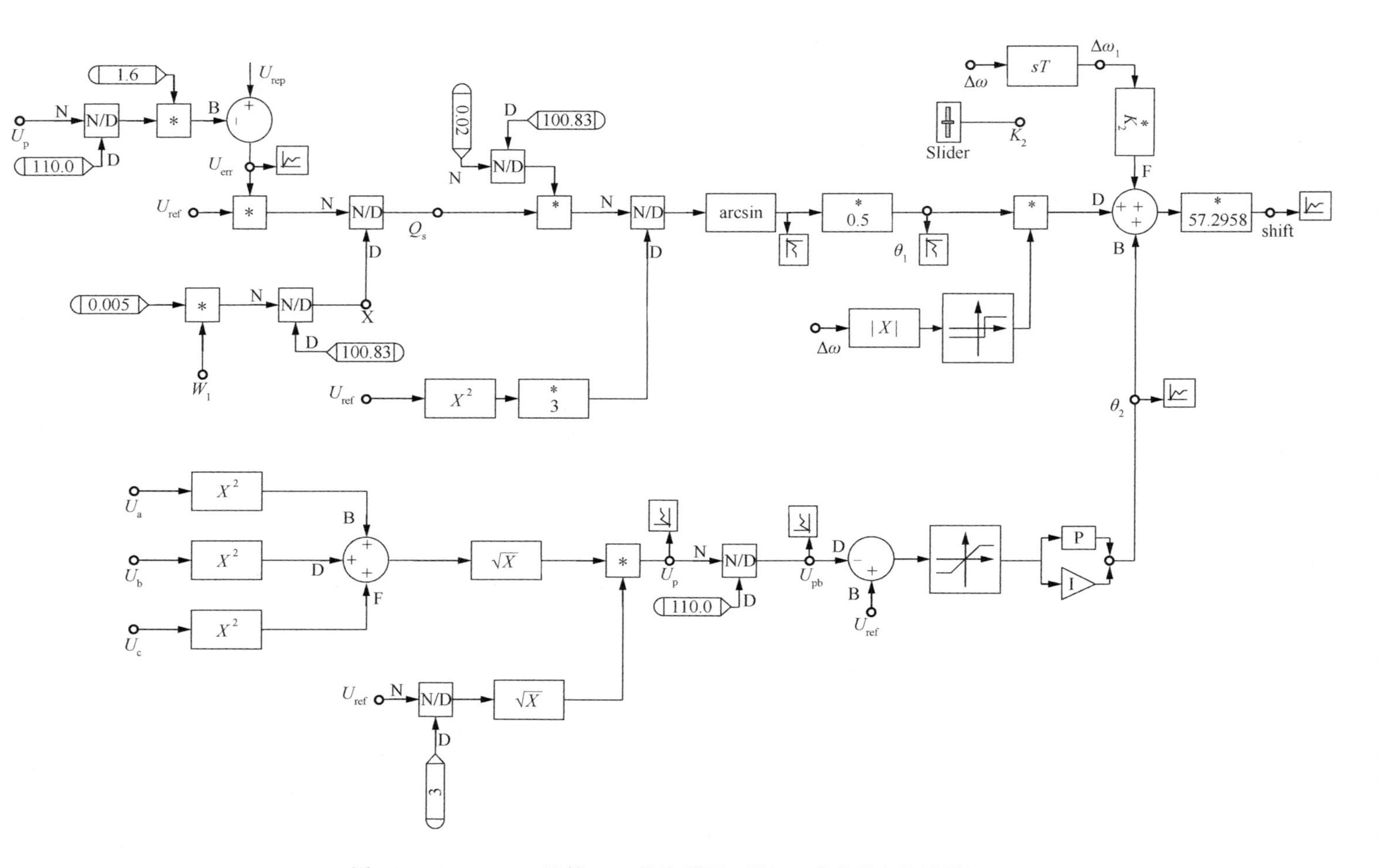

图 7.22　STATCOM 计算 shift 的流程图（增加一个单输入比较器）

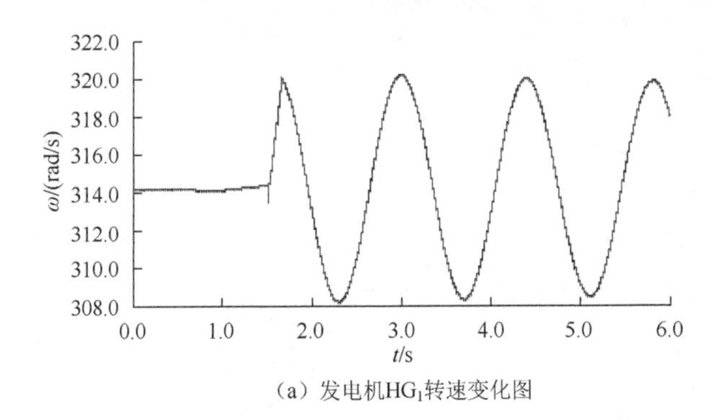

（a）发电机HG_1转速变化图

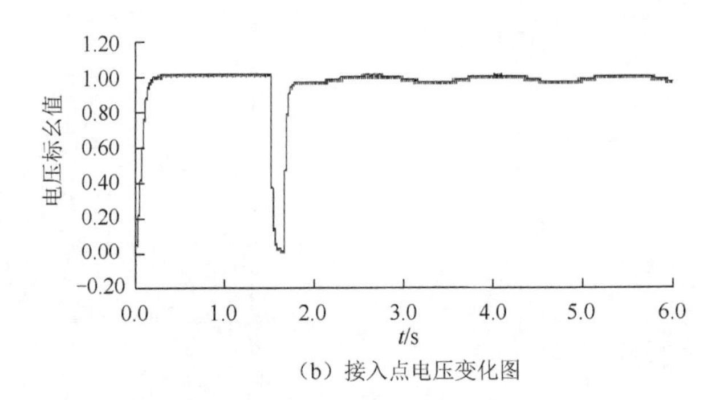

（b）接入点电压变化图

图 7.23　投入强电压控制 STATCOM 仿真图

当图 7.22 中 K_2 的值取很小而 PI 参数中的 P 参数取值较大时，在图 7.23（a）中，当故障接入后，发电机的转速迅速增大到 320.4rad/s，在故障切除并投入强电压控制的 STATCOM 后，发电机转速迅速减小，在 2.3s 时，下降为 308.0rad/s，在 2.3～6s 转速以 0.8Hz 振荡，而其振荡并不因系统本身所具有的阻尼而衰减，而是持续振荡；在图 7.23（b）中，在强电压控制的 STATCOM 接入之后，母线 3 处的电压标幺值在故障切除后很快恢复到了 1，并且一直都保持在 1，维持了电压的稳定状态。

当图 7.22 中 K_2 的值取很大而 PI 参数中的 P 参数取值相对较小时，在图 7.24（a）中，当故障接入后，发电机的转速迅速增大到 316.0rad/s，故障切除后，在 2.0s 时下降为 306.0rad/s，自此发电机的转速振荡得到了有效阻尼，在 4.0s 后趋于稳定；在图 7.24（b）中，当弱电压控制的 STATCOM 接入之后，母线 3 处的电压标幺值在故障切除后很快恢复到了 0.85，在 2.7s 时，电压标幺值恢复到 1.0，并且在 1.0 附近波动，电压值并未趋于稳定。

将图 7.23 与图 7.24 进行对比分析可知，STATCOM 阻尼和电压控制之间存在矛盾。在电力系统的动态过程中，如果增大 PI 调节器的放大倍数，即对电压进行较强控制，就会影响对阻尼控制的效果，如图 7.23 所示；而如果降低电压的控制即对电压进行较弱控制，就会实现对阻尼控制的较好效果，如图 7.24 所示。如果要消除这种矛盾，可以采用模糊控制对各个控制目标进行协调控制。

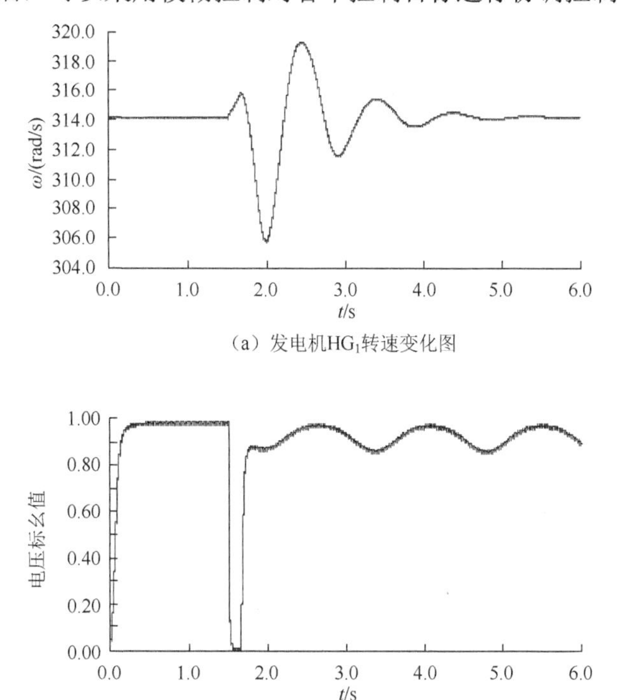

(a) 发电机HG_1转速变化图

(b) 接入点电压变化图

图 7.24　投入弱电压控制 STATCOM 仿真图

7.3.4　STATCOM 装置功能仿真验证

当并网装置转为 STATCOM 功能时，其仿真电路如图 7.25 所示。假设系统电压为 110kV，阻抗 $L = 0.1\text{H}$ 。t=0.5s 时系统投入 STATCOM，t=1.0s 时增加系统负荷。

作为 STATCOM 时的仿真结果如图 7.26 所示。图 7.26（a）示出了交流电源侧、STATCOM 及负载侧的无功功率。可以看出，当 $t<0.50\text{s}$ 时，负荷消耗的无功功率都是由交流电源提供的，此时并没有投入 STATCOM。当 t=0.50s 时，STATCOM 装置投入，t=0.60s 后，STATCOM 装置基本承担了负载所需的无功功率，交流侧电源输出的无功功率几乎为零。t=1.00s 时，系统突然增加有功负荷和无功负荷。从图 7.26（c）中可以看出，负荷变化时，STATCOM 能及时地补偿无功缺额，维持系统电压稳定。

图 7.26（b）示出了系统 a 相电压和电流的关系。由波形图可知，$t<0.5\text{s}$ 时，即 STATCOM 未投运，电压超前电流约 45°；$t\geqslant 0.5\text{s}$ 时，即 STATCOM 装置投运后，电压与电流相位基本相同。

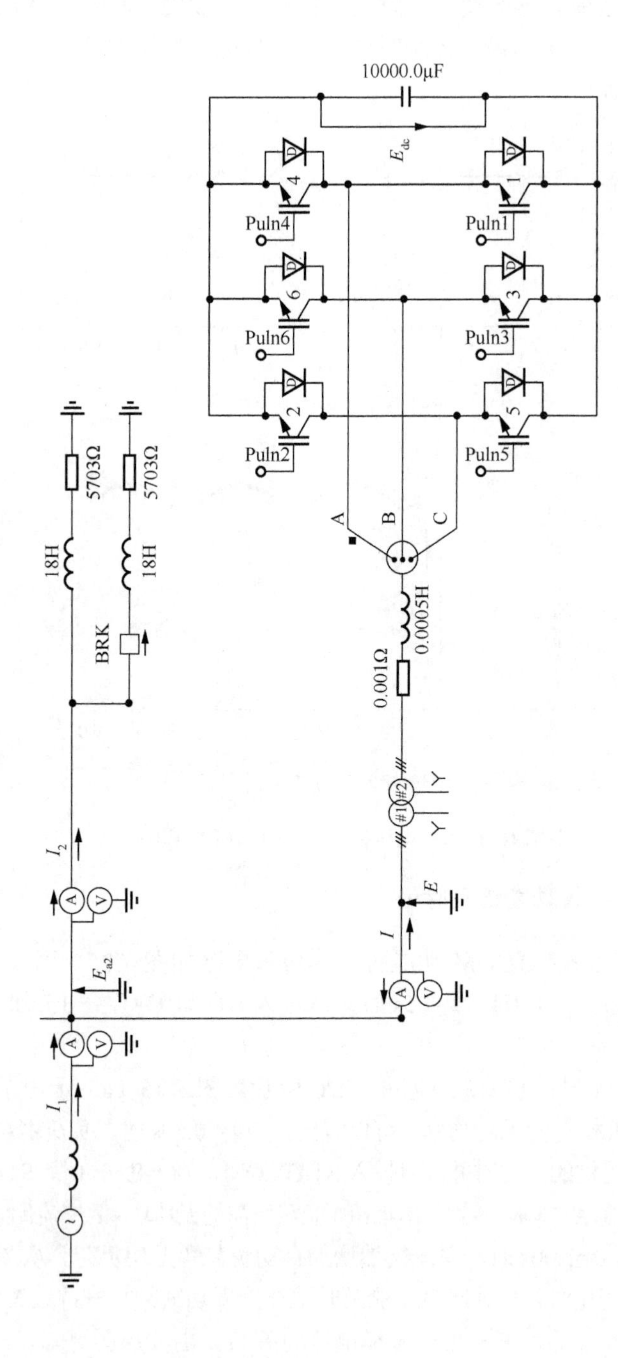

图7.25　转为STATCOM装置的仿真主电路

从图 7.26（c）中可以看出，STATCOM 装置在 t=0.50s 投入运行后，接入点电压有效值升高明显。在 t=1.00s 时增加负载，节点电压在系统没有接入 STATCOM 装置时下降明显，而接入 STATCOM 装置时节点电压基本保持不变，说明 STATCOM 能较好地维持系统电压。

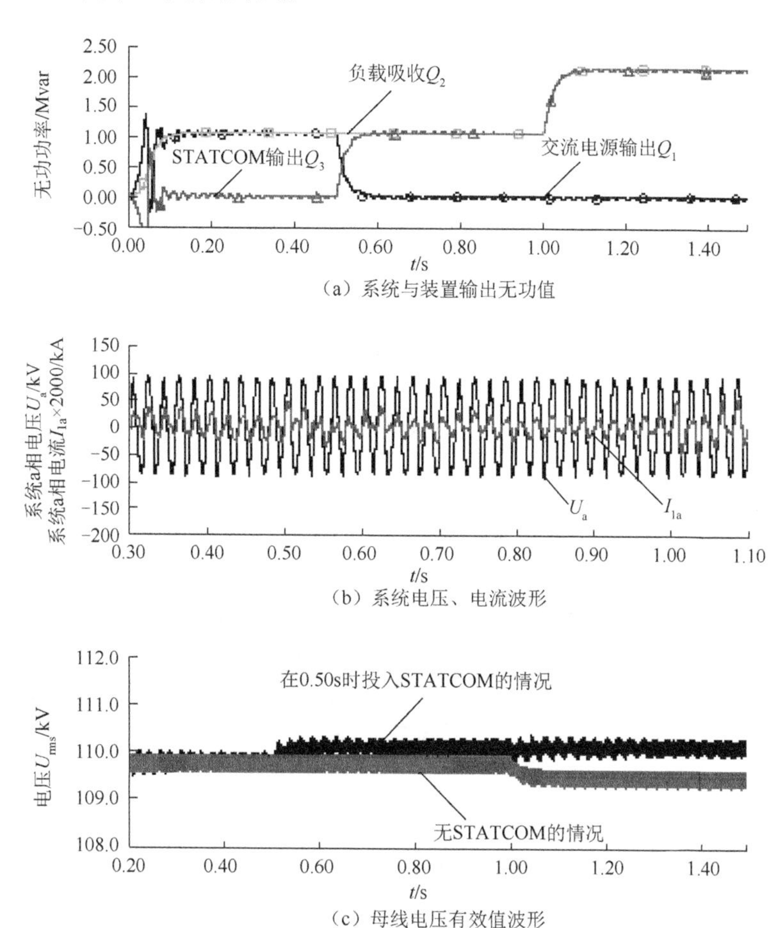

（a）系统与装置输出无功值

（b）系统电压、电流波形

（c）母线电压有效值波形

图 7.26 作为 STATCOM 时的仿真结果

7.4 并网装置转换为 SSSC 的控制策略及仿真

7.4.1 SSSC 调节联络线传输功率的能力

为了便于讨论，忽略系统电阻，在装置转为 SSSC 未投入时，系统的电压相量图如图 7.27 所示。在装置投入后，若控制装置输出注入联络线中的 $\dot{U}_{12}$ 为容性电压，设$\dot{U}_{12} = U_{12}\angle -90°$，此时并网系统的电压相量图如图 7.28 所示。

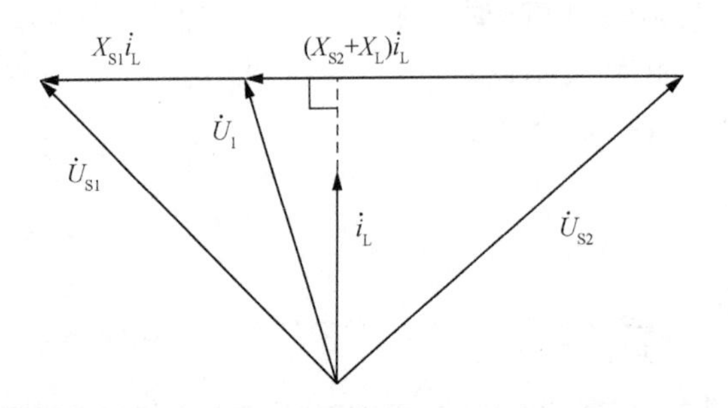

图 7.27　SSSC 未投入前等效可控阻抗相量图

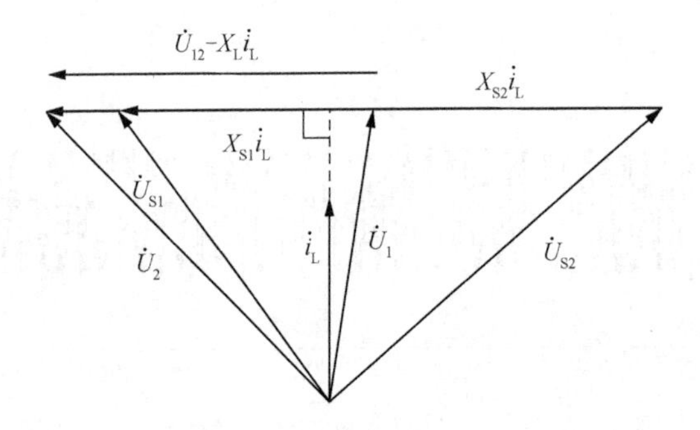

图 7.28　SSSC 等效可控阻抗容性补偿相量图

由支路电压与电流的关系可得

$$\dot{I}_L = \frac{\dot{U}_{S1} + \dot{U}_{12} - \dot{U}_{S2}}{jX} \tag{7.11}$$

由式（7.11）有

$$\begin{cases} I_L = \dfrac{U\sin\alpha_1 - U_{12} - U\sin\alpha_2}{X} \\ 0 = U\cos\alpha_2 - U\cos\alpha_1 \end{cases} \tag{7.12}$$

进一步可推得

$$\alpha_1 = -\alpha_2, \qquad I_L = \frac{2U\sin\alpha_1 - U_{12}}{X}$$

令$\theta = \alpha_1 - \alpha_2$，有

$$I_L = \frac{2U\sin\dfrac{\theta}{2} - U_{12}}{X} \tag{7.13}$$

系统 S_2 的有功功率为

$$P_{S2} = \mathrm{Re}\left(\dot{U}_{S2}\dot{I}_L^*\right) = UI_L\cos\alpha_2 \tag{7.14}$$

将式（7.13）代入式（7.14）有

$$P_{S2} = \frac{U^2}{X}\sin\theta - \frac{UU_{12}}{X}\cos\frac{\theta}{2} \tag{7.15}$$

由式（7.15）可知，SSSC 装置投入后，并网系统联络线传输功率的最大改变值为 $\dfrac{UU_{12}}{X}\cos\dfrac{\theta}{2}$。

SSSC 装置注入联络线上的无功功率为

$$Q_{C2} = -U_{12}I_L = -\frac{U_{12}}{X}\left(U_{12} - 2U\sin\frac{\theta}{2}\right) \tag{7.16}$$

因为系统电流方向应保持从系统 S_1 到系统 S_2 的正方向，所以 $U_{12} - 2U\sin\dfrac{\theta}{2} \geqslant 0$，因此系统的相角差应满足 $\theta \geqslant 2\arcsin\left(\dfrac{U_{12}}{2U}\right)$ 的条件。

若控制装置输出注入联络线中的 $\dot{U}_{12}$ 为感性电压，设 $\dot{U}_{12} = U_{12}\angle 90°$，此时并网系统的电压相量图如图 7.29 所示。

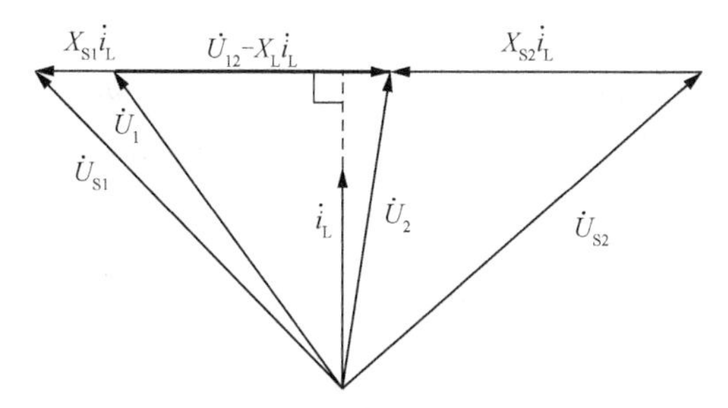

图 7.29　SSSC 等效可控阻抗感性补偿相量图

由与前面同样的推导过程可得

$$P_{S2} = \frac{U^2}{X}\sin\theta + \frac{UU_{12}}{X}\cos\frac{\theta}{2} \tag{7.17}$$

$$Q_{C2} = U_{12}I_L = -\frac{U_{12}}{X}\left(U_{12} + 2U\sin\frac{\theta}{2}\right) \tag{7.18}$$

从式（7.17）可知，SSSC 向联络线输入可调阻抗感性补偿，并网系统联络线传输功率的最大改变值也为 $\dfrac{UU_{12}}{X}\cos\dfrac{\theta}{2}$。同样，若要保持电流正方向，系统的相角差只要满足 $0° < \theta < 180°$ 即可。

7.4.2 并网后转换为 SSSC 装置的控制策略

目前，关于 SSSC 的控制策略主要分为阻抗补偿控制和直接电压补偿控制。

1. 装置的直接电压补偿控制策略

SSSC 装置采用直接电压补偿策略，能不受系统并网后联络线上电流 $\dot{i}_{\mathrm{L}}$ 的影响，独立地向线路中注入补偿电压 $\dot{U}_{12}$ ，当注入补偿电压为感性时，满足 $\dot{U}_{12}=\mathrm{j}U_{12}\dfrac{\dot{i}_{\mathrm{L}}}{I}$ 的关系，由式（7.17）可知，联络线传输的有功功率将增加，最大增加值为 $\dfrac{UU_{12}}{X}\cos\dfrac{\theta}{2}$；当注入补偿电压为容性时，满足 $\dot{U}_{12}=-\mathrm{j}U_{12}\dfrac{\dot{i}_{\mathrm{L}}}{I}$ 的关系，由式（7.15）可知联络线传输的有功功率将减少，最大减少量为 $\dfrac{UU_{12}}{X}\cos\dfrac{\theta}{2}$。

2. 装置的阻抗补偿控制策略

SSSC 装置采用阻抗补偿策略时，注入电压 $\dot{U}_{12}$ 随联络线中电流 $\dot{i}_{\mathrm{L}}$ 的变化而变化，以维持对联络线补偿一个恒定阻抗，注入电压与联络线电流成正比，满足 $\dot{U}_{12}=\mathrm{j}cX_{\mathrm{L}}\dot{i}_{\mathrm{L}}$（$c$ 称为阻抗补偿度，取值范围为 $-1<c<1$，感性补偿时 c 取正值，容性补偿时 c 取负值）。在阻抗补偿策略下，要保证 SSSC 装置可靠工作，要求联络线有电流流过，装置从线路上得到有功功率以补偿其内部损耗，维持装置直流侧电容的工作电压值。

装置的锁相信号采用联络线电流 $\dot{i}_{\mathrm{L}}$ 时，在同步旋转 dq 坐标系下，联络线电流的无功电流分量为 0，此时，SSSC 装置输出的注入电压分量 u_{12d} 、u_{12q} 仅与联络线电流的有功电流分量 $i_{\mathrm{L}d}$ 有关，因此 SSSC 装置与并网系统的交换功率为

$$\begin{cases} P_{\mathrm{C2}}=\dfrac{3}{2}u_{12d}i_{\mathrm{L}d} \\ Q_{\mathrm{C2}}=-\dfrac{3}{2}u_{12q}i_{\mathrm{L}d} \end{cases} \tag{7.19}$$

注入电网补偿的等效可调阻抗为

$$Z_{12}=-\frac{u_{12d}}{i_{\mathrm{L}d}}-\mathrm{j}\frac{u_{12q}}{i_{\mathrm{L}d}} \tag{7.20}$$

由式（7.20）可知，要稳定 SSSC 装置直流侧的母线电压，可通过调节装置输出电压分量 u_{12d} 来改变 SSSC 补偿阻抗的等效阻值。当装置直流侧电容电压不足时，控制调节等效电阻为正值，装置从联络线吸收有功功率给直流侧电容充电达到母线电压的稳定值；当直流母线电压偏高时，调节等效电阻为负值，SSSC 装置将释放直流侧电容中的多余电量，同时向并网系统输送有功功率，以保证直流电压稳定。

结合以上对 SSSC 装置的直接电压补偿与阻抗补偿的两种控制模式分析，给出实现装置直流侧直流电压与联络线补偿阻抗独立控制策略方案，如图 7.30 所示。图中，X_{12}^{*} 是阻抗补偿方式的补偿电抗参考量，u_{12q}^{*} 是电压补偿方式的补偿电压参考量。

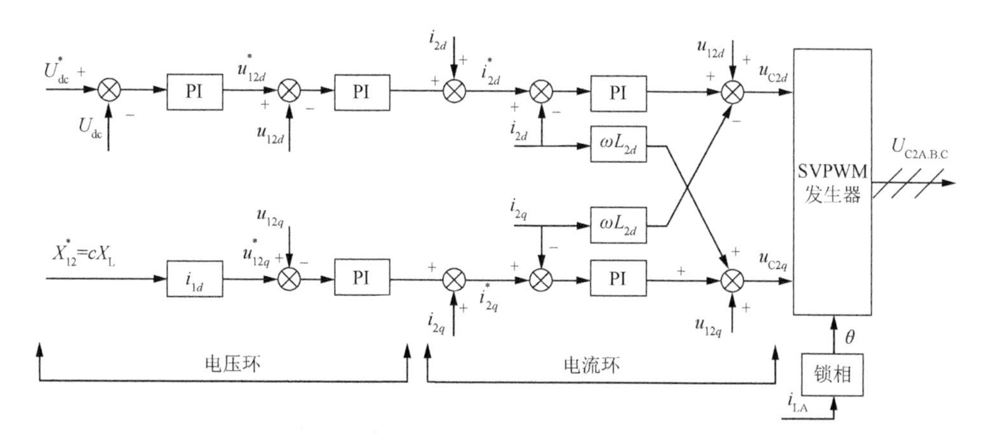

图 7.30　同步旋转 dq 坐标系下的 SSSC 装置解耦控制的阻抗补偿与电压补偿框图

7.4.3　基于背靠背 VSC-HVDC 的同期并网系统转为 SSSC 的仿真

根据 SSSC 的拓扑结构在 PSCAD 中搭建模型进行仿真。图 7.31 为并网装置转化为 SSSC 的仿真模型。

S_1 与 S_2 为两侧的待并电力系统，背靠背换流器以及两侧的变压器与两系统之间的连接线路并联，两系统之间通过并网系统进行功率传递，待达到并网条件时即可进行并网操作，并网成功后整个并网系统退出运行。为了实现并网装置的充分利用，现通过增加直流电容左侧的断路器以及图中右侧的串联变压器，再通过附加断路器的操作，即相当于将右侧的换流器通过串联变压器接入系统中，即成为一个静止串联无功补偿器。

两侧的系统容量为 120MV·A，电压为 121kV，传输电阻为 1Ω，电感为 19.1mH，传输线路等效电阻为 0.001Ω，传输线路等效电感为 0.5mH，直流侧滤波电容为 10000μF，耦合变压器的变比为 6∶8。

1. 并网模型转为 SSSC 的仿真

根据 5.1 节并网过程中联络线的功率波动计算出满足并列条件需传递的有功功率和无功功率。在并网结束后，通过倒闸操作，将闲置的电压源换流器通过一台耦合变压器串联进系统，形成一个静止同步串联补偿器，由并网模型转为 SSSC 过程仿真如图 7.32 所示。

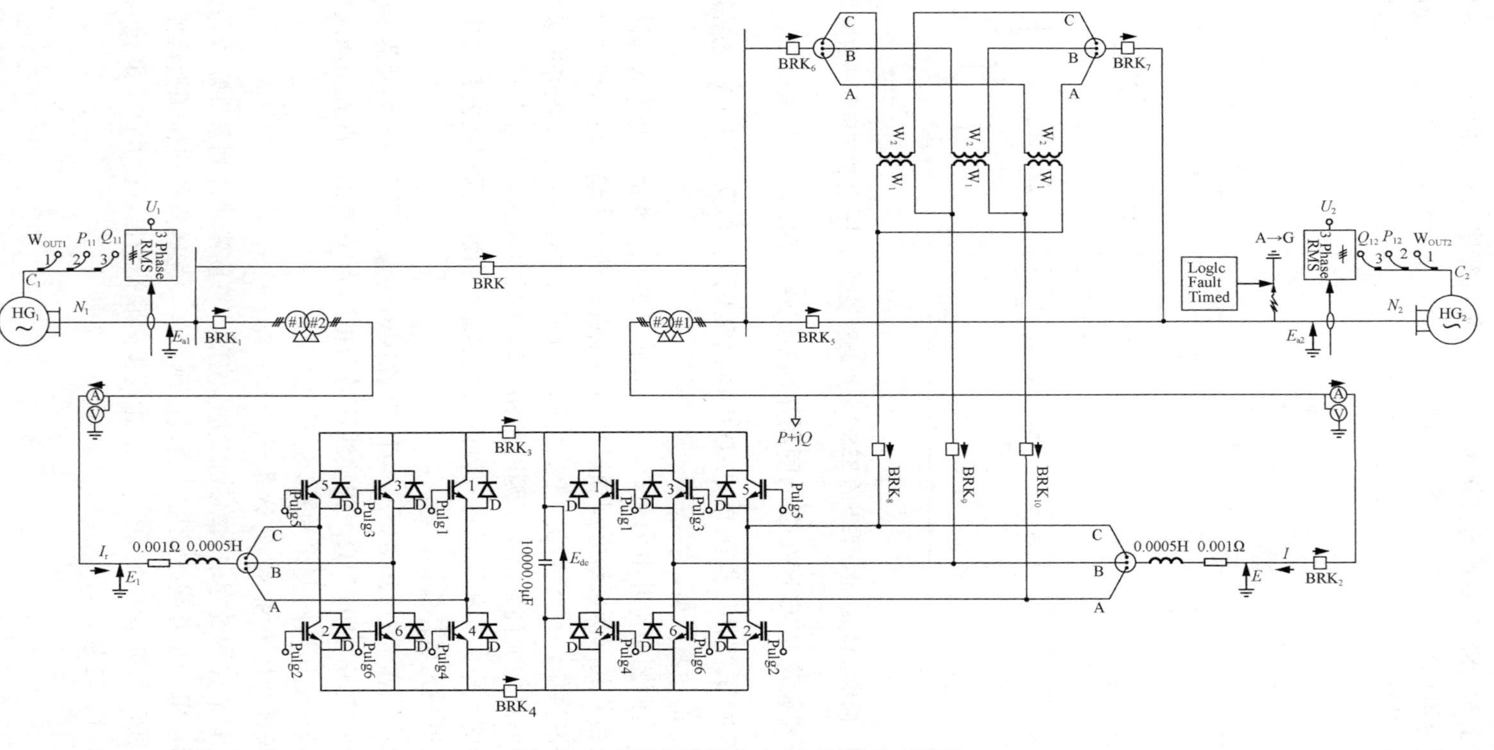

图 7.31　并网装置转化为 SSSC 的仿真模型

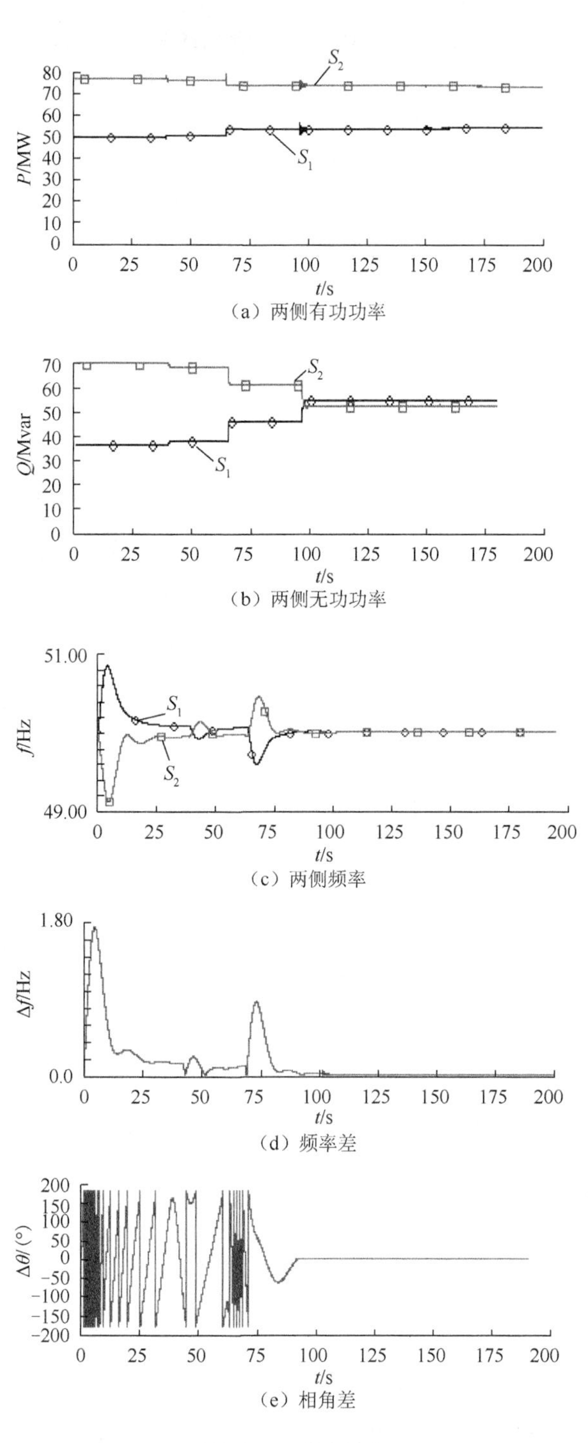

P/MW
S2
S1
t/s
（a）两侧有功功率
Q/Mvar
S2
S1
t/s
（b）两侧无功功率
f/Hz
51.00
49.00
S1
S2
t/s
（c）两侧频率
Δf/Hz
1.80
0.0
t/s
（d）频率差
Δθ/(°)
t/s
（e）相角差

图 7.32　仿真结果

由图 7.32 可以看出，大约在 104s 时两侧系统并网成功，并网结束后两侧系统的电压差、频率差以及相角差均为零，分析图 7.31，此时只有 BRK、BRK_5 处于闭合状态，接下来进行并网系统向 SSSC 的转化操作，在转化过程中首先将 BRK_8、BRK_9、BRK_{10} 闭合，然后断开 BRK_5，闭合 BRK_6、BRK_7，为防止因断路器突然开断而发生两侧系统解列，在 145s 时控制 BRK_6、BRK_7 闭合，在 150s 时控制 BRK_5 断开，以避免上述情况的发生。从图 7.32 中可以看出，并网系统在并网成功后，两侧系统的电气量基本趋于一致，相当于在此时接入 SSSC，对系统的影响和冲击并不明显，这说明了并网系统转化为静止同步串联补偿器的可行性（刘家军等，2014）。

2. 系统故障时的仿真

在图 7.31 所示的仿真模型基础上进行系统故障时的仿真，并网结束后，在 155s 时系统发生一个长达 0.5s 的单相接地短路，通过一系列开关动作，可以比较在不同时间将 SSSC 从系统移除后，故障对系统稳定性的影响。图 7.33 分别为在 0s、0.1s、0.5s 从系统中移除 SSSC 的仿真结果（刘家军等，2014）。

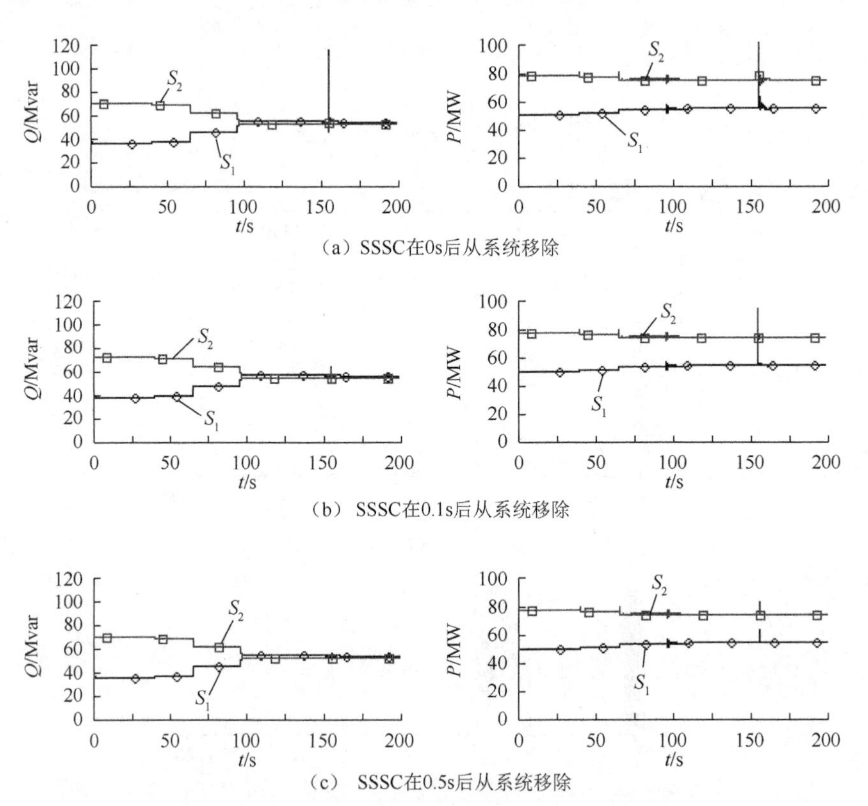

（a）SSSC在0s后从系统移除

（b）SSSC在0.1s后从系统移除

（c）SSSC在0.5s后从系统移除

图 7.33　系统发生故障 SSSC 在不同时间移除时系统的仿真

由仿真数据可知，系统并网后两侧的有功功率、无功功率和频率差都处于稳定值，S_1侧的无功功率 Q 为 53.83Mvar，有功功率 P 为 53.52MW；S_2侧的无功功率 Q 为 51.79Mvar，有功功率 P 为 72.57MW，频率差为零。当系统发生一个长达 0.5s 的单相接地短路时，若在故障发生后立刻将 SSSC 从系统移除，S_1侧的无功功率 Q 为 111.93Mvar，有功功率 P 为 81.54MW；S_2侧的无功功率 Q 为 109.86Mvar，有功功率 P 为 98.49MW。若在 0.1s 将 SSSC 从系统移除，S_1侧的无功功率 Q 为 59.87Mvar，有功功率 P 为 71.73MW；S_2侧的无功功率 Q 为 57.92Mvar，有功功率 P 为 91.60MW。若 SSSC 不从系统移除，S_1侧的无功功率 Q 为 55.90Mvar，有功功率 P 为 62.17MW，S_2侧的无功功率 Q 为 54.13Mvar，有功功率 P 为 82.00MW。

比较图 7.33（a）、（b）、（c）可以看出，系统发生故障时，若 SSSC 能在系统中运行，则能有效抑制功率波动，使系统避免遭受因故障产生的巨大冲击，保证了系统的稳定性和安全性。

参考文献

敬华兵, 年晓红, 2013. 兼具 STATCOM 功能的混合型直流融冰电源[J]. 电力系统自动化, 37(12): 114-119.

李峰. 2006. 多机电力系统图中静止同步补偿器 STATCOM 的系统模型仿真及应用研究[D]. 南昌: 南昌大学.

贺瀚青，2014. 基于 VSC 融冰兼无功静补复合装置的研究[D]. 西安：西安理工大学.

刘栋, 2012. 基于功率传递的并网系统拓展为 STATCOM 的仿真研究[D]. 西安：西安理工大学.

刘家军, 刘昌博, 徐银凤, 等, 2015. 电网间同期并列复合系统控制策略[J]. 电网技术, 39(7): 1933-1939.

刘家军, 田东蒙, 贺长宏, 等, 2012. 基于电网间同期并列装置的统一潮流控制器进行联络线融冰的仿真研究[J]. 电网技术, 36(4): 89-93.

刘家军, 王小康, 2014. 基于 VSC-HVDC 并网装置转为 SSSC 的仿真[J]. 电力系统及其自动化学报, 26(11): 17-22.

刘家军, 吴添森, 2009. 一种基于 STATCOM 的电网间同期并列复合系统[J]. 电力系统自动化, 33(18): 87-91.

刘家军, 姚李孝, 吴添森, 等, 2011. 基于电压型换流器电网间同期并列仿真研究[J]. 系统仿真学报, 23(3): 528-535.

孙毅超, 赵剑锋, 季振东, 等, 2013. 基于 d-q 坐标系的单相链式 STATCOM 直流电压平衡控制策略[J]. 电网技术, 37(9): 2500-2506.

田东蒙，2013. 基于功率传递的并网系统转化为 SSSC 的仿真研究[D]. 西安：西安理工大学.

BLASKO V, KAURA V, 1997. A New mathematical model and control of a three-phase AC-DC voltage source converter[J]. IEEE transactions on power electronics, 12(1): 116-123.

LEHN P W, 2002. Exact modeling of the voltage source converter[J]. IEEE transactions on power delivery, 17(1): 217-222.

第8章　基于背靠背 VSC-HVDC 电网间同期并列装置实现 UPFC 的控制策略

UPFC 作为性能优异的 FACTS 装置，利用 UPFC 的串联电压调整、线路参数串联补偿、移相控制等功能，以及和并网系统结构的相似性，可以在并网成功后将并网系统转化为 UPFC，以提高电气元件的利用效率，进而提高系统的输电能力，缓解和解决输电阻塞现象；同时可用来强制地调节线路的潮流走向，改变系统整体的潮流分布，优化系统潮流，节约输电成本。

根据 UPFC 的电路原理及结构特点，结合 VSC 用于同期并网的电路结构，第 7 章提出了一种实现并网与 UPFC 综合功能的新控制策略，并网装置在完成并网后，经相应电路操作可转换为 UPFC 电路，改变控制策略即可实现 UPFC 功能，使同一设备发挥最大效益。

8.1　并网装置转换为 UPFC 后的潮流控制分析

8.1.1　UPFC 的电路拓扑结构

并网电路向 UPFC 转换的电路原理如图 8.1 所示（Liu et al.，2010a，2010b）。当需要并网操作时，断路器 QF_3 和隔离开关 GK_5 和 GK_6 分闸，合上 GK_1，断路器 QF_1、QF_2、QF_4 合闸，即构成并网电路，在控制策略控制下实现并网功能。QF 合闸，QF_2、QF_4、QF_1 断开，并网装置退出运行，此时保持电路结构不变，分开 GK_1，将变压器 T_2 退出，再合闸 QF_3，QF_5、QF_6 将用于并网的背靠背电压源换流器装置与线路 L 串联的变压器相连，再合上 QF_1 即实现 UPFC 装置的投入，改变相应的控制策略即可实现 UPFC 的功能。

并网装置转换为 UPFC 的基本结构图如图 8.2 所示，假定 VSC_1 的输入侧电压 $\dot{U}_1$ 为参考电压，即 $U_1\angle 0°$，UPFC 串联变压器 T_3 输出到电网中的电压为 $U_{12}\angle\rho$，$I_L\angle\theta_1$ 是并网联络线电流，$\alpha_1-\alpha_2=\theta$。$Z_{S1}=R_{S1}+jX_{S1}$ 为发送端等效系统阻抗；$Z_{S2}=R_{S2}+jX_{S2}$ 为接受端系统等效阻抗。由于电网中 $R_{S1}\ll X_{S1}$，$R_{S2}\ll X_{S2}$，可假定 $Z_{S1}=j\omega L_{S1}$，$Z_{S2}=j\omega L_{S2}$，$Z_L=j\omega L$，即忽略有功损耗。

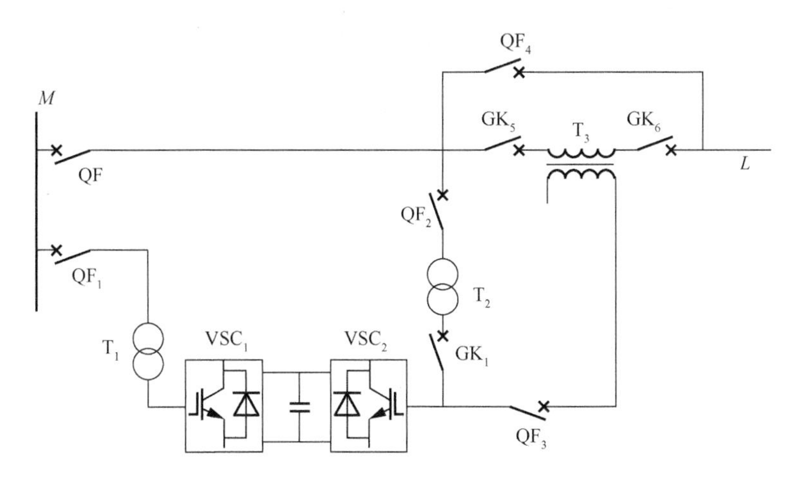

图 8.1　并网电路向 UPFC 转换的电路原理图

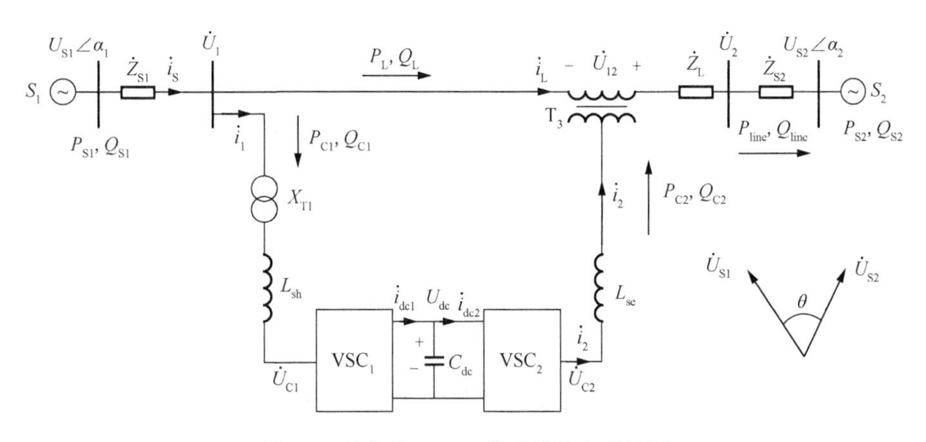

图 8.2　转换为 UPFC 的系统基本结构图

8.1.2　系统各支路电压、电流关系

依据 KCL、KVL 及欧姆定律，并网后装置转换为 UPFC 系统的各支路电压、电流的关系如下：

$$\dot{U}_{S1} = U_{S1}\cos\alpha_1 + jU_{S1}\sin\alpha_1 \tag{8.1}$$

$$\dot{U}_L = j\dot{i}_L X_L \tag{8.2}$$

$$\dot{U}_{12} = U_{12}\cos\rho + jU_{12}\sin\rho \tag{8.3}$$

$$\dot{U}_2 = \dot{U}_1 + \dot{U}_{12} + \dot{U}_L = (U_1 + U_{12}\cos\rho) + j(U_{12}\sin\rho + \dot{i}_L X_L) \tag{8.4}$$

$$\dot{U}_{S2} = U_{S2}\cos\alpha_2 + jU_{S2}\sin\alpha_2 \tag{8.5}$$

$$\dot{U}_{XS1} = \dot{U}_{S1} - \dot{U}_1 \tag{8.6}$$

$$\dot{U}_{XS2} = \dot{U}_2 - \dot{U}_{S2} \tag{8.7}$$

$$\dot{i}_S = \frac{\dot{U}_{S1} - \dot{U}_1}{j\omega L_{S1}} = \frac{U_{S1}\sin\alpha_1}{\omega L_{S1}} - j\frac{U_{S1}\cos\alpha_1 - U_1}{\omega L_{S1}} \tag{8.8}$$

$$\dot{i}_L = \frac{\dot{U}_2 - \dot{U}_{S2}}{j\omega L_{S2}} = \frac{U_{12}\sin\rho - U_{S2}\sin\alpha_2}{\omega(L_{S2} - L)} - j\frac{U_1 + U_{12}\cos\rho - U_{S2}\cos\alpha_2}{\omega(L_{S2} - L)} \tag{8.9}$$

$$\dot{i}_1 = \dot{i}_S - \dot{i}_L \tag{8.10}$$

8.1.3 UPFC 系统内部功率流动分析

（1）系统 S_1 输送的有功功率 P_{S1} 与无功功率 Q_{S1} 分别为

$$P_{S1} = \frac{U_1 U_{S1}}{\omega L_{S1}}\sin\alpha_1 \tag{8.11}$$

$$Q_{S1} = \frac{U_{S1}}{\omega L_{S1}}\left(U_1\cos\alpha_1 - U_{S1}\right) \tag{8.12}$$

（2）系统阻抗 Z_{S1} 损耗的功率。由假设可知，系统阻抗 Z_{S1} 损耗的有功功率为零，消耗的无功功率 Q_{XS1} 为

$$Q_{XS1} = \frac{1}{\omega L_{S1}}\left(U_{S1}^2 + U_1^2 - 2U_{S1}U_1\cos\alpha_1\right) \tag{8.13}$$

（3）系统中 UPFC 串联变压器线路侧输入端的潮流。联络线到 T_3 输入侧的有功功率 P_L 和无功功率 Q_L 分别为

$$P_L = \mathrm{Re}\left(\dot{U}_1\dot{i}_L^*\right) = \frac{U_1}{\omega\left(L_{S2} - L\right)}\left(U_{12}\sin\rho - U_{S2}\sin\alpha_2\right) \tag{8.14}$$

$$Q_L = \mathrm{Im}\left(\dot{U}_1\dot{i}_L^*\right)\frac{U_1}{\omega\left(L_{S2} - L\right)}\left(U_{S2}\cos\alpha_2 - U_{12}\cos\rho - U_1\right) \tag{8.15}$$

（4）UPFC 并联侧与电网交换的功率。UPFC 通过变压器 T_1 与电网交换的有功功率 P_{C1} 和无功功率 Q_{C1} 分别为

$$P_{C1} = P_{S1} - P_{XS1} - P_{L1} = \frac{U_1 U_{S1}}{\omega L_{S1}}\sin\alpha_1 - \frac{U_1}{\omega(L_{S2} - L)}\left(U_{12}\sin\rho - U_{S2}\sin\alpha_2\right) \tag{8.16}$$

$$Q_{C1} = Q_{S1} - Q_{XS1} - Q_{L1} = \frac{U_1}{\omega L_{S1}}(U_1 - U_{S1}\cos\alpha_1) - \frac{U_1}{\omega(L_{S2}-L)}(U_{S2}\cos\alpha_2 - U_{12}\cos\rho - U_1) \tag{8.17}$$

（5）UPFC 装置注入联络线上的功率。装置通过串联变压器注入并网系统中的有功功率 P_{C2} 和无功功率 Q_{C2} 分别为

$$P_{C2} = \mathrm{Re}\left(\dot{U}_{12}\dot{i}_L^*\right) = \frac{U_{12}}{\omega\left(L_{S2}-L\right)}\left[U_{S2}\sin\left(\rho+\alpha_2\right) - U_1\sin\rho\right] \tag{8.18}$$

$$Q_{C2} = \frac{U_{12}}{\omega\left(L_{S2}-L\right)}\left[U_{S2}\cos\left(\rho+\alpha_2\right) - U_1\cos\rho - U_{12}\right] \tag{8.19}$$

（6）联络线注入 U_2 端的功率。忽略 UPFC 内部的损耗，有 $P_{C2} = P_{C1}$；联络线线路传输到 U_2 端的有功功率 P_{line} 和无功功率 Q_{line} 分别为

$$P_{line} = \mathrm{Re}\left(\dot{U}_2\dot{i}_L^*\right) = \frac{U_{S2}}{\omega\left(L_{S2}-L\right)}\left[U_{12}\sin\left(\alpha_2-\rho\right) - U_1\sin\alpha_2\right] \tag{8.20}$$

$$\begin{aligned} Q_{line} = \mathrm{Im}\left(\dot{U}_2\dot{i}_L^*\right) = &-\frac{L_{S2}}{\omega\left(L_{S2}-L\right)}\Big[U_{S2}^2 + U_1^2 + U_{12}^2 + 2U_1U_{12}\cos\rho \\ &-2U_1U_{12}\cos\left(\rho-\alpha_2\right) - 2U_{S2}U_1\cos\alpha_2\Big] \\ &+\frac{1}{\omega\left(L_{S2}+L\right)}\Big[U_{12}^2 + 2U_1U_{12}\cos\rho \\ &-U_{12}U_{S2}\cos\left(\rho-\alpha_2\right) - U_1U_{S2}\cos\alpha_2\Big] \end{aligned} \tag{8.21}$$

（7）系统阻抗 Z_{S2} 消耗的功率。通过系统 S_2 的系统阻抗 Z_{S2} 消耗的有功功率为零，消耗的无功功率 Q_{XS2} 为

$$\begin{aligned} Q_{XS2} &= \mathrm{Im}\left[\left(\dot{U}_2 - \dot{U}_{S2}\right)\cdot\dot{i}_L^*\right] \\ &= \frac{L_{S2}}{\omega\left(L_{S2}-L\right)}\Big[U_{S2}^2 + U_1^2 + U_{12}^2 + 2U_1U_{12}\cos\rho \\ &\quad -2U_{S2}U_{12}\cos\left(\rho-\alpha_2\right) - 2U_{S2}U_1\cos\alpha_2\Big] \end{aligned} \tag{8.22}$$

（8）系统 S_2 的潮流功率。系统 S_2 的有功功率 P_{S2} 和无功功率 Q_{S2} 分别为

$$P_{S2} = \frac{U_{S2}}{\omega\left(L_{S2}-L\right)}\left[U_{12}\sin\left(\rho+\alpha_2\right) + U_1\sin\alpha_2\right] \tag{8.23}$$

$$Q_{S2}=\frac{U_{S2}}{\omega\left(L_{S2}-L\right)}\left[U_{S2}-U_1\cos\alpha_2-U_{12}\cos\left(\rho+\alpha_2\right)\right] \tag{8.24}$$

令 $\dfrac{U_{S2}}{\omega\left(L_{S2}-L\right)}=K_2$，由式（8.23）和式（8.24）可得

$$\left(\frac{P_{S2}}{K_2}-U_1\sin\alpha_2\right)^2+\left(\frac{Q_{S2}}{K_2}-U_{S2}+U_1\cos\alpha_2\right)^2=U_{12}^2 \tag{8.25}$$

（9）UPFC 功率运行区域。由式（8.25）可以看出，在系统参数确定的条件下，通过联络线传到系统 S_2 的功率在功率平面上是以（$K_2U_1\sin\alpha_2$，$K_2(U_{S2}-U_1\cos\alpha_2)$）为圆心，以 K_2U_{12} 为半径的圆，如图 8.3 中的曲线 1 所示。若无 UPFC 电压注入，则 U_2 端通过的有功功率 P_{S2} 和无功功率 Q_{S2} 满足如下关系：

$$\left(\frac{P_{S2}}{K_2}\right)^2+\left(\frac{Q_{S2}}{K_2}-U_{S2}\right)^2=U_1^2 \tag{8.26}$$

由式（8.26）可以看出，在系统参数确定的条件下，在无 UPFC 电压注入时，通过联络线传到 U_2 节点的功率在功率平面上是以（0，K_2U_{S2}）为圆心，以 K_2U_1 为半径的圆，如图 8.3 中的曲线 4 所示。

依据式（8.11）和式（8.23），要使并网后联络线两端的有功功率相同，即联络线无损耗，则有

$$\frac{U_1U_{S1}}{\omega L_{S1}}\sin\left(\theta+\alpha_2\right)=\frac{U_{S2}}{\omega\left(L_{S2}-L\right)}\left[U_{12}\sin\left(\rho+\alpha_2\right)+U_1\sin\alpha_2\right] \tag{8.27}$$

由式（8.11）与式（8.12）可知

$$P_{S1}^2+\left(Q_{S1}+\frac{U_{S1}^2}{\omega L_{S1}}\right)^2=\left(\frac{U_1U_{S1}}{\omega L_{S1}}\right)^2 \tag{8.28}$$

即发送端的有功功率和无功功率在功率平面上是以 $\left(0,\ -\dfrac{U_{S1}^2}{\omega L_{S1}}\right)$ 为圆心，以 $\dfrac{U_1U_{S1}}{\omega L_{S1}}$ 为半径的圆，如图 8.3 中的曲线 2 所示。

实际联络线最大传输功率受线路传输功率极限的限制，设允许联络线传输的最大极限功率为 $S_{L\max}$，则有

$$P_{\text{line}}^2+Q_{\text{line}}^2=S_{L\max}^2 \tag{8.29}$$

令 $K_1=\dfrac{U_1U_{S1}}{\omega L_{S1}}$， $A=K_2U_1\sin\alpha_2$， $B=K_2(U_{S2}-U_1\cos\alpha_2)$， $C=-\dfrac{U_{S1}^2}{\omega L_{S1}}$，

$D = K_2U_{S2}$。两系统并列后，系统功率、联络线最大传输功率极限及 UPFC 潮流控制关系如图 8.3 所示。运行部分为图 8.3 中的阴影部分，实际运行由给定的线路功率确定其调节范围。

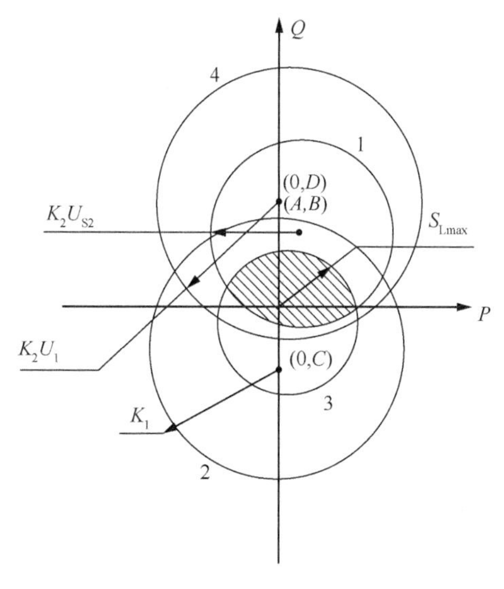

图 8.3　功率平面图

8.2　仿 真 分 析

1. 并网模式转换为 UPFC 模式仿真

并网模式转换为 UPFC 的仿真主电路示意图如图 8.4 所示。HG_1 和 HG_2 是容量为 120MV·A 的水轮机，频率和电压相角都存在差别。在 143s 时系统并网成功，并网后系统两边电压差 $\Delta U = 0$，频率差 $\Delta f = 0$，相角差 $\Delta\theta = 0^\circ$。此时 S_1 和 S_2 发出的有功功率 P 分别为 88.0MW 和 58.4MW，BRK5change 在 175s 时断开，给 UPFC 提供缓冲和直流侧的充电时间。在 180s 时经相应电路操作由同期并列电路转换为 UPFC 电路，此时 BRK1change、BRK2change、BRK4change、BRK5change 断开，BRK1change、BRK2change、BRK3change、BRK4change 由断开状态切换到合闸状态，S_1 和 S_2 发出的无功功率 Q 由 52.3Mvar 和 56.5Mvar 波动到 62.9Mvar 和 46.5Mvar。在切换为 UPFC 时，系统频率在稍微波动后恢复到稳定值 50Hz；两边系统的电压由切换前的 112.4kV 分别变化为 112.3kV 和 110.1kV，频率差和相角差在由同期并列电路切换为 UPFC 电路的前后都保持不变，在切换过程中有短暂的微弱波动，电压差由转换前的 0kV 上升到 2.1kV。

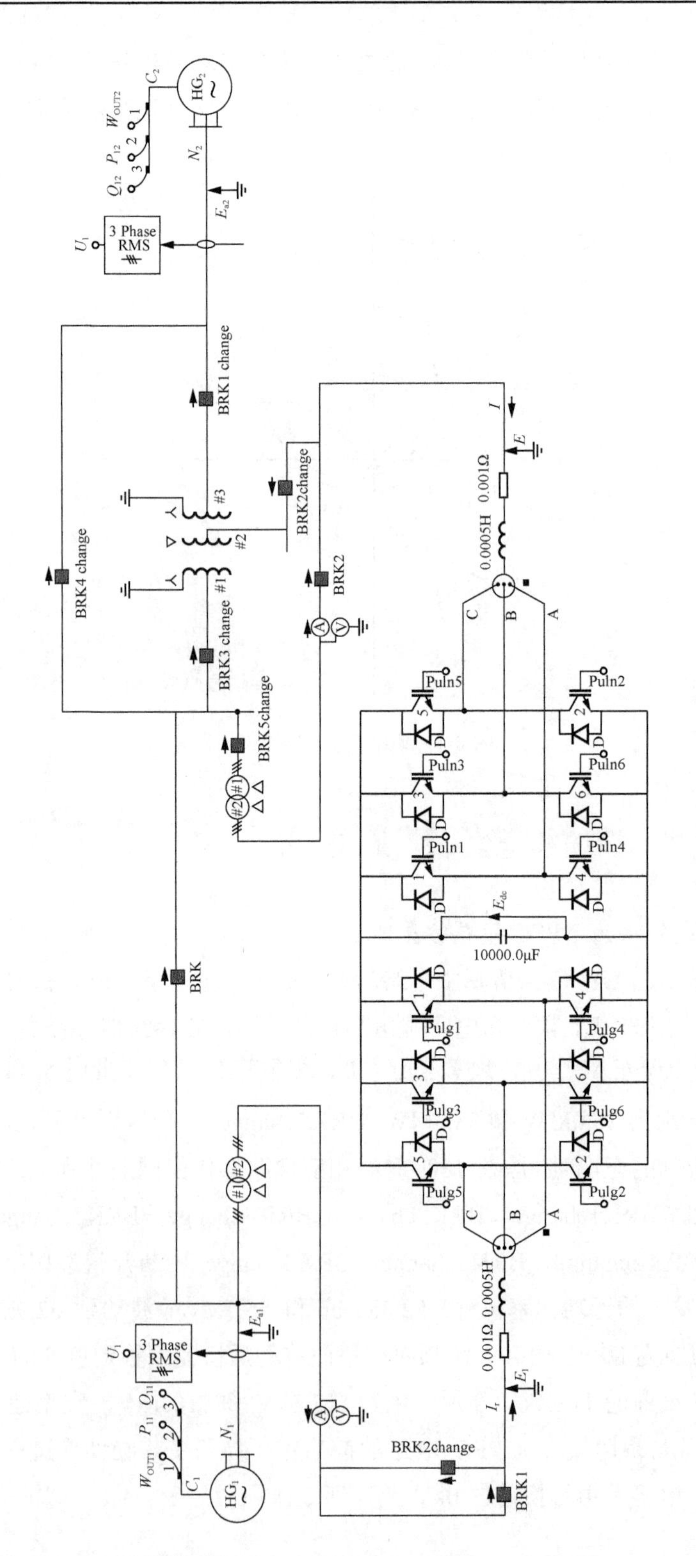

图 8.4　并网系统转换为 UPFC 仿真模型

由图 8.5 所示的仿真结果可知，并网成功后，并网模式转换为 UPFC 模式时对整个系统的冲击很小，系统处于相对稳定的状态，电压差是由 UPFC 串联侧注入联络线上的电压产生的。转换过程中，频率差和相角差在短暂的微弱波动后恢复到稳定值零。仿真结果表明，同期并网装置在转化为 UPFC 的过程中对线路的冲击影响较小，不会造成系统解列。

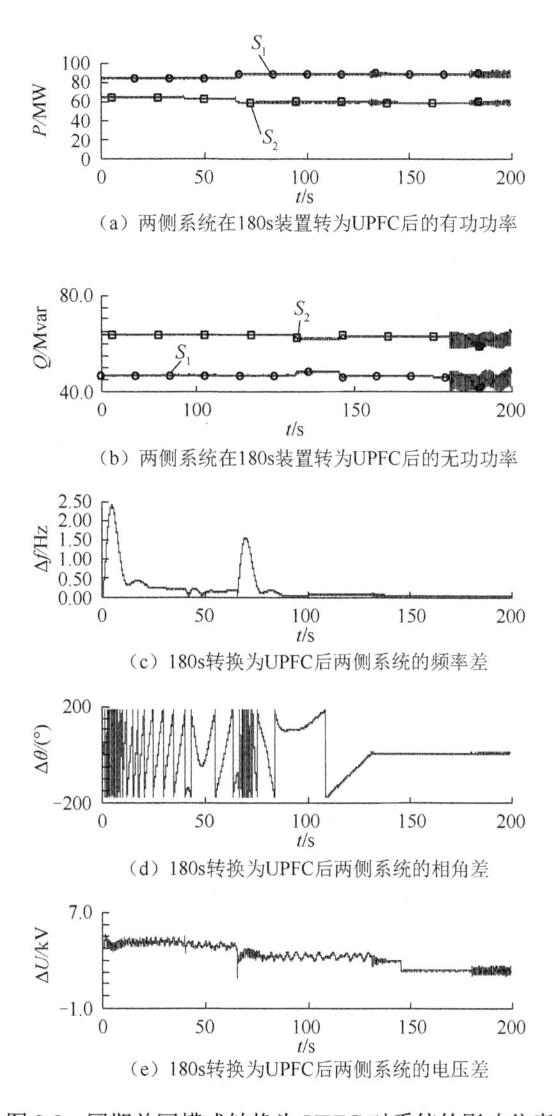

图 8.5　同期并网模式转换为 UPFC 对系统的影响仿真

2. UPFC 功能的仿真验证

UPFC 在 PSCAD/EMTDC 仿真环境下的电路拓扑结构如图 8.6 所示。发送端

S_1 是容量为 120MV·A 的水轮机，频率为 50Hz，出口电压为 13.8kV，经 13.8kV/121kV 升压变压器后，变压器 T 采用普通的双绕组变压器，一次侧电压为 13.8kV，二次侧电压为 121kV，漏抗标幺值为 0.1，容量为 120MV·A。水轮机经过 30km 双回线连接到变电站的母线上。

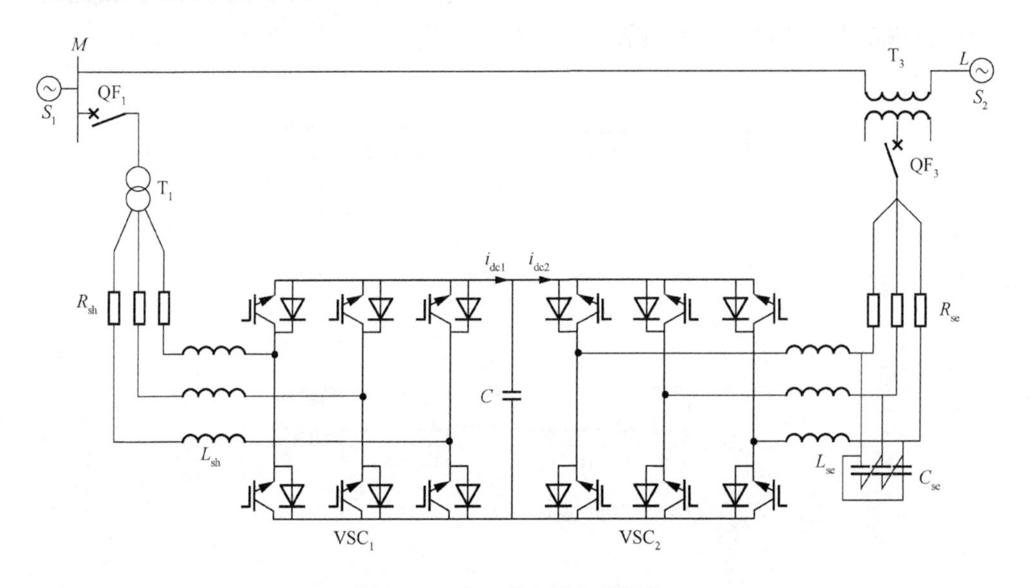

图 8.6　UPFC 的电路拓扑结构

UPFC 并联部分通过变压器并联在系统母线上。UPFC 并联侧变压器一次侧电压为 110kV，二次侧电压为 20kV，容量为 50 MV·A，漏抗标幺值为 0.1。直流侧电容 $C = 10000\mu F$，直流侧电压 $U_{dc} = 37.5kV$。并联侧换流器等效损耗电阻为 0.001Ω，电感为 $0.006H$。

UPFC 串联侧与无穷大系统 S_2 相连，S_2 用一个频率为 50Hz，110kV 的理想电压源来等效，UPFC 串联侧和系统耦合变压器的变比为 1∶1，漏抗标幺值为 0.1，容量为 50MV·A。串联侧换流器的等效损耗电阻为 0.001Ω，电感为 $0.001H$。

在 3.6s 时将参考的并联侧母线电压标幺值从前一时刻的 1.0 改为 1.05，在 5.2s 时将参考的 U_1 标幺值从 1.05 返回到 1.0，在 5.6s 时将参考的 U_1 标幺值从 1.0 降为 0.95。图 8.7 所示的仿真结果表明，电压能较好地跟踪参考值的变化，UPFC 可通过向系统注入或吸收无功功率来灵活地调节系统电压。

UPFC 对线路的功率调节前线路的有功功率为 90MW，无功功率为 12Mvar，直流侧电压为 37.5kV，输入端电压标幺值为 1.0（110kV）。在 4.8s 时将线路有功功率参考值 P_{Lref} 设定为 110MW，在 6.0s 时将 P_{Lref} 参考值改为 90MW，在 7.8s 时将 P_{Lref} 参考值改为 80MW。图 8.8 给出了 UPFC 对线路有功功率调节的仿真结果。

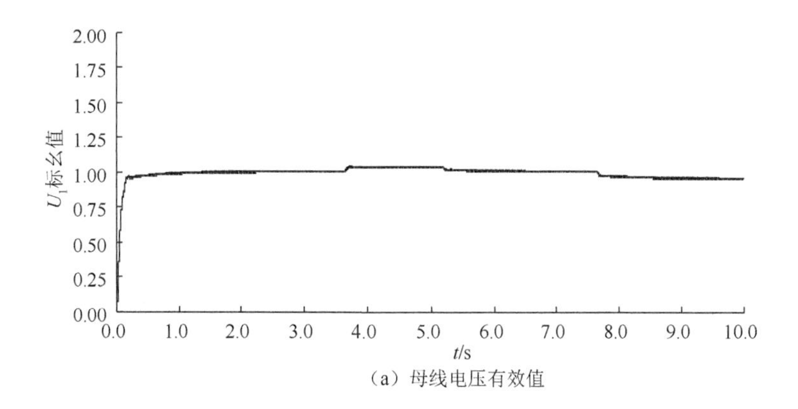

（a）母线电压有效值

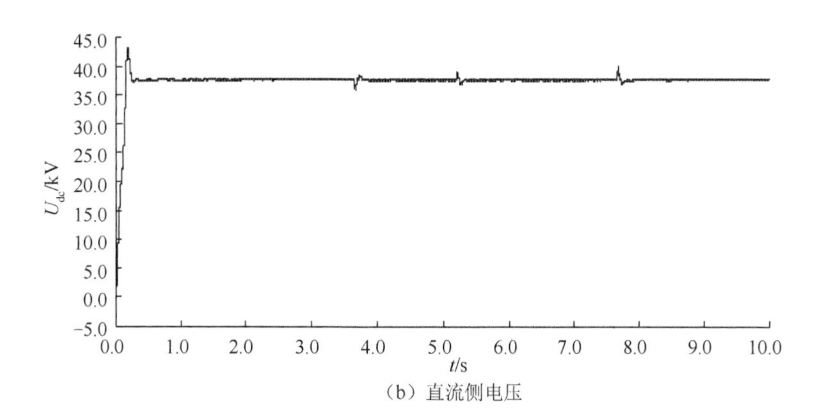

（b）直流侧电压

图 8.7　UPFC 对输送端母线电压的调节

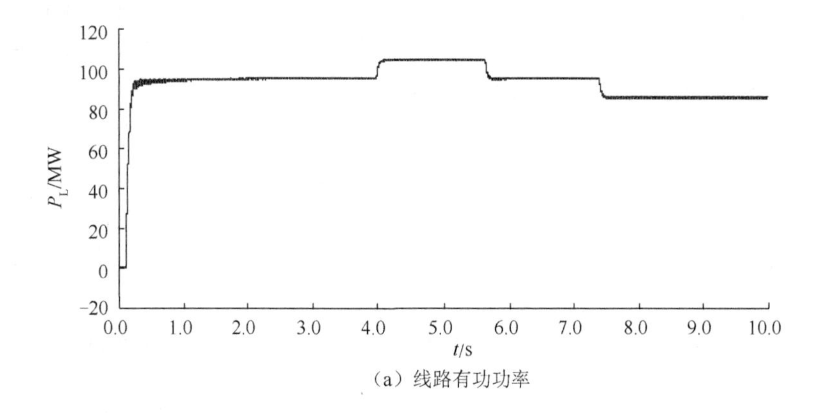

（a）线路有功功率

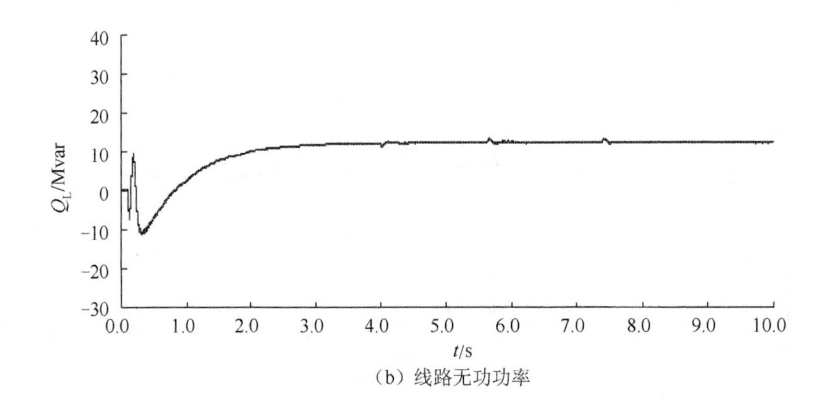

（b）线路无功功率

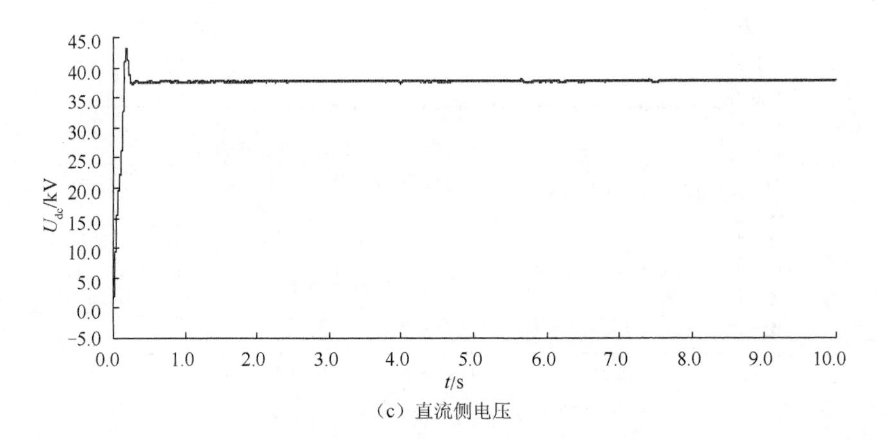

（c）直流侧电压

图 8.8　UPFC 调节线路的有功功率

图 8.8 的仿真结果表明，当线路输送的有功潮流指令发生变化时，联络线输送的有功能够很快达到稳定值，而传输的无功潮流在发生小范围变化后也很快恢复正常。相比之下，节点电压和直流电容电压的波形几乎没有变化，说明串联换流器和并联换流器控制环节之间的耦合性很小（唐爱红，2007）。

在 4.7s 时将线路无功参考值 Q_{Lref} 设定为 16Mvar，在 6.3s 时将 Q_{Lref} 从 16Mvar 降到 12Mvar，在 7.3s 时将线路无功参考值降到 9Mvar。图 8.9 给出了 UPFC 对线路无功功率调节的仿真结果。由图 8.9（a）可以看出，UPFC 能快速稳定地调节线路的无功功率。由图 8.9（b）、（c）可以看出，有功功率随无功功率的变化波动不大，装置直流侧母线电压基本恒定。从图 8.9（d）可以看出，串联侧电压随着无功功率指令值的增大略有升高，随着无功功率指令值的减小略有降低。

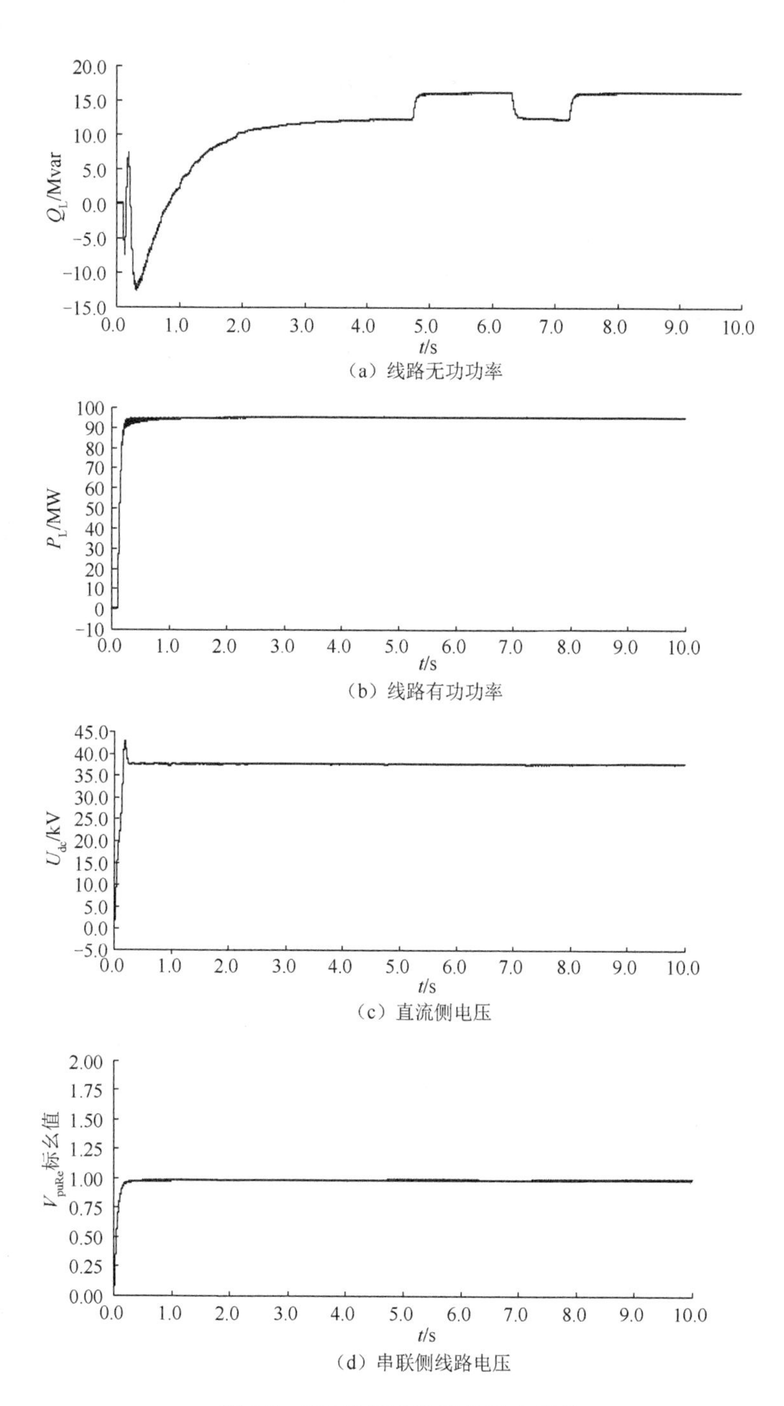

（a）线路无功功率

（b）线路有功功率

（c）直流侧电压

（d）串联侧线路电压

图 8.9　UPFC 调节线路的无功功率

参 考 文 献

唐爱红, 2007. 统一潮流控制器运行特性及其控制的仿真和实验研究[D]. 武汉: 华中科技大学.

LIU J J, TANG Y, SUN H D, et al., 2010a. Research on implementation of compound function based on back-to-back VSC in power grid parallel[C]. Power system technology(POWERCON), Hangzhou: 1-6.

LIU J J, TANG Y, SUN H D, et al., 2010b. Control strategy for power grids synchronism parallel based on back-to-back VSC[C]. Power system technology(POWERCON), Hangzhou: 1-8.

RENZ B A, KERI A, MEHRABAN A S, et al., 1999. AEP unified power flow controller performance[J]. IEEE transactions on power delivery, 14(4): 1374-1381.

第 9 章　基于功率传递的并网装置在输电线路融冰中的应用研究

输电线路在冬季出现覆冰是电力系统常见的自然灾害之一。我国是世界上覆冰最严重的国家之一（常浩等，2008）。社会不断发展，对电力系统的要求越来越高，冬季覆冰严重影响了电网运行的可靠性。许多输电线路的架设需要穿山越岭，在冬季部分地区空气湿度大、温度低，很容易在冰冷潮湿空气的影响下产生覆冰。当覆冰负荷超过机械强度时则会造成断线、倒塔事故，加之天气恶劣，事故抢修困难，造成停电时间延长，停电损失增大。1993～2008 年我国发生了多起严重冰害事故，尤其是南方地区，其输电线路面临着冬季覆冰的巨大问题，因此我国各电力部门、科研院所、设计院及一线单位已投入大量人力、物力对线路的覆冰情况进行调查，对输电线路融冰的办法和措施进行研究，在防冰、除冰方面均有新的进展，黄新波等（2008）介绍了国内外输电线路覆冰的研究现状。

本章在第 7 章研究的基础上，提出用这两种装置进行线路融冰的方法，通过 SSSC 和 UPFC 控制传递功率来进行过负荷融冰，不需要将线路断开，既能准确地传递功率，又能弥补短路融冰和一般的过负荷融冰存在的缺点，可实现不停电融冰。

9.1　输电线路覆冰的危害及防治措施

覆冰对架空线路的主要危害有：使电力线路覆冰荷载超重；非均匀覆冰和非同期脱冰；使导线舞动；线路绝缘子覆冰闪络。冰灾发生初期，电力线路覆冰较轻，对电网的主要危害是覆冰闪络、导线摆动以及脱冰跳跃，随着冰灾的发展，发生线路断线、倒塔等事故的概率越来越高，将直接影响电力的输送和供应，严重时会造成电网解列甚至全电力系统瓦解（伍智华，2010）。因此，必须采取有效措施解决输电线路覆冰问题，防止覆冰造成较大的停电事故。我国每年耗费在除（融）冰工作上的人力、财力、物力巨大。解决覆冰问题，提高电力系统的可靠性是对现代智能电网的要求。

目前，国内外除冰防冰的技术有 30 多种，总体来说可以分为四类，即热力融冰法、机械除冰法、被动除冰法和其他除冰方法（蒋兴良等，2001）。机械除冰法耗能小，成本低，但是操作困难，安全性较差。被动除冰法效率较低，不能彻底地除去覆冰。目前，主要的除冰技术就是热力融冰法，其基本原理是在线路上通以高于正常电流密度的传输电流以获得焦耳热进行融冰。主要的热力融冰法有过负载融冰、交流短路融冰、直流融冰方法。但这三种方法都存在一定的缺陷：交流短路融冰和直流融冰都需要线路与主网断开，如果覆冰的是主干线路，势必会对电网的稳定可靠运行带来较大的影响。交流短路融冰在操作性质上属于事故处理，具体实施起来操作任务多且繁杂。过负载融冰的好处是不需要将线路断开，但是无法准确地调节线路上传输的功率（刘家军等，2012）。我国目前多采用停电或加设融冰装置等方法来解决输电线的覆冰问题，这些方法不但影响系统供电的可靠性，而且投资较大。融冰技术需要发生从覆冰发生后的被动除融冰到先阻止覆冰的巨大转变，电网的不停电融冰已经成为国际上学术讨论的一个热点话题。因此，不停电融冰技术对我国电力系统防治冰雪灾害，确保电力系统安全、稳定、可靠运行具有重要的实际意义。

9.2　自动融冰模式的控制策略及实现

9.2.1　并网装置转变为 UPFC 进行线路融冰

1. *工作原理*

依据 7.1 节介绍的并网装置转换为 UPFC 的转换电路及转换操作（图 7.4），即可实现 UPFC 装置的投入，改变相应的控制策略可实现 UPFC 的功能。

UPFC 除了具有 STATCOM 和 SSSC 装置的优点外，还可以吸收、发出无功功率，即 UPFC 对线路潮流具有调节控制能力，结合热力融冰的原理，运用 UPFC 增加覆冰线路上的传输功率，使覆冰线路的热损耗增大，以实现融冰的目的（刘家军等，2012）。

输电系统接入 UPFC 装置的等效图如图 9.1 所示。设两侧系统电压分别为$\dot{U}_{\mathrm{s}}$和$\dot{U}_{\mathrm{r}}$，线路阻抗为 X，UPFC 注入电压用相量$\dot{U}_{12}$表示，它可以在以$\dot{U}_{\mathrm{s}}$为端点的圆盘内任意运行。

谢小荣等（2006）提供了输电系统接受端没有投入 UPFC 和投入 UPFC 后的功率计算方法。由图 9.1（a）可得，输电系统的接受端功率为

$$
\begin{aligned}
P-\mathrm{j}Q_{\mathrm{r}} &= \dot{U}_{\mathrm{r}}\left(\frac{\dot{U}_{\mathrm{s}}+\dot{U}_{12}-\dot{U}_{\mathrm{r}}}{\mathrm{j}X}\right)^{*} \\
&= \dot{U}_{\mathrm{r}}\left(\frac{\dot{U}_{\mathrm{s}}-\dot{U}_{\mathrm{r}}}{\mathrm{j}X}\right)^{*}+\frac{\dot{U}_{\mathrm{r}}\dot{U}_{12}^{*}}{-\mathrm{j}X}
\end{aligned}
\tag{9.1}
$$

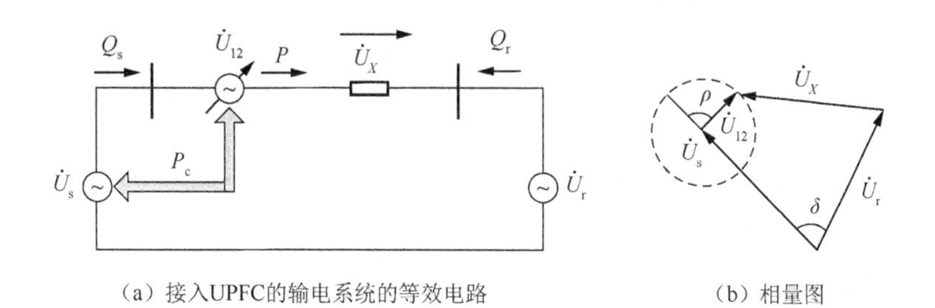

（a）接入UPFC的输电系统的等效电路　　（b）相量图

图 9.1　接入 UPFC 的输电系统的等效电路及其相量图

没有投入 UPFC 时，输电系统的接受端功率为

$$P_0 - \mathrm{j}Q_{0r} = \dot{U}_r\left(\frac{\dot{U}_s - \dot{U}_r}{\mathrm{j}X}\right)^* \tag{9.2}$$

投入 UPFC 时，假设输电系统发送端、接受端电压以及 UPFC 注入系统的电压分别为

$$\dot{U}_s = U\mathrm{e}^{\mathrm{j}\delta/2} = U\left(\cos\frac{\delta}{2} + \mathrm{j}\sin\frac{\delta}{2}\right) \tag{9.3}$$

$$\dot{U}_r = U\mathrm{e}^{-\mathrm{j}\delta/2} = U\left(\cos\frac{\delta}{2} - \mathrm{j}\sin\frac{\delta}{2}\right) \tag{9.4}$$

$$\dot{U}_{12} = U_{12}\mathrm{e}^{\mathrm{j}(\delta/2+\rho)} = U_{12}\left[\cos\left(\frac{\delta}{2}+\rho\right) + \mathrm{j}\sin\left(\frac{\delta}{2}+\rho\right)\right] \tag{9.5}$$

可得投入 UPFC 的输电系统的接受端功率为

$$P = \frac{U^2}{X}\sin\delta + \frac{UU_{12}}{X}\sin(\delta+\rho) \tag{9.6}$$

$$Q_r = \frac{U^2}{X}(1-\cos\delta) - \frac{UU_{12}}{X}\cos(\delta+\rho) \tag{9.7}$$

同样，可以得到没有投入 UPFC 时的接受端功率为

$$P_0 = \frac{U^2}{X}\sin\delta \tag{9.8}$$

$$Q_{0r} = \frac{U^2}{X}(1-\cos\delta) \tag{9.9}$$

综上所述，可以得到 UPFC 传输的功率为

$$P_c = \frac{UU_{12}}{X}\sin(\delta+\rho) \tag{9.10}$$

$$Q_c = -\frac{UU_{12}}{X}\cos(\delta + \rho) \tag{9.11}$$

由式（9.10）和式（9.11）可知，UPFC 传输的功率只与 $\frac{UU_{12}}{X}$、注入线路的电压相角 ρ 及系统两侧电压的相角差 δ 有关，通过调节 $\dot{U}_{12}$ 即可控制潮流的变化。

在图 9.2 中，系统 S_1 与系统 S_2 是两个待并电网，线路 AB 段代表并网联络线，需要进行融冰。通过控制 UPFC 串联侧注入联络线上的可调电压，使 AB 段线路的传输功率增加，达到融冰所需的电流值，开始融冰。待线路覆冰融化，调节 UPFC 恢复到融冰前的运行方式。

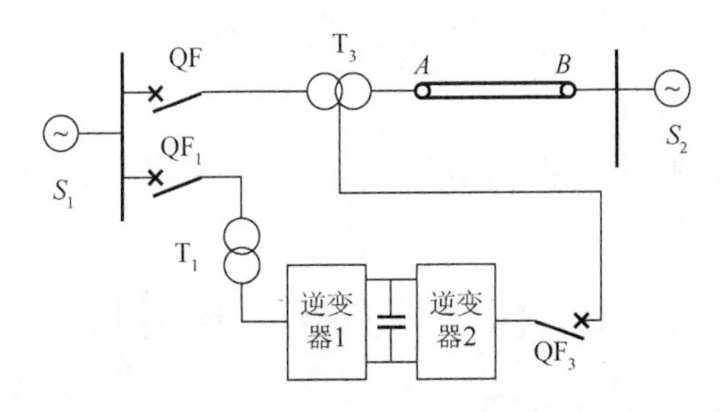

图 9.2　装置转为 UPFC 装置时进行线路融冰的结构图

这种融冰方式通过调节第二换流变压器 T_3 高压侧的电压和相位来改变线路上有功负荷和无功负荷的传递，使线路电流达到融冰电流。提升线路电流到达融冰工作电流的过程，是通过改变线路出口电压的方式实现的，线路的稳定性不会受到破坏。

2. 控制策略

控制策略要求控制器根据测量的待并网两侧的值，确定 VSC 工作在整流工作模式还是逆变工作模式，即 VSC 要双向可控，以实现待并电网在不同运行条件下均可并网。同时，应在完成并网之后，转入其他工作模式，实现其他功能，使其不被闲置，提高并网设备的利用率，发挥更大的经济效益，特别是在智能电网中应用时，其辅助功能尤为重要。以背靠背方式实现的新型并网方式，其控制器只要采用不同的控制策略就可实现除并网功能以外的其他诸多功能，如电网无功补偿、试验线路零起升压试验、零起升流试验、线路融冰、母线电压稳定、系统电压稳定等功能，或改变控制策略实现同一潮流控制器的功能，调节联络线传输功率，使其传输功率最大化。

当使用大电流进行融冰时，为了确保不使导线过热，需要对融冰电流的大小和融冰时间进行计算。把导线不覆冰时流过的最小电流称为防止导线覆冰的临界电流（常浩等，2008）。在并网装置转换为 UPFC 运行后，通过进行功率传递，增加覆冰线路上的有功功率，可以使覆冰线路上的电流增大，当电流达到最小融冰电流时，即可判定所传输功率已满足融冰条件。

在进行大电流融冰时，为了使电流能够达到融冰的效果又不至于使线路过热而损坏，需要对融冰电流和融冰的时间进行计算。Liu 等（2011）分析研究了融冰所需要的时间，融冰时间的计算式为

$$t=\frac{\left[c_{\mathrm{i}}\left(273.15-T_{\mathrm{a}}\right)+L_{\mathrm{F}}\right]\rho_{\mathrm{i}}r_{\mathrm{i}}\left(2r_0-\frac{\pi}{2}r_{\mathrm{i}}\right)}{I^2R_{\mathrm{e}}} \tag{9.12}$$

式中，t 为所求融冰时间；T_a 为气温，认为融冰开始前导线上冰的温度与气温相同；c_i 为冰的比热容；L_F 为融化潜热；r_i 为导线半径；ρ_i 为冰的密度；r_0 为覆冰后导线的半径；R_e 为单位长度导线的电阻。

假设导线上的覆冰为圆筒形冰，则冰厚为 r_0-r_i，根据式（9.12）可以得到在一定的电流 I 加热下，融化不同厚度覆冰所需要的时间。

王永勤等（2005）给出了在具体情况下试验所得的融冰电流和融冰时间。表 9.1 和表 9.2 分别列出了三种不同型号的导线，在环境温度为 16℃，无风和风速为 3.5m/s 时的最小融冰电流试验结果。表 9.3 和表 9.4 分别给出了这三种不同型号的导线在无风与有风条件下的快速融冰时间。

表 9.1　无风时三种类型导线最小融冰电流试验结果

导线型号	融冰最小电流/A
LGJ300	700
LGJ400	800
LGJ500	1000

表 9.2　风速为 3.5m/s 时三种类型导线最小融冰电流试验结果

导线型号	融冰最小电流/A
LGJ300	900
LGJ400	1050
LGJ500	1200

表 9.3　在无风条件下的快速融冰时间

导线型号	试验温度	覆冰厚度	融冰电流/A	融冰时间/min
LGJ300	-13℃左右	约 2cm	1116	48
LGJ400	-13℃左右	约 2cm	1365	56
LGJ500	-13℃左右	约 2cm	1500	59

表 9.4　在有风条件下的快速融冰时间

导线型号	试验温度	风速/（m/s）	覆冰厚度	融冰电流/A	融冰时间/min
LGJ300	−17℃左右	7.8	约 2cm	1100	87
LGJ400	−17℃左右	4.5	约 1.2cm	1365	89
LGJ500	−17℃左右	5.8	约 1.1cm	1116	120

考虑仿真中的电压等级，选用导线型号为 LGJ300 的数据，为达到预期的融冰效果，将融冰电流设定为 1100A。表 9.1 是最小融冰电流，达到融冰所需效果的时间会很长。表 9.3 和表 9.4 表明在有风与无风的条件下，融冰电流基本不变，但融冰时间相差较大（刘家军等，2012）。

3. 仿真验证

在电磁仿真软件 PSCAD/EMTDC 搭建仿真模型如图 9.3 所示。

仿真采用 LGJ300/400 型导线，外径为 23.94mm，电阻为 0.105Ω/km。假设气温为−17℃，覆冰均匀且厚度为 2cm。式(9.12)中各参数取值分别为 $c_{\mathrm{i}}=2090\,\mathrm{J/(kg\cdot{}^{\circ}C)}$，$T_{\mathrm{a}}=-17^{\circ}\mathrm{C}$，$L_{\mathrm{F}}=335000\,\mathrm{J/kg}$，$\rho_{\mathrm{i}}=917\,\mathrm{kg/m^3}$，$r_{\mathrm{i}}=0.01197\mathrm{m}$，$r_0=0.03197\mathrm{m}$，$R_{\mathrm{e}}=0.105\,\Omega/\mathrm{km}$。

得出最小融冰电流后即可根据电流大小及线路参数确定 UPFC 所要传递的有功功率，然后在仿真中进行验证。

设线路电压等级为 220kV，AB 长度为 30km，线路 AB 上传输的功率为 P_{L}，I_{rms} 为线路 AB 上相电流的有效值。通过调节线路有功功率的参考值 P_{Lref} 改变线路 AB 上传输的功率。为了减小功率调节对系统造成的冲击，同时为了便于实时监测融冰电流的有效值，在此仿真中 UPFC 功率传输采用逐次传递策略，每次调节 P_{Lref} 增加 20MW。

仿真结果如图 9.4 所示。图 9.4（a）为线路 AB 上传输的有功功率的变化，图 9.4（b）为线路 AB 上每相电流有效值的变化。初始时刻，UPFC 正常运行时线路上传输的有功功率约为 210MW，相电流有效值约为 550A。t=5s 时，UPFC 进行潮流控制，缓慢增大 P_{Lref}，功率传递结束时，线路 AB 上输送的有功功率达到 420MW 左右，相电流有效值上升到 1200A 左右，达到了融冰方案中预先设定的融冰电流 1100A 的要求。

根据仿真结果，取融冰电流 I 为 1.2kA，进行融冰时间计算，计算结果为 51min。综合考虑线路覆冰时覆冰厚度不断增加、覆冰融化后可能再度结冰以及风力作用等因素，融冰所需的实际时间会比理论计算值长一些。

基于并网装置转为 UPFC 进行线路融冰的新方法，具有不需要断开覆冰线路，并可准确、快速地进行融冰的优势。在实际使用中需要与继电保护配合，合理安排融冰操作。

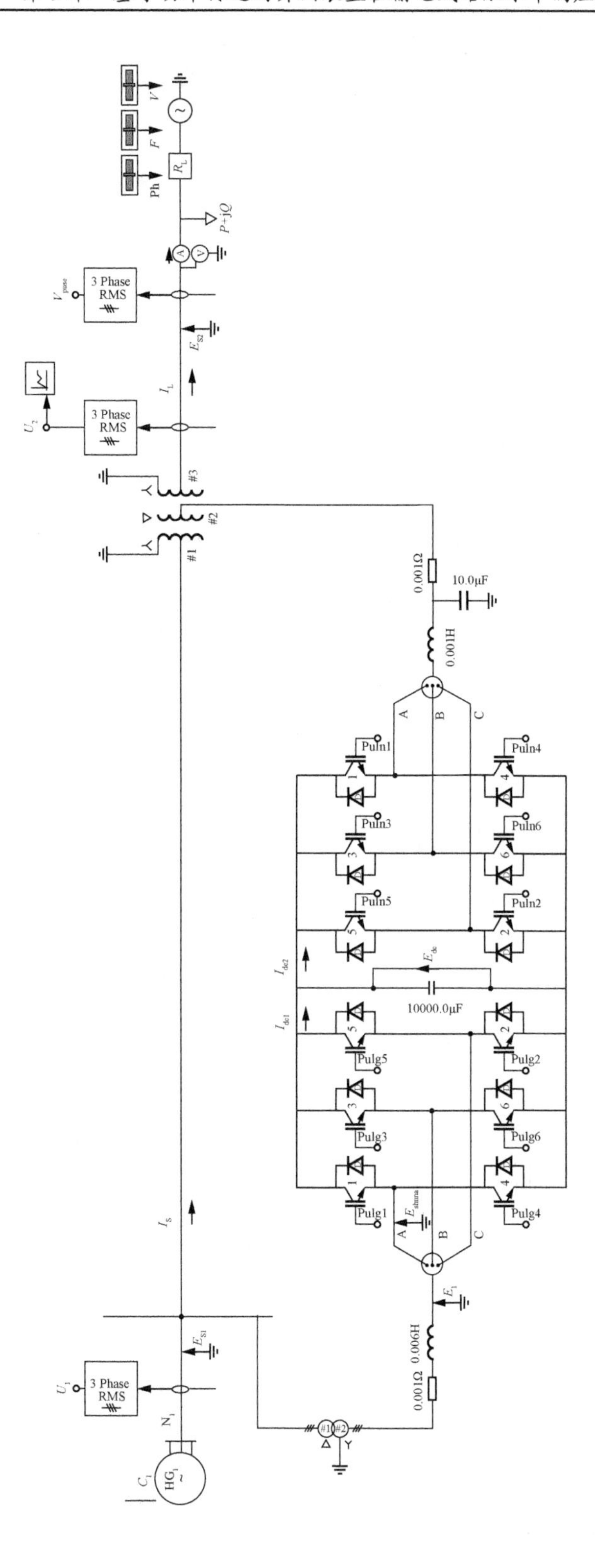

图 9.3　UPFC 在电磁暂态仿真软件 PSCAD/EMTDC 环境下的仿真模型

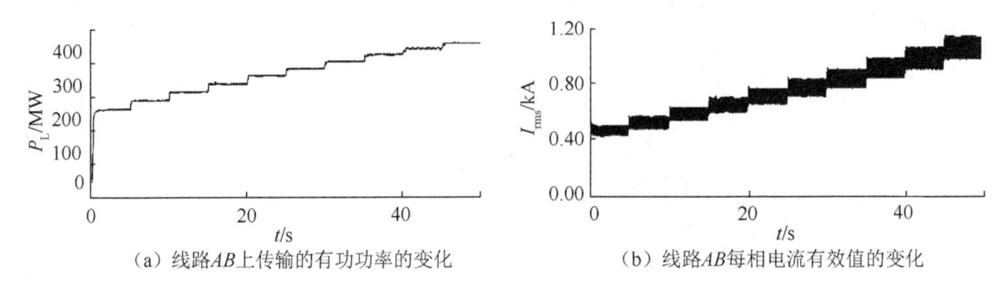

（a）线路AB上传输的有功功率的变化　（b）线路AB每相电流有效值的变化

图 9.4　仿真结果

9.2.2　并网装置转变为 SSSC 进行线路融冰

1. SSSC 融冰模式下的数学模型及控制策略

（1）数学模型。SSSC 逆变器在同步旋转 dq 坐标系下的数学模型为

$$\begin{cases} L_{se}\dfrac{di_{Ld}}{dt} = -Ri_{Ld} + \omega L_{se}i_{Lq} - u_{1d} + S_d U_{dc} \\ L_{se}\dfrac{di_{Lq}}{dt} = -Ri_{Lq} - \omega L_{se}i_{Ld} - u_{1q} + S_q U_{dc} \end{cases} \tag{9.13}$$

$$\begin{cases} C_{se}\dfrac{du_{1d}}{dt} = \omega C_{se}i_{Lq} + i_{Ld} - i_d \\ C_{se}\dfrac{du_{1q}}{dt} = -\omega C_{se}i_{Ld} + i_{Lq} - i_q \end{cases} \tag{9.14}$$

式中，ω 为系统的角频率；S_d、S_q 分别为开关函数 S_i 在 d 轴、q 轴下的分量；i_{Ld}、i_{Lq} 分别为逆变器的输出电流在 d 轴、q 轴下的分量；i_d、i_q 分别为串联耦合变压器的副边电流在 d 轴、q 轴下的分量；u_{1d}、u_{1q} 分别为 SSSC 的串联耦合变压器的副边电压在 d 轴、q 轴下的分量。SSSC 融冰仿真中的逆变器采用基于电压和电流的双环控制。它的工作原理是通过同步旋转 dq 坐标系的引入，将电压和电流的状态转化为同步旋转 dq 坐标系下的变量，再通过交叉反馈解耦矩阵来为其解耦，最后就可以直接控制 u_{1d}、u_{1q} 来实现 SSSC 调节系统潮流和线路阻抗补偿的功能。

（2）控制策略。由图 9.5 可以看出，u_{1d}^* 和 u_{1q}^* 为电压在同步旋转 dq 坐标系下的电压参考值分量，让其与逆变器实际输出的电压分量 u_{1d} 和 u_{1q} 进行误差分析，再通过电压调节器可以得到电感电流的参考信号 i_{Lq}^* 和 i_{Ld}^*，然后与电流电感的反馈值进行比较得到误差信号，再通过电流调节器得到u_{sed}和u_{seq}，最后根据矢量脉宽调制发出的脉冲信号对逆变器进行控制。

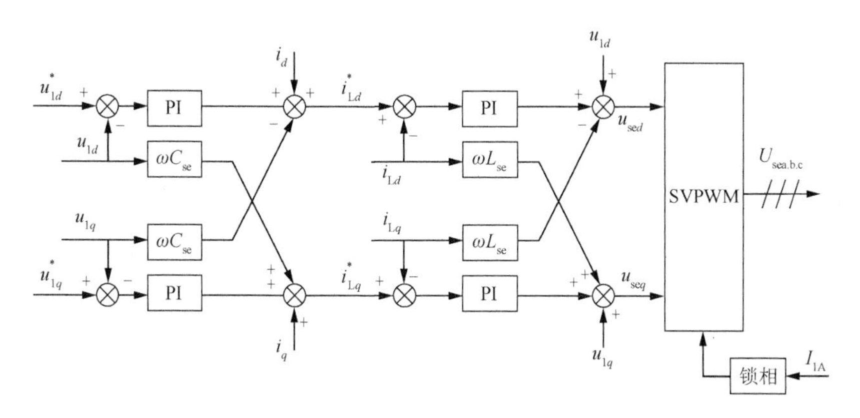

图 9.5 dq 旋转坐标系下的解耦控制框图

分析融冰、系统潮流、阻抗补偿等参数，得到 SSSC 注入系统电压$\dot{U}_{12}$的参考值，然后依据电压幅值和相位在通过耦合变压器时的影响，算出 SSSC 的输出电压$\dot{U}_1$，最后通过同步旋转 dq 坐标变换就可以得到电压信号u_{1d}^*和u_{1q}^*的参考值。SSSC 外环控制框图如图 9.6 所示。

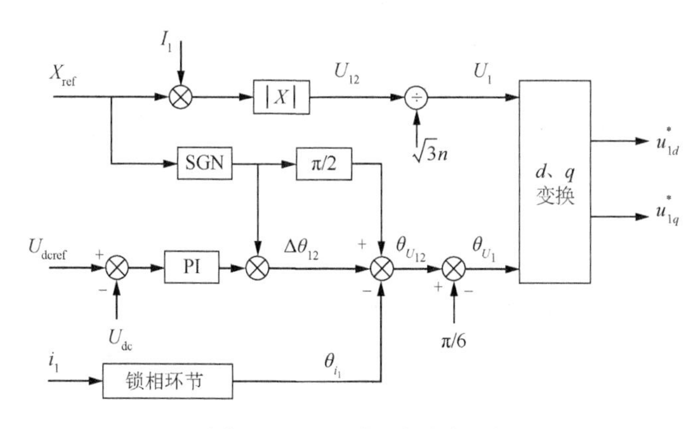

图 9.6 SSSC 外环控制框图

2. 仿真验证

SSSC 是通过一个有直流电容的电压源逆变器和串联在线路中的耦合变压器向线路叠加一个相角、幅值可调，频率相同的电压，来实现控制潮流及融冰的目的。在 PSCAD/EMTDC 中搭建一个 110kV 的环网系统，设定线路 c 为需要融冰线路，并串入 SSSC 装置，如图 9.7 所示。

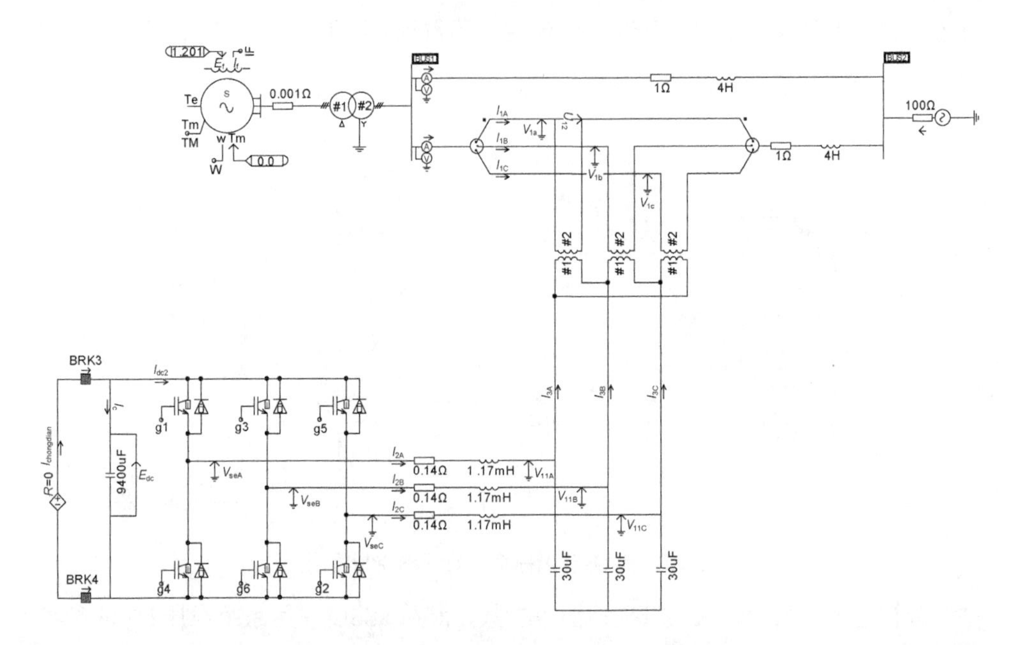

图 9.7　含 SSSC 的单机无穷大系统仿真模型图

其中，发电机组的容量为 150MVA，频率为 50Hz，出口电压为 13.8kV，经过一个变比为 13.8kV/121kV 的升压变压器后接入系统。设定线路长度为 10km，线路电阻为 1Ω，线路电抗为 4H。SSSC 通过耦合变压器串联入输电线路，变压器低压侧采用△接法，变比为 38∶10，漏抗标幺值为 0.1，直流侧电容为 9400μF，直流侧参考电压 U_{dc} 为 37.5kV，换流器的等效损耗电阻为 0.14Ω，电感为1.17mH，电容为30μF。系统的右侧是一个 110kV 的电压源，频率为 50Hz，等效为一个电压等级为 110kV 的无穷大系统。SSSC 的左端是一个直流电源和断路器，负责在 SSSC 工作前给其充电。

（1）融冰电流的确定。通过 PSCAD/EMTDC 软件平台进行融冰仿真分析时，无法确定输电线路覆冰融化的具体情况，因此，就以覆冰线路在通过 SSSC 改变系统潮流分布后，电流是否可以增大到线路的最小融冰电流为覆冰融化的标准。

仿真中，考虑到电压等级，选用 LGJ240 型号导线，LGJ240 在有风情况下最小融冰电流为 609A，达到融冰所需效果的时间为 60min（赵立进等，2011），为保证融冰效果，让电流不低于最小融冰电流，仿真时会略微加大融冰电流，以 630A 作为融冰的目标电流。

（2）仿真结果及其分析。本次仿真的目的是用 SSSC 装置向线路叠加一个幅值、相角可调，频率与线路电流一致的电压，调节控制策略，让 SSSC 工作在容性补偿状态下，控制环网系统的潮流，加大需要融冰线路传输的有功功率，最后使电流达到最小融冰电流。

设置 5s 时，SSSC 开始工作，向系统注入电压。线路 a 为暂时不需要融冰线路，其传输功率为 P_a；线路 c 为需要融冰线路，传输功率为 P_c，单位为 MW，发电机一共发出 150MW 的有功功率。由图 9.8 和图 9.9 可以看出，在 SSSC 接入系统前，环形网中的两条线路各自承担一半的有功功率输送工作，每条线路向无穷大系统传输 75MW 的有功功率，即符合发电机一共发出 150MW 有功功率的条件。5s 时 SSSC 开始工作，暂时不需要融冰的线路 a 传输的有功功率从 75MW 下降到 30MW，而需要融冰的线路 c 传输的有功功率则由 75MW 升高到 120MW，二者相加仍符合总 150MW 的传输容量。从本仿真可以得出 SSSC 工作在环网时，可以根据输送的容量和线路融冰的条件，增大需要融冰线路传输的容量，减少不需要融冰线路融冰传输容量，从而达到融冰的目的。

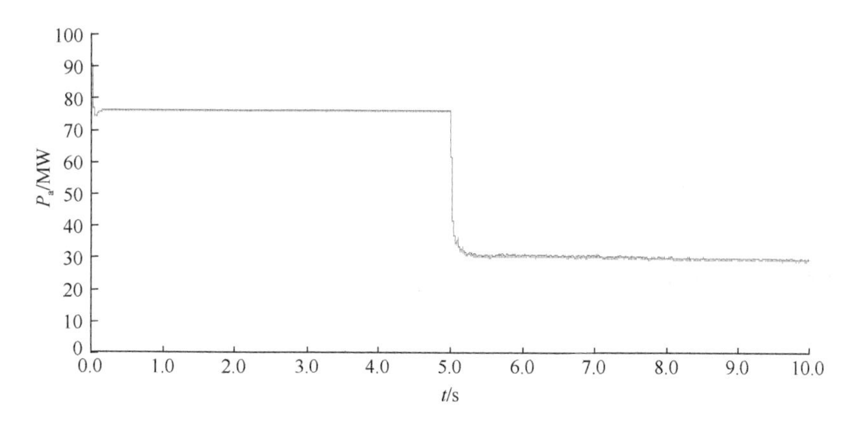

图 9.8　线路 a 有功功率传输变化情况

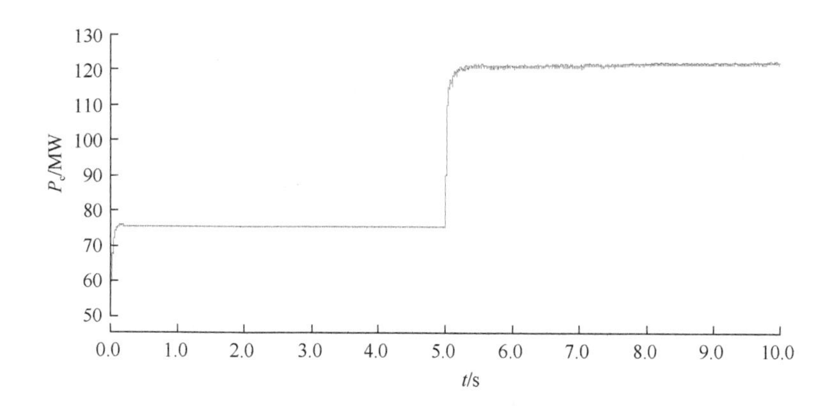

图 9.9　需要融冰线路的有功功率传输情况

图 9.10 为需要融冰线路 A 相电流有效值的变化情况，从图中可以看出，在 5s 前，线路 A 相电流的有效值不到 400A，在 5s 时，SSSC 开始工作，向系统输出电压，A 相电流的有效值升高到 630A，大于选择线路 LGJ240 的最小融冰电流 609A，符合融冰方案中设定的电流要求。

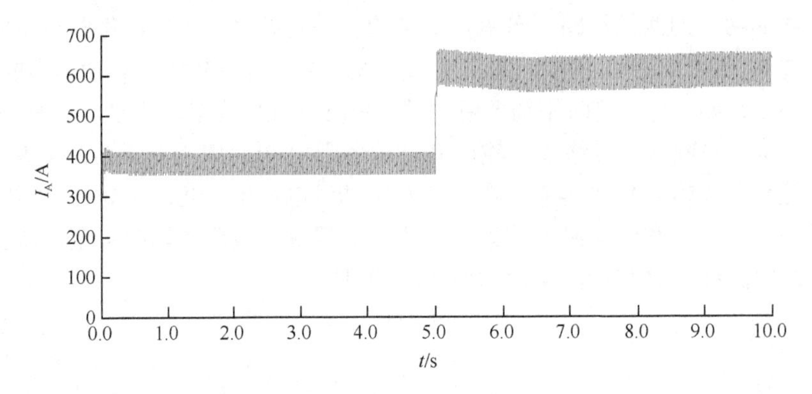

图 9.10　融冰线路电流有效值

图 9.11 和图 9.12 为耦合变压器换流侧的电压和电流情况，即通过耦合变压器之前，VSC 输出的电压和电流。需要特别说明的是，此时的电压和 SSSC 向系统注入的电压是不一样的，不能混淆，尤其是在搭建控制策略时。

由图 9.11 和图 9.12 可知，SSSC 在 5s 时开始工作，产生逆变电压和电流，向耦合变压器输送，然后通过变压器，再向系统注入。已知变压器的变比为 38∶10 和容量为 80MVA，在不计自身损耗的情况下变压器两侧功率相等，经计算得到变压器低压侧的电流有效值应为 4.2kA。由仿真结果可知此次计算的正确性。

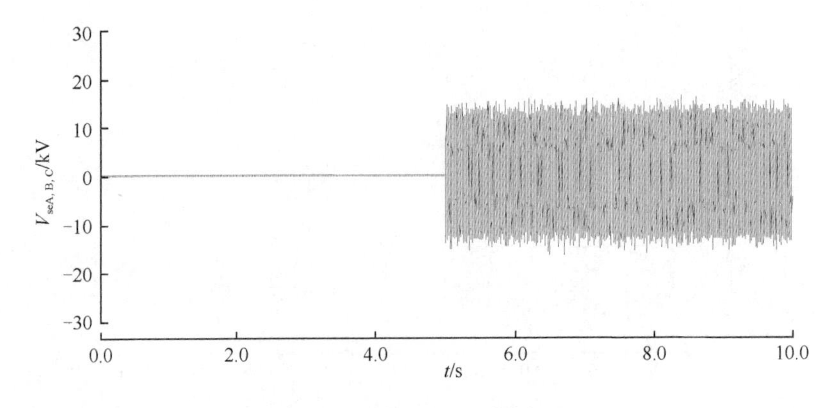

图 9.11　SSSC 换流输出电压

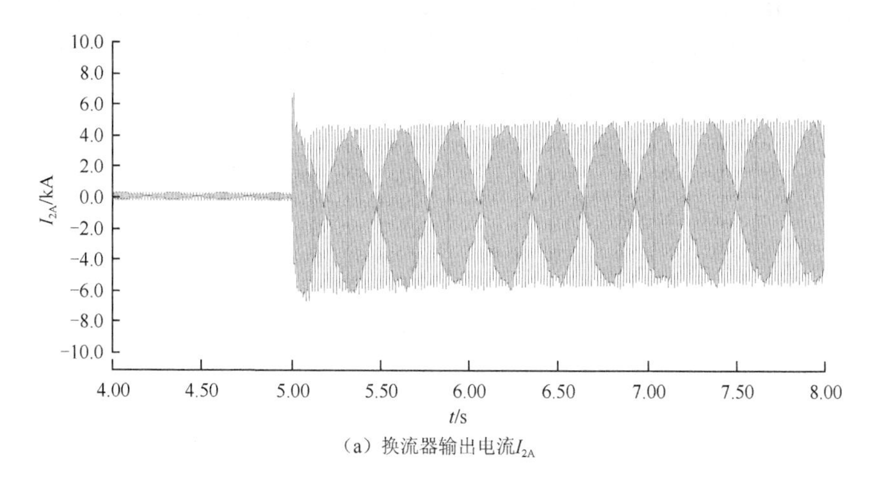

（a）换流器输出电流I_{2A}

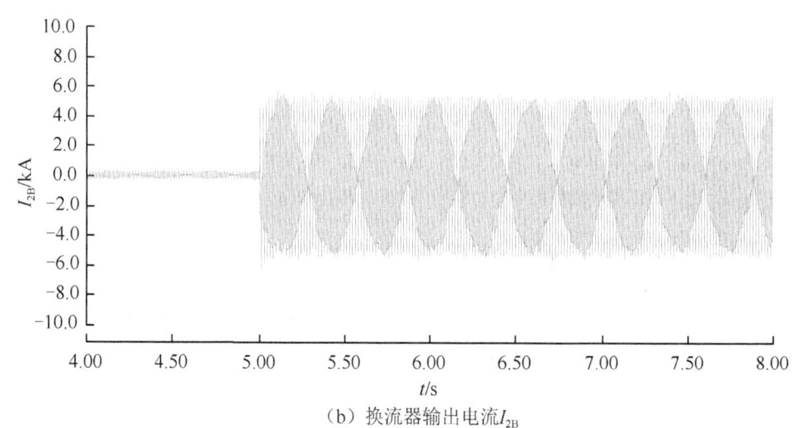

（b）换流器输出电流I_{2B}

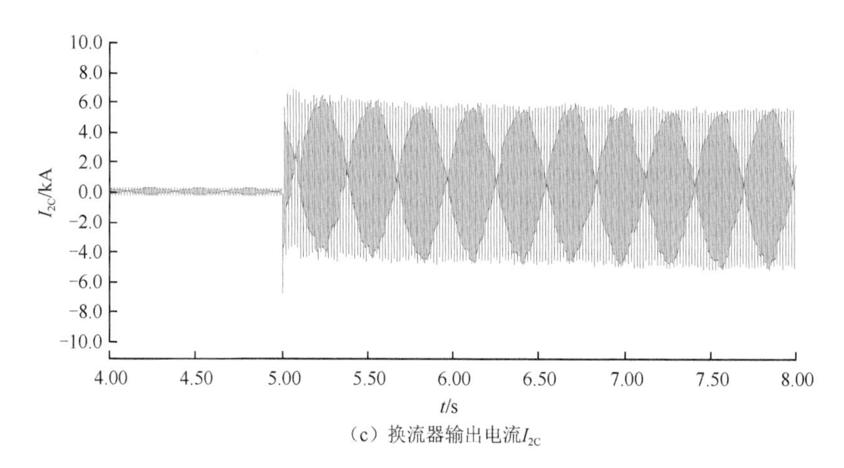

（c）换流器输出电流I_{2C}

图 9.12　SSSC 换流器输出电流

在仿真中，SSSC 的控制方法为恒定阻抗的控制策略，通过改变参考阻抗的大小，可以控制装置调节线路上的潮流。通过调节线路的阻抗，即可使线路上传输的功率发生变化，使有功功率达到最小融冰电流所需要的有功功率。

参 考 文 献

常浩, 石岩, 殷威扬, 等, 2008. 交直流线路融冰技术研究[J]. 电网技术, 2008, 32(5): 1-6.

贺长宏, 姚李孝, 刘家军, 等, 2008. 电网快速并列、线路自动融冰、无功静补复合系统的研究[C]. 中国电机工程学会年会, 陕西省水力发电工程学会青年优秀学术论文集, 西安: 中国电机工程学会: 20-25.

贺瀚青, 2014. 基于 VSC 融冰兼无功静补复合装置的研究[D]. 西安: 西安理工大学.

黄新波, 刘家兵, 2008. 电力架空线路覆冰雪的国内外研究现状[J]. 电网技术, 32(4): 23-28.

蒋兴良, 易辉, 2001. 输电线路覆冰及防护[M]. 北京: 中国电力出版社.

刘家军, 田东蒙, 贺长宏, 等, 2012. 基于电网间同期并列装置的统一潮流控制器进行联络线融冰的仿真研究[J]. 电网技术, 36(4): 89-93.

王燕萍, 2012. 输电线路融冰技术研究综述[J]. 河南科技, (4): 55-55.

王永勤, 蔡成良, 康健, 等, 2005. 输电线路融冰特性和温升特性试验研究[J]. 湖北电力, (29): 17-19.

伍智华, 2010. 电力线路冰厚策测量及融冰方法研究[D]. 长沙: 长沙理工大学.

谢小荣, 姜齐荣, 2006. 柔性输电系统的原理与应用[M]. 北京: 清华大学出版社.

赵立进, 马晓红, 2011. 贵州电网融冰方法的研究和应用[J]. 南方电网技术, 5(6): 118-122.

赵洋, 2009. 静止同步串联补偿器控制策略及抑制次同步谐振的研究[D]. 北京: 华北电力大学.

LIU J J, QI Y, XUE M J, et al., 2011. The implementation of a new scheme based on integrated functions of back-to-back power grid synchronization parallel and UPFC[C]. APPEEC2011, Wuhan: IEEE.

第 10 章　基于功率传递的并网装置容量计算

随着电力系统的迅速发展，大容量发电机组不断增加，超高压线路以及特高压线路逐渐增多，电网间的同期问题变得越来越重要。研究电网间的并列操作，实现更快、更准确、更可靠的并列，将有助于电网的可靠安全运行，提高电网的供电质量。特别是电力系统发生事故解列时，快速准确的并网有十分重要的现实意义。

为了达到资源的合理利用，扩展装置的功能，本书第 7 章介绍了并网装置拓展为可实现 UPFC、STATCOM 及 SSSC 三种 FACTS 装置的复合系统，以及实现 STATCOM 和 SSSC 装置的转换电路及控制策略；第 8 章研究了并网系统在并网成功后转换为 UPFC 的方法及控制策略。通过相应的倒闸操作使复合系统在并网成功后可转换为三种相应的 FACTS 装置，改变控制策略即可实现对应 FACTS 装置的功能，该复合装置不仅提高了电气元件的利用效率，而且提高了系统的输电能力，最大限度地发挥了装置的综合效益。

由于 FACTS 装置的容量大小严重影响着装置功能的实现，装置在不同功能下的容量及参数要求都不相同，对于确定的电网系统，根据本章给出的各种功能下的装置容量以及参数的计算方法，可分别计算出不同功能下的取值范围，最后综合考虑得到满足各种功能的并网装置的合适容量大小和参数取值（刘家军等，2014）。

10.1　背靠背 VSC-HVDC 并网装置容量及参数计算

10.1.1　换流电抗器的参数计算

并网装置与待并系统通过换流电抗器实现功率交换，还可以滤出交流侧 PWM 的谐波电流，实现 VSC 四象限运行，电抗器的电感值大小对装置功率传输能力的大小以及电流环控制的动、静态响应有直接的影响（殷自力，2007）。要想有很好的电流跟随能力，电感取值应较小；若要使谐波电流含量很小，电感取值应较大。电感的设计应同时满足控制电流跟随能力、谐波电流含量、实现 VSC 四象限运行的要求。

$$L\frac{\mathrm{d}i_{\mathrm{a}}}{\mathrm{d}t}=u_{\mathrm{sa}}-u_{\mathrm{ca}}=u_{\mathrm{sa}}-u_{\mathrm{dc}}\left(s_{\mathrm{a}}-\sum_{i=\mathrm{a,b,c}}s_{i}/3\right) \tag{10.1}$$

令

$$k_{\mathrm{a}} = s_{\mathrm{a}} - \sum_{i=\mathrm{a,b,c}} s_i / 3 \tag{10.2}$$

则有

$$L\frac{\mathrm{d}i_{\mathrm{a}}}{\mathrm{d}t} = u_{\mathrm{sa}} - k_{\mathrm{a}}u_{\mathrm{dc}} \tag{10.3}$$

1. 满足电流环控制要求

设Δi为交流电流在一个 PWM 周期内的变化量，PWM 的周期为T_{s}，由式（10.3）可得电流在过零点附近一个 PWM 周期内的电压表达式为

$$L\frac{\Delta i}{T_{\mathrm{s}}} = u_{\mathrm{sa}} - k_{\mathrm{a}}u_{\mathrm{dc}} \tag{10.4}$$

只有电流跟踪速度大于电流变化率时，才能确保换流电抗器能够满足交流电流的跟随特性，而过零点附近电流的变化率最大。由此可得

$$\frac{\Delta i}{T_{\mathrm{s}}} = \frac{u_{\mathrm{sa}} - k_{\mathrm{a}}u_{\mathrm{dc}}}{L} \geqslant \frac{I_{\mathrm{m}}\sin\left(\omega T_{\mathrm{s}}\right)}{T_{\mathrm{s}}} \tag{10.5}$$

此时，系统 a 相的电压$u_{\mathrm{sa}} = U_{\mathrm{sm}}\sin\varphi$，在一个 PWM 周期内，将$\sin\left(\omega T_{\mathrm{s}}\right) \approx \omega T_{\mathrm{s}}$代入式（10.5）可得

$$L \leqslant \frac{U_{\mathrm{sm}}\sin\varphi - k_{\mathrm{a}}u_{\mathrm{dc}}}{I_{\mathrm{m}}\omega} \tag{10.6}$$

要想L的上限值最小，取$\sin\varphi = 0$，即u_{sa}也为过零点。图 10.1 为 PWM 周期内的 VSC 交流侧相电压波形。由图 10.1 可知，$k_{\mathrm{a}} = -1/3$，代入式（10.6）得

$$L \leqslant \frac{u_{\mathrm{dc}}}{3I_{\mathrm{m}}\omega} \tag{10.7}$$

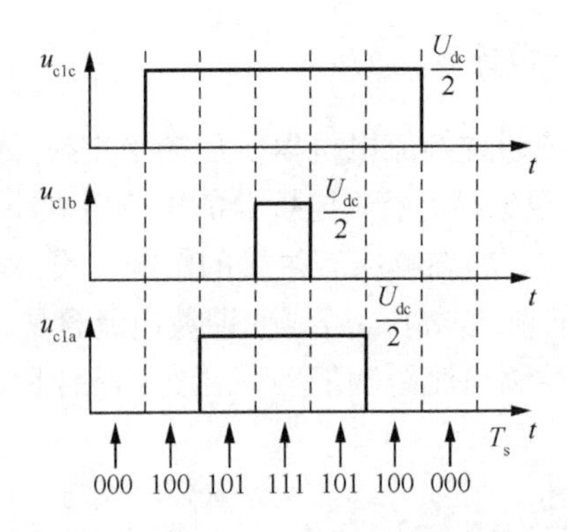

图 10.1　PWM 周期内的 VSC 交流侧相电压波形

设i为交流侧相电流，其有效值为I，$\dot{U}_{\rm s}$为交流母线电压，$\dot{U}_{\rm c}$为 VSC 交流侧相电压，换流电抗器的电抗为X。VSC 交流侧稳态电压相量图如图 10.2 所示，可得关系式为

$$I_{\rm m} = \sqrt{U_{\rm sm}^2 + U_{\rm cm}^2 - 2U_{\rm sm}U_{\rm cm}\cos\delta}\Big/X \tag{10.8}$$

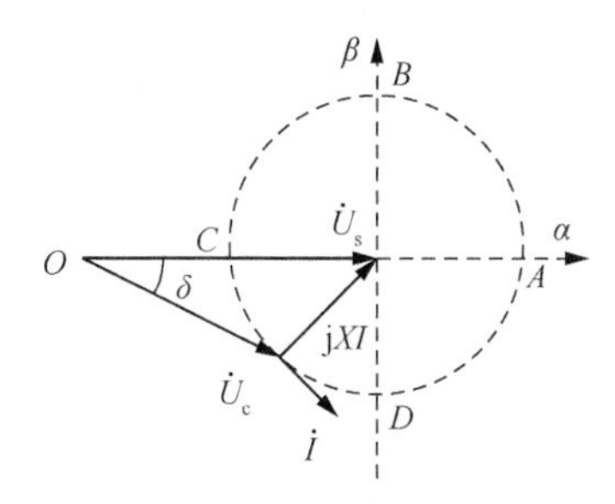

图 10.2 VSC 交流侧稳态电压相量图

VSC 向交流系统注入的功率为（张桂斌，2001）

$$\begin{cases} P = 3U_{\rm sm}U_{\rm cm}\sin\delta/(2X) \\ Q = 3U_{\rm sm}\left(U_{\rm cm}\cos\delta - U_{\rm sm}\right)/(2X) \end{cases} \tag{10.9}$$

由式（10.8）和式（10.9）可得

$$I_{\rm m} = \frac{2\sqrt{P^2 + Q^2}}{3U_{\rm sm}} \tag{10.10}$$

将式（10.10）代入式（10.7），得到L与功率的关系为

$$L \leqslant \frac{U_{\rm sm}u_{\rm dc}}{2\omega\sqrt{P^2 + Q^2}} \tag{10.11}$$

2. 按满足四象限运行的要求

如图 10.2 所示，如果$\dot{U}_{\rm c}$的末端可以出现在圆周的任意一点上，那么 VSC 就可以工作在吸收或发出有功功率，或者吸收或发出无功功率这四种两两组合状态之一，也即 VSC 满足四象限运行（殷自力，2007）。从图 10.2 可知，当$\dot{U}_{\rm c}$的末端位于A点时，相量$\dot{U}_{\rm c}$的幅值最大，此时

$$U_{\rm cm} = U_{\rm sm} + \omega L I_{\rm m} \tag{10.12}$$

由于$U_{\rm cm} \leqslant \lambda u_{\rm dc}$，当采用 SVPWM 时，$\lambda = \sqrt{3}/3$。再结合前面的分析，可以得出

$$L = \frac{U_{\rm cm} - U_{\rm sm}}{\omega I_{\rm m}} \leqslant \frac{\lambda u_{\rm dc} - U_{\rm sm}}{\omega I_{\rm m}} \tag{10.13}$$

L应大于零，要求$\lambda u_{dc} > U_{sm}$，将式（10.10）代入式（10.13）中，可以得到

$$L \leqslant \frac{3(\lambda u_{dc} - U_{sm})U_{sm}}{2\omega\sqrt{P^2+Q^2}}, \quad \lambda u_{dc} > U_{sm} \tag{10.14}$$

3. 按满足抑制谐波含量的要求

电抗值越大，抑制电流中谐波含量的能力越强。谐波电流脉动最严重的是在正弦波电流峰值处，这时需要换流电抗器的电抗值足够大，从而能够抑制谐波含量（刘宝宏等，2010；殷自力，2007；殷自力等，2007）。根据式（10.1）和式（10.3），电流的变化量可表示为

$$\Delta i = \frac{\left[U_{sm}\sin\varphi - U_{dc}\left(s_a - \sum_{i=a,b,c} s_i/3\right)\right]T_s}{L} \tag{10.15}$$

电流峰值附近的电流增加量最大的时刻出现在开关状态为零状态的时刻，电流增加量可表示为

$$\Delta i_1 = \frac{T_s U_{sm}\sin\varphi}{L} \tag{10.16}$$

从图 10.1 可知，电流减小量最大的时刻出现在开关状态为非零状态 001 时，电流减小量可表示为

$$\Delta i_2 = \frac{T_s\left(U_{sm}\sin\varphi - \frac{2}{3}u_{dc}\right)}{L} \tag{10.17}$$

令μ_{max}为允许电流脉动量的最大波动率，电流变化量在电流峰值附近的一个 PWM 周期内相等（即$\Delta i_1 = \Delta i_2$），且取$\sin\varphi = 1$，即$u_{sa} = U_{sm}$，综合式（10.10）和式（10.15）～式（10.17），有

$$L \geqslant \frac{3T_s U_{sm}^2(2u_{dc} - 3U_{sm})}{4\mu_{max}u_{dc}\sqrt{P^2+Q^2}} \tag{10.18}$$

根据以上分析，换流电抗器参数的选择应满足式（10.11）、式（10.14）、式（10.18），如果计算结果不能同时满足，应选择电感优先满足实现电流环控制式（10.11）、四象限运行式（10.14）的要求（殷自力等，2007）。

10.1.2 VSC 直流侧电容参数设计

1. 考虑满足动态响应能力

VSC 控制精度受电容值的影响较大，不能过大，也不能过小；同时，VSC 的体积和造价也受到直流电压波动大小的影响。VSC 整流侧向直流电容注入的电流与直流电容向 VSC 逆变侧输出的电流之差为i_{cap}，该电流会引起直流电容上的电

压波动（Gu et al.，2006）。当系统三相电压不平衡时，直流侧会产生二倍频脉动。设整流站向直流侧注入的有功功率为 p_1，直流侧向逆变站输出的有功功率为 p_2，变量右上角带“+”的量表示对应的正序分量，变量右上角带“-”的量表示对应的负序分量，下标“1”表示 VSC-HVDC 整流侧的量，下标“2”表示 VSC-HVDC 逆变侧的量，$\delta_1 = \angle \dot{U}_{s1} - \dot{U}_{c1}$，$\delta_2 = \angle \dot{U}_{s2} - \dot{U}_{c2}$。直流电容上流过的瞬时功率 p_{cap} 可表示为（殷自力等，2007）

$$p_{cap} = p_1 - p_2 \tag{10.19}$$

式中

$$\begin{cases} p_1 = u_{1ca}i_{1a} + u_{1cb}i_{1b} + u_{1cc}i_{1c} \\ \quad = \dfrac{3}{2}U_{1cm}I_{1m}^{+}\cos\left(\delta_1 + \varphi_1^{+}\right) + \dfrac{3}{2}U_{1cm}I_{1m}^{-}\cos\left(2\omega t - \delta_1 + \varphi_1^{-}\right) \\ p_2 = u_{2ca}i_{1a} + u_{2cb}i_{1b} + u_{2cc}i_{1c} \\ \quad = \dfrac{3}{2}U_{2cm}I_{2m}^{+}\cos\left(\delta_2 + \varphi_2^{+}\right) + \dfrac{3}{2}U_{2cm}I_{2m}^{-}\cos\left(2\omega t - \delta_2 + \varphi_2^{+}\right) \end{cases} \tag{10.20}$$

设波动周期为 T_{cap}，对式（10.19）进行积分可得

$$\int_0^{\frac{T_{cap}}{2}} p_{cap}\mathrm{d}t = \int_0^{\frac{T_{cap}}{2}} p_1\mathrm{d}t - \int_0^{\frac{T_{cap}}{2}} p_2\mathrm{d}t \tag{10.21}$$

设 Au_{dc} 为波动时的直流电压偏离额定直流电压的最大偏移量，在一个波动周期内，直流电压最大波动量为峰值 $(1+A)u_{dc}$ 与谷值 $(1-A)u_{dc}$ 的差值。电容上的能量变化为

$$\int_0^{\frac{T_{cap}}{2}} p_{cap}\mathrm{d}t = (1+A)Cu_{dc}^2/2 - (1-A)Cu_{dc}^2/2 = 2ACu_{dc}^2 \tag{10.22}$$

将式（10.22）代入式（10.21），并对式（10.21）右侧进行积分可得

$$\begin{aligned} 2ACu_{dc}^2 &= \frac{3}{4}U_{1cm}I_{1m}^{+}T_{cap}\cos\left(\delta_1 + \varphi_1^{+}\right) + \frac{3U_{1cm}I_{1m}^{-}}{4\omega} \\ &\quad - \frac{3}{4}U_{2cm}I_{2m}^{+}T_{cap}\cos\left(\delta_2 + \varphi_2^{+}\right) - \frac{3U_{2cm}I_{2m}^{-}}{4\omega} \end{aligned} \tag{10.23}$$

由式（10.23）可以看出，当 VSC-HVDC 两侧电力系统中的逆变侧为对称系统，整流侧为不对称系统时，逆变侧的负序电流为零，直流电容上的能量变化最大，电压的波动量也最大。最大波动量的百分比可以表示为

$$A = \frac{3U_{1cm}I_{1m}^{-}}{8\omega Cu_{dc}^2} \tag{10.24}$$

若 A_{max} 为最大可允许的波动量百分比，由式（10.24）可得电容 C 的范围为

$$C \geqslant \frac{3U_{1cm}I_{1m}^{-}}{8\omega A_{max}u_{dc}^2} \tag{10.25}$$

流入装置的负序电流为

$$\dot{I}^{-}=\frac{\dot{U}_{s}^{-}-\dot{U}_{c}^{-}}{jX} \tag{10.26}$$

换流器的输出电压可由其控制策略控制使其输出的负序电压为零，即$\dot{U}_{c}^{-}=0$。负序电流的最大值为（Jiang et al.，1997）

$$I_{1m}^{-}=U_{sm}^{-}/X \tag{10.27}$$

整理可得

$$C \geqslant \frac{3U_{sm}^{-}\sqrt{\left(\frac{2PX}{3U_{sm}}\right)^{2}+\left(\frac{2QX}{3U_{sm}}+U_{sm}\right)^{2}}}{8\omega A_{max}Xu_{dc}^{2}} \tag{10.28}$$

直流电容的参数取值可以参考式（10.28），从式（10.28）可以看出电抗器的电抗值对电容的选取有直接的影响，应综合考虑直流电容器、电抗器参数的选取。

2. 满足PWM电路的设计要求

直流侧电容C的选择是三相PWM电路设计中的一个重要环节，应满足电路的设计要求。张崇巍等（2005）、史伟伟等（2002）和沈安文等（1999）给出了瞬态时间的估算方法，进而得出电容设计公式为

$$C \geqslant \frac{4P_{L}^{2}}{3u_{dc}\Delta u_{dc}e_{m}\cos\varphi\left(\frac{2}{3}u_{dc}-e_{m}\right)} \tag{10.29}$$

式中，u_{dc}为直流侧电容的电压；Δu_{dc}为直流侧电容的电压波动量；$\cos\varphi$为电网侧功率因数；P_{L}为负载功率。

3. 满足负载阶跃响应评价标准

令额定负载的功率为P_{N}，稳态直流母线电压为V_{dc}，则额定负载电流为$I_{loadN}=P_{N}/V_{dc}$。当$i_{load}=+I_{loadN}$时，负载吸收额定功率；当$i_{load}=-I_{loadN}$时，负载回馈额定功率（赵仁德等，2004）。

负载突减使直流母线电压跃升，i_{load}由$+I_{loadN}$突变为$-I_{loadN}$，此时的直流母线电压的最大值为

$$V_{dc\max}=\sqrt{3}U+\sqrt{\left(V_{dc}-\sqrt{3}U\right)^{2}+\frac{2LP_{N}^{2}\left(V_{dc}+\sqrt{3}U\right)^{2}}{3CV_{dc}^{2}U^{2}}} \tag{10.30}$$

负载突增将使直流母线电压下降，i_{load}由$-I_{loadN}$突变为$+I_{loadN}$。此阶段母线电压的最小值为

$$V_{dc\min}=-\sqrt{3}U+\sqrt{\left(V_{dc}+\sqrt{3}U_{m}\right)^{2}-\frac{8LP_{N}^{2}}{3CV_{dc}U_{m}}} \tag{10.31}$$

确定最恶劣状况下满足给定母线电压波动要求来选择所需的电容值。根据式（10.30）和式（10.31）可得电容器上的最大波动电压为

$$\Delta V_{\text{dc max}}=\sqrt{\left(V_{\text{dc}}-\sqrt{3}U\right)^{2}+\frac{2LP_{\text{N}}^{2}\left(V_{\text{dc}}+\sqrt{3}U\right)^{2}}{3CV_{\text{dc}}^{2}U^{2}}}-\left(V_{\text{dc}}-\sqrt{3}U\right) \tag{10.32}$$

满足给定 $\Delta V_{\text{dc max}}$ 的母线电容最小值为

$$C=\frac{2LP_{\text{N}}^{2}\left(V_{\text{dc}}+\sqrt{3}U\right)^{2}}{3V_{\text{dc}}^{2}U^{2}\Delta V_{\text{dc max}}\left(2V_{\text{dc}}-2\sqrt{3}U+\Delta V_{\text{dc max}}\right)} \tag{10.33}$$

式（10.33）表明，电容量 C 与 L、P_{N}、$\Delta V_{\text{dc max}}$、U 以及 V_{dc} 都有关。

10.1.3　换流变压器

换流变压器的额定容量和额定变比计算如下（刘宝宏等，2010）。

6 脉动阀组换流变压器总的额定容量（三相）为

$$S_{\text{n}}=\sqrt{3}U_{\text{vN}}I_{\text{vN}}=\frac{\pi}{3}U_{\text{dioN}}I_{\text{dN}} \tag{10.34}$$

12 脉动阀组单相三绕组换流变压器的额定容量为

$$S_{\text{n3w}}=\frac{2\sqrt{3}}{3}U_{\text{vN}}I_{\text{vN}}=\frac{2\pi}{9}U_{\text{dioN}}I_{\text{dN}} \tag{10.35}$$

换流变压器的额定变比为

$$\eta_{\text{nom}}=U_{1\text{N}}\Big/\left(\pi U_{\text{dioN}}/3\sqrt{2}\right) \tag{10.36}$$

还需考虑换流变压器的另一个重要参数，即分接开关的调节范围。当档距 $\Delta\eta$ 为 1.25%时，换流变压器分接开关档位数 T_{step} 为

$$\eta_{\max}=\frac{U_{1\max}}{U_{1\text{N}}}\cdot\frac{U_{\text{dioN}}}{U_{\text{dio min}}} \tag{10.37}$$

$$\eta_{\min}=\frac{U_{1\min}}{U_{1\text{N}}}\cdot\frac{U_{\text{dioN}}}{U_{\text{dio max}}} \tag{10.38}$$

$$T_{\text{step}}=\left(\eta-1\right)/\Delta\eta \tag{10.39}$$

式中，U_1 为换流母线线电压，单位为 kV；η 为换流变压器计算变比。

10.1.4　系统传递有功功率与无功功率最大值计算

有功功率从频率高的一侧流向频率低的一侧可缩小频率差，无功功率从电压高的一侧流向电压低的一侧可缩小电压差。设两侧系统的功率特性系数为 K_1 和 K_2，则

$$\begin{cases} K_1 = -\dfrac{\Delta P_{\mathrm{L}}}{\Delta f_1} \\ K_2 = -\dfrac{\Delta P_{\mathrm{L}}}{\Delta f_2} \end{cases} \tag{10.40}$$

进而得

$$\frac{\Delta f_1}{\Delta f_2} = \frac{K_2}{K_1} \tag{10.41}$$

$$\left|\Delta f_1\right| + \left|\Delta f_2\right| = \left|f_1 - f_2\right| \tag{10.42}$$

系统容量在 3000MW 以上时允许的频率偏差为(50±0.2)Hz，因此

$$\left|f_1 - f_2\right|_{\max} = 1\mathrm{Hz} \tag{10.43}$$

根据式（10.40）～式（10.43）可以计算出 ΔP_{Lmax} 即系统传递有功功率的最大值。

系统需传递的无功功率为

$$\Delta Q_{\mathrm{L}} = \frac{U_2}{X_\Sigma}\left(U_1 - U_2\right) \tag{10.44}$$

依据 $\left|U_1 - U_2\right|_{\max} = 10\%U_{\mathrm{N}}$ 可计算出系统传递无功功率的最大值 ΔQ_{Lmax}。

10.2　UPFC 容量的确定

10.2.1　UPFC 串联侧 VSC 的容量

UPFC 装置串联侧和并联侧换流器的容量直接影响 UPFC 对传输系统潮流调节的能力（Uzunovi，2001）。

VSC 容量是 VSC 的最大持续工作电压和最大持续工作电流的乘积。UPFC 中串联换流器的最大电压 $U_{\mathrm{se\,max}}$ 取决于所设计的 UPFC 要完成的功能（唐爱红，2007）。通常选输电线路的最大热稳定电流 I_{linemax} 为最大电流。串联侧 VSC 容量的公式为

$$S_{\mathrm{se}} = \sqrt{3}U_{\mathrm{semax}}I_{\mathrm{linemax}} \tag{10.45}$$

10.2.2　UPFC 并联侧 VSC 的容量

并联 VSC 控制并联侧接入系统母线电压 U_{s}，提供串联侧 VSC 所需的有功功率。并联 VSC 的最低容量必须满足串联侧 VSC 与接入系统交换的有功需要，并联侧从系统吸收的有功功率 P_{sh} 必须等于串联侧注入系统的有功功率 P_{se}（Schauder et al.，1998a，1998b；Bian et al.，1997）。同时，UPFC 并联侧的最大持续工作容

量必须考虑其侧控制接入系统母线电压 u_s 所需要的无功功率 Q_{sh}（唐爱红，2007）。UPFC 并联侧 VSC 的容量为

$$S_{sh} = \sqrt{P_{sh}^2 + Q_{sh}^2} \tag{10.46}$$

则 UPFC 的总容量为

$$S_{UPFC} = S_{sh} + S_{se} \tag{10.47}$$

在实际应用中通常取 $S_{sh} = S_{se}$，即两个变流器的容量相等。

10.2.3　UPFC 装置运行约束值的确定

UPFC 运行时有以下几个约束条件需要考虑（朱鹏程，2005；Liu et al.，2000；Ye et al.，2000；Schauder et al.，1998b；Rahman et al.，1997）：

（1）VSC_2 注入输电线路的电压幅值 $U_{semin} \leqslant U_{se} \leqslant U_{semax}$。

（2）流过 VSC_2 的电流 $I_{line} \leqslant I_{linemax}$。

（3）VSC_1 向系统注入的电流 $I_{sh} \leqslant I_{shmax}$。

（4）VSC_1 与 VSC_2 交换的有功功率 $P_{dc} \leqslant P_{dcmax}$。

（5）直流侧母线电压 $U_{dc} < U_{semax}$。

第 8 章已有详细的推导，其运行范围为功率圆的交集。对于 SPWM 型的 VSC，当调制比为 m_{se} 时，有 $U_{se} = m_{se}U_{dc}$，直流侧母线电压 $U_{dc} < U_{semax}$。确定 U_{semax} 还需要考虑输电线路在轻载时不能出现过电压，过载时不因电压过低而出现电压崩溃的现象（唐爱红等，2005）。

10.2.4　耦合变压器的容量

在 UPFC 装置中，并联 VSC 通过并联变压器 T_{sh} 接入输电系统，串联 VSC 通过串联变压器 T_{se} 串联接入输电系统。装置的参数设计需确定好这两个变压器的参数。

系统负荷最大时，UPFC 并联侧接入系统的母线电压降到最低，需要装置输出最大的无功功率，以维持母线电压的稳定。此时，UPFC 并联侧维持系统母线电压所需的无功功率决定了并联耦合变压器的容量大小。又因为耦合变压器传递了并联换流器与系统交换的所有有功功率、无功功率，所以并联耦合变压器的容量 $S_{T_{sh}}$ 应该大于等于换流器的容量，通常选取变压器容量略大于 VSC 的容量。在串联 VSC 侧，串联变压器的容量 $S_{T_{se}}$ 也略大于串联 VSC 的容量。

10.2.5　直流电容的容量

1. 稳态条件下直流电容值的选取

直流电容具有为串并联 VSC 提供所需的直流工作电压，实现串并联换流器之

间功率交换的重要作用。直流电容过大时，工程所需要的成本会增加，同时，电容过大会导致系统的响应速度变慢。通常选型多选取其计算值的下限。

直流电容设计值依据直流电压允许的$\Delta V_{\text{dc max}}$而定。假设串联 VSC 和线路进行最大有功功率$P_{\text{se max}}$交换需要 1/4 工频周期，稳态时直流电容最大允许降低电压为$\Delta V_{\text{dc max}}$，则直流电容释放的能量为（唐爱红，2007）

$$W_C = W_{\text{se}} = \frac{1}{4}P_{\text{se max}} = \frac{1}{2}C\left(V_{\text{dcref}} - V_{\text{dc}}\right)^2 = \frac{1}{2}C\Delta V_{\text{dcmax}}^2 \tag{10.48}$$

由式（10.48）可得

$$C = \frac{P_{\text{semax}}}{2\Delta V_{\text{dcmax}}^2} \tag{10.49}$$

2. 暂态条件下电容值的选取

在控制电网潮流时，UPFC 有可能会出现串联侧从发出最大有功功率突变到吸收最大有功功率的瞬态过程，其电流变化量为电流最大值的两倍，史伟伟等（2002）给出了瞬态过程最长时间的估算公式为

$$T \approx \frac{2L_{\text{s}}I_{\text{sh max}}}{\dfrac{2}{3}u_{\text{dc}} - u_{\text{sh max}}} \tag{10.50}$$

三相系统中一相发生瞬态过程，另外两相必然产生瞬态过程，引起功率偏差，所引起的能量将全部由直流电容承担。在瞬态过程中，平均功率偏差可近似为额定有功功率，电容C的取值范围为（史伟伟等，2002）

$$C \geqslant \frac{P_{\text{se}}T}{u_{\text{dc}}\Delta V_{\text{dc max}}} \tag{10.51}$$

将式（10.50）代入式（10.51）可得

$$C \geqslant \frac{4L_{\text{se}}P_{\text{se}}^2}{3u_{\text{dc}}\Delta V_{\text{dc max}}u_1\left(\dfrac{2}{3}u_{\text{dc}} - u_1\right)\cos\theta} \tag{10.52}$$

计算出稳态与暂态状态下直流电容的取值，电容设计值选取两者中的较小值。

10.2.6　电感的选取

电感的选择应满足以下条件（史伟伟等，2002；沈安文等，1999）：

（1）交流侧电流最大超调量在一个开关周期内应小于其额定电流的 10%。

（2）电感上的压降不大于电源额定电压的 30%。

（3）交流侧电流谐波失真（total harmonic distortion，THD）应尽量小，应小于交流侧额定电流的 5%。

1. 满足第一个约束条件的电感选择

在三相桥主电路中，在某相上管闭合而另两相下管闭合时，电感上的压降将达到最大值，电源电压为负值时，电感上的压降为

$$L_{sh}\frac{di_{sh}}{dt_{max}}=\frac{2u_{dc}}{3}+u_1 \tag{10.53}$$

在电流波形方面，实际电流关于参考电流对称，设开关频率为 f_s，则在一个开关周期内，最大电流超调量为

$$\Delta i_{sh}\big|_{max}=\left(\frac{2u_{dc}}{3}+u_1\right)f_s \tag{10.54}$$

根据第一个约束条件和式（10.54）可得

$$\frac{\dfrac{2u_{dc}}{3}+u_1}{2f_sL_{sh}}\leqslant 10\%\frac{2P_{sh}}{3u_1\cos\theta} \tag{10.55}$$

$$L_{sh}\geqslant\frac{3\left(\dfrac{2u_{dc}}{3}+u_1\right)u_1\cos\theta}{0.4f_sP_{sh}} \tag{10.56}$$

2. 满足第二个约束条件的电感选择

由电感的第二个约束条件可得

$$\omega L_{sh}I_{sh}\leqslant 30\%u_1 \tag{10.57}$$

$$L_{sh}\leqslant\frac{0.9u_1^2\cos\delta}{2\omega P_{sh}} \tag{10.58}$$

选择计算值较大的电感可以有效降低输入电流的谐波含量。

10.3　STATCOM 主电路参数的选取

对于 STATCOM 来说，其主要的参数有 4 个，分别是：①等值电阻；②等值电抗，即等值电感；③直流侧电容；④连接变压器变比的取值。本节主要分析前三个参数，连接变压器变比的取值不做详细分析。STATCOM 的性能与 STATCOM 参数取值的大小密切相关。

10.3.1　等值电阻的取值

等值电阻代表的是 STATCOM 自身的损耗，即开关损耗、变压器损耗以及通态损耗等。对于等值电阻的取值分析比较复杂，运用串联等值电阻代表 STATCOM 的损耗会有一定的误差，通常取为连接电抗值的 20%左右（吴春芳，2005）。考虑到实际原因，通常取等值电阻为 0.001Ω。

10.3.2　等值电抗的取值

等值电抗代表的是 STATCOM 连接变压器的漏抗及连接电抗器的电抗。系统的稳定性与等值电抗有很大的关系，L 的取值越小，STATCOM 对电力系统的阻尼效果就越强，而如果 L 的取值太小，补偿装置就会产生过电流。

但是，在调制策略相同的情况下，电抗取值大需要较高的直流电压，这会导致装置对直流电容器耐压能力有较高的要求，进而增大装置的成本（吴春芳，2005）。

因此，电抗器的取值大小没有统一的准则，如果以 STATCOM 装置的容量为基值，则等值电抗取值为 0.10～0.20（标幺值），还应该依据实验环境、实验结果进行调整。

10.3.3　直流侧电容的取值

将装置投入时会促使整流装置启动对装置直流侧的电容进行充电，使直流侧的电容获得初始能量的同时可以保障直流侧电容的电压为装置正常运行时的电压值。严格地说，对于实际中的 STATCOM 装置，有功损耗在其内部必然会发生，这些损耗将由 STATCOM 的逆变器进行整流获得。而且装置运行时，如果出现三相电压不对称情况，则二倍频脉动的电压就会加在直流侧电容上，它会导致交换过程中有功功率的传递量远远超过高次谐波存在时的传递量，因此，应高度重视电容的取值问题。

当然，直流电容的取值范围很宽，但是直流电容取值过大会使 STATCOM 装置的成本大大增加，因此直流侧电容的取值既不能太大也不能太小。

当直流电容取不同值时，STATCOM 会在不同的频率出现振荡，要避免这种振荡现象就必须合理地选取电容值。电容器的取值必须考虑以下因素：①电容电压波动幅值；②不能使电抗和电容之间形成谐振；③使输出电流中谐波含量尽量减小。

计算电容取值的经验公式为（李玲，1998）

$$C=\frac{0.2I_0}{\omega_0 U_{dc} k}\times 10^6(\mu\text{F}) \tag{10.59}$$

式中，I_0 为逆变器的额定电流；U_{dc} 为逆变器处于额定状态时，直流侧的稳态电压；ω_0 为输出电压基波角的频率，即 $2\pi f$，频率为 50Hz 时为 100π；k 为直流电压允许波动系数，取值范围为 0.01～0.1。

10.4　仿真验证

VSC-HVDC 运行情况下，系统传递功率与整流侧变压器容量的关系仿真如图 10.3 所示。

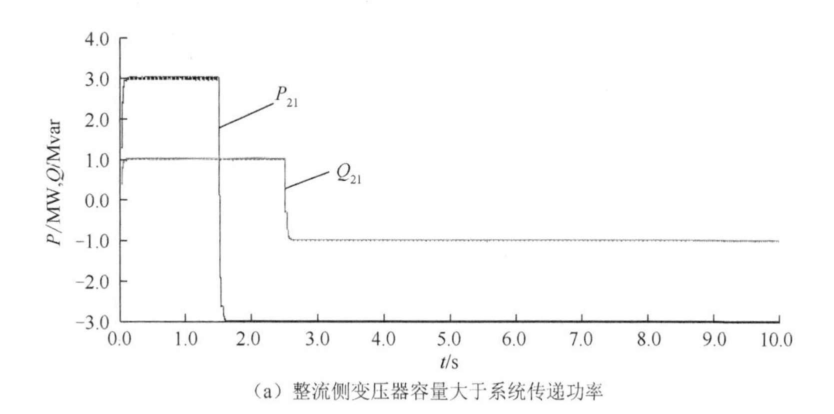

（a）整流侧变压器容量大于系统传递功率

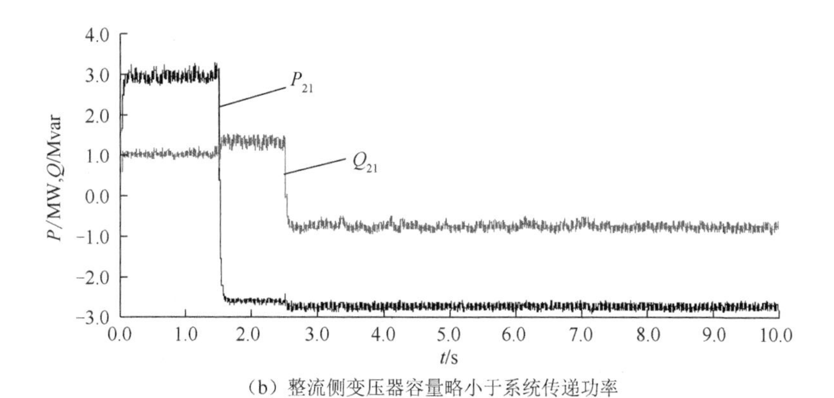

（b）整流侧变压器容量略小于系统传递功率

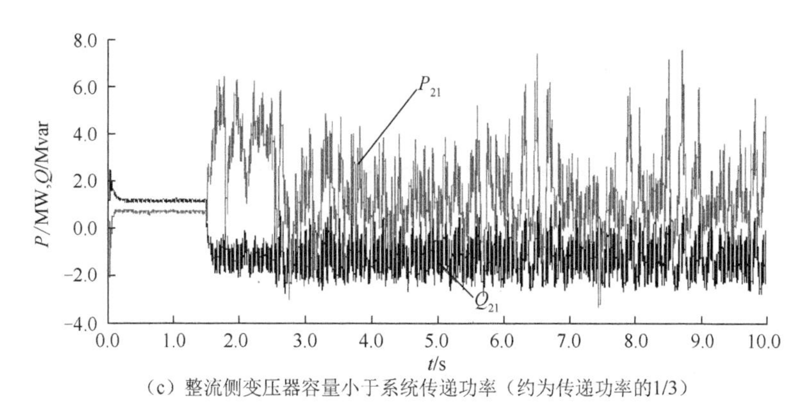

（c）整流侧变压器容量小于系统传递功率（约为传递功率的1/3）

图 10.3　整流侧变压器容量变化时，传递相同功率的波形

系统传递功率与逆变侧变压器容量的关系仿真如图 10.4 所示。

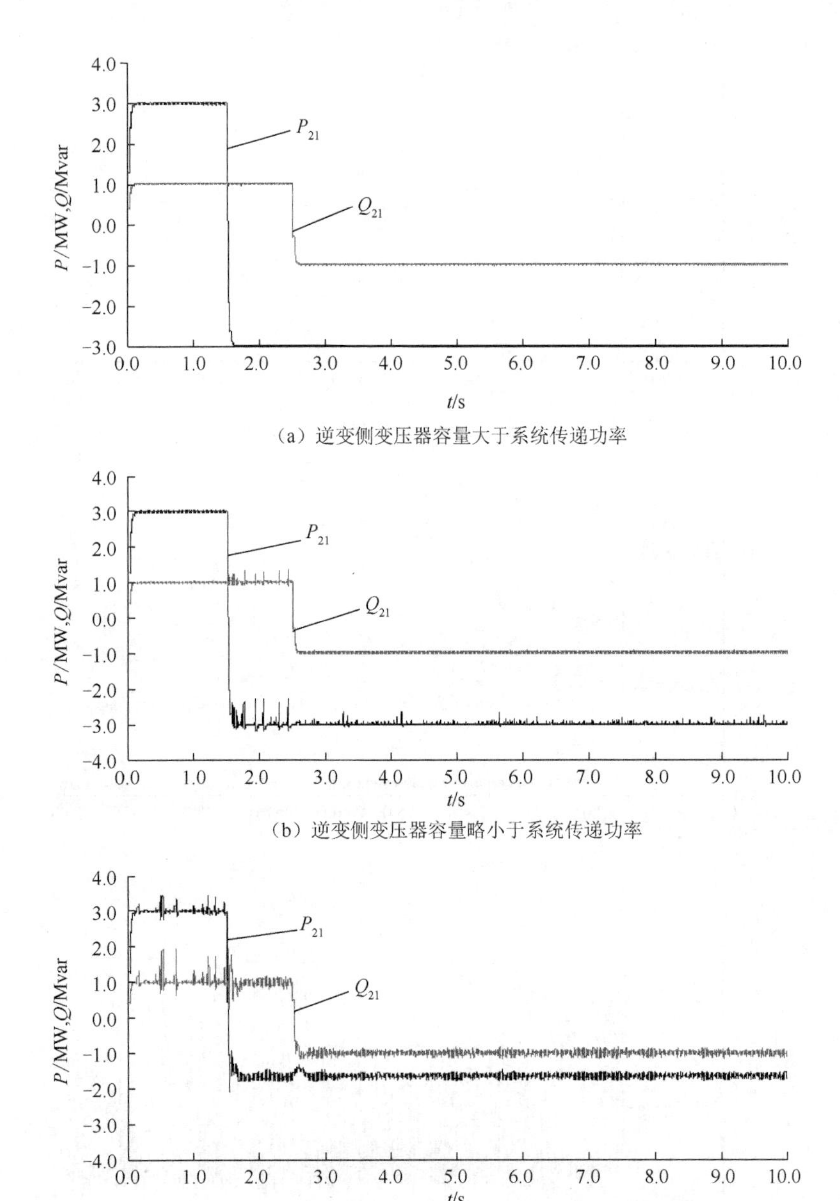

（a）逆变侧变压器容量大于系统传递功率

（b）逆变侧变压器容量略小于系统传递功率

（c）逆变侧变压器容量小于系统传递功率（约为传递功率的1/3）

图 10.4　逆变侧变压器容量变化时，传递相同功率的波形

由图 10.3 和图 10.4 可以看出，逆变侧变压器容量小于或者等于传递功率时，功率传递的效果较差，波动也较大。当逆变侧变压器容量大于传递功率时，装置传递功率的效果很好。因此在选型时，逆变侧变压器的容量要大于传递功率的容量。

电感大小对传递功率影响的仿真结果如图 10.5 所示。从图 10.5 可以看出，电感过大，传递功率变化时，会影响响应速度；电感过小时，传递功率的波形不稳定，振荡比较严重。

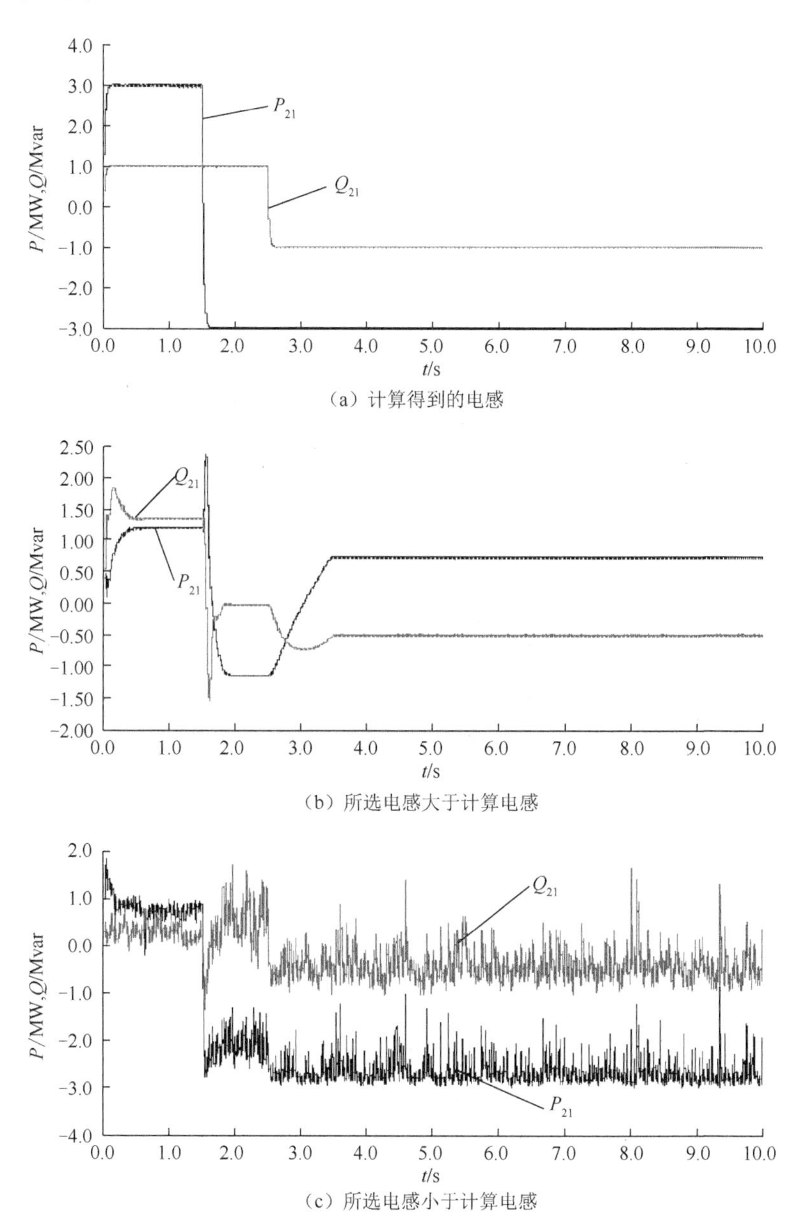

（a）计算得到的电感

（b）所选电感大于计算电感

（c）所选电感小于计算电感

图 10.5　电感大小对传递功率的影响

图 10.6 为电容大小对传递功率大小的影响图。由图 10.6 可以看出，当所选电容大于计算的电容时，对传递功率基本没有影响，因此选取电容时一般多取其

上限值。当电容值小于所计算出的电容值时，传递功率的波形不稳定，振荡十分严重。

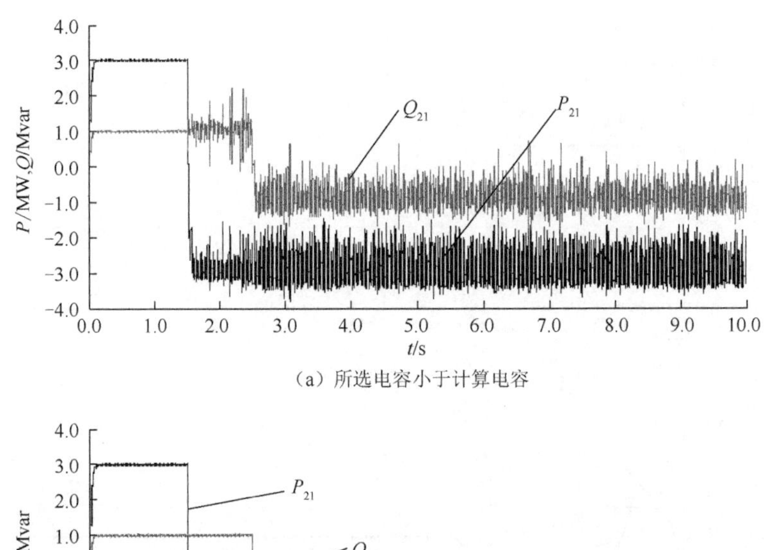

（a）所选电容小于计算电容

（b）所选电容大于计算电容

图 10.6　电容大小对传递功率的影响

参 考 文 献

李玲, 1998. 基于电机控制 CPU80C106MC 的 IGBT 变频器控制系统的研究[D]. 西安: 西安理工大学.

刘宝宏, 殷威扬, 石岩, 等, 2010. 背靠背换流器控制策略的比较与分析[J]. 电网技术, 34(2): 109-114.

刘家军, 刘昌博, 2014. 基于功率传递原理的并网装置容量计算[J]. 电力电子技术, 48(10): 57-60.

沈安文, 万淑芸, 王离九, 等, 1999. 双 PWM 交流传动系统中主电路储能元件设计[J]. 华中理工大学学报, 27(7): 23-25.

史伟伟, 蒋全, 胡敏强, 2002. 三相电压型 PWM 整流器的数学模型和主电路设计[J]. 东南大学学报, 32(1): 50-55.

唐爱红, 2007. 统一潮流控制器运行特性及其控制的仿真和实验研究[D]. 武汉: 华中科技大学.

唐爱红, 朱鹏程, 程时杰, 等, 2005. UPFC 装置参数设计研究[J]. 高电压技术, (6): 63-65, 72.

吴春芳, 2005. 配电系统 STATCOM 的参数辨识及控制策略研究 [D]. 广州: 广东工业大学.

杨超颖, 2012. 电气化铁路对公用电网影响优化治理研究[D]. 保定: 华北电力大学.

殷自力, 2007. VSC-HVDC 模拟实验系统的研究及实现[D]. 保定: 华北电力大学.

殷自力, 李庚银, 李广凯, 等, 2007. 柔性直流输电系统运行机理分析及主回路相关参数设计[J]. 电网技术, 31(21): 16-21, 26.

张崇巍, 张兴, 2005. PWM 整流器及其控制[M]. 北京: 机械工业出版社.

张桂斌, 2001. 新型直流输电及其相关技术[D]. 杭州: 浙江大学.

赵仁德, 贺益康, 刘其辉, 2004. 提高 PWM 整流器抗负载扰动性能研究[J]. 电工技术学报, 19(8): 67-72.

朱鹏程, 2005. 用于 UPFC 的串、并联双变流器控制策略研究[D]. 武汉: 华中科技大学.

BIAN J, RAMEY D G, 1997. A study of equipment sizes and constraints for a unified power flow controller[J]. IEEE transactions on power delivery, 12(3): 1385-1391.

GU B G, NAM K, 2006. A DC-Link capacitor minimization method through direct capacitor current control[J]. IEEE transaction industry applications, 42(2): 573-581.

JIANG Y, EKSTROM A, 1997. Applying PWM to control over currents at unbalanced faults of forced-commuted VSCs used as static VAr compensators [J]. IEEE transactions on power delivery, 12(1): 273-275.

LIU J Y, SONG Y H, MEHTA P A, 2000. Strategies for handling UPFC constraints in steady-state power flow and voltage control[J]. IEEE transactions on power systems, 15(2): 566-571.

RAHMAN M, AHMED M, GUTMAN R, et al., 1997. UPFC application on the AEP system: Planning considerations[J]. IEEE transations on power systems, 12(4): 1695-1701.

SCHAUDER C D, GYUGYI L, LUND M R, et al., 1998a. Operation of the unified power flow controller(UPFC)under practical constraints[J]. IEEE transactions on power delivery, 13(2): 630-639.

SCHAUDER C D, GYUGYI L, STACEY E, et al., 1998b. AEP UPFC project: Installation, commissioning and operation of the ±160 MVA statcom(phase I)[J]. IEEE transaction on power delivery, 13(4): 1530-1535.

UZUNOVI E, 2001. EMTP transient stability and power flow models and controls of VSC based FACTS controllers[D]. Ontario, Canada: University of Waterloo.

YE Y, KAZERANI M, 2000. Operating constraints of FACTS devices[J]. Power engineering society summer meeting, 3(3): 1579-1584.

第11章　基于背靠背VSC-HVDC同期并网复合实验装置的设计与实现

11.1　实验装置的设计与实现

前面已经详细介绍了基于背靠背 VSC-HVDC 的同期并网复合装置的拓扑结构与相应的控制策略，在此基础上，本章对同期并网复合装置的硬件部分进行设计。整个装置可以分为两部分：一部分是硬件基础电路；另一部分是控制电路。其主电路结构如图 11.1 所示。

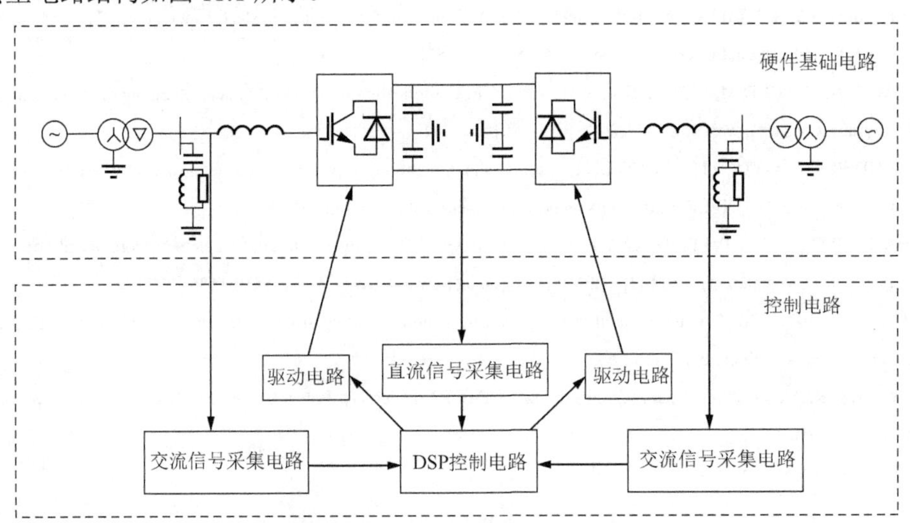

图 11.1　复合装置主电路结构图

从图 11.1 可以看出，基于背靠背 VSC-HVDC 的同期并网复合装置的硬件基础电路主要由换流器件、交流滤波器、直流电容器组成，而控制电路部分主要由 DSP 控制电路、交流信号采集电路和直流信号采集电路以及驱动电路组成。

11.1.1　实验装置的主电路设计与实现

1. 直流电容器

在并网装置中通常会选择在直流侧并联一个电容，主要起到抑制直流电压波动的效果，因此直流侧电容容量的确定主要取决于电压纹波的允许值。

如果并网装置处于正常工作状态，由于并网电流与电网电压同频同相，则可

以确定此时并网功率的瞬时值为

$$p_s = i_s u_s = \sqrt{2}U_s \cos\omega t \sqrt{2}I_s \cos\omega t = U_s I_s \left(1-\cos 2\omega t\right) \tag{11.1}$$

式中，p_s 为功率瞬时值；i_s、u_s 分别为并网电流和电网电压。

并网功率瞬时值中包含了交流成分 $\tilde{P}_s$ 与直流成分 $\overline{P}_s$，其中

$$\begin{cases} \overline{P}_s = U_s I_s \\ \tilde{P}_s = U_s I_s \cos 2\omega t \end{cases} \tag{11.2}$$

从式（11.2）中可以看出，在瞬时功率中存在一个角频率为 2ω 的功率波动，由此产生的波动电压为

$$\Delta U = \frac{1}{C}\int \frac{\tilde{P}_s}{U_{dc}} dt = \frac{U_s I_s}{2\omega U_{dc} C}\sin 2\omega t \tag{11.3}$$

式中，ΔU 为波动电压；U_{dc} 为电容电压；C 为直流侧的电容。

若直流侧电容电压的纹波值为 ΔU_r，则由式（11.3）可得

$$C = \frac{\overline{P}_s}{\omega U_{dc} \Delta U_r} \tag{11.4}$$

实验装置的设计功率为 1kW，直流侧电压为 200V，取电压允许波动为 5%，最终可得直流侧电容为

$$C = \frac{1000}{2\times 3.14\times 50\times 200\times 200\times 5\%} \approx 2\left(\text{mF}\right) \tag{11.5}$$

2. 换流器件

综合本书所研究的问题及所设计的系统参数要求，最终选择三菱公司的型号为 PM75RL1A120 的智能功率模块。该模块以 IGBT 为功率开关器件，与驱动电路、保护电路集于一体，七合一封装（全宇，2014）。它的推荐驱动电压为 15V，若直接使用从 DSP 发出的脉冲信号来进行驱动是无法正常工作的，因此需要对脉冲信号进行进一步的放大处理才能使模块正常工作。

3. 交流滤波器

在本书所研究的基于背靠背 VSC-HVDC 的同期并网复合装置中，滤波器不仅滤除开关动作所产生的高频谐波，而且抑制输出电流的波动及浪涌冲击，因此在装置中扮演着至关重要的角色，它的设计及参数选择也就显得尤为重要。滤波器的种类主要包括三类：L 型滤波器、LC 型滤波器和 LCL 型滤波器。根据并网复合装置的特点，选择 LCL 型滤波器作为装置的滤波器。

由于本书研究的是基于功率传递的同期并网理论，因此在滤波器后应该连接一个发电机组或小型电站，这样才能实现理论上的功率传递，然后通过采集电压、频率来确定何时发出合闸并网信号，但是在滤波器的选型过程中并没有涉及功率

传递，故在此处用负载代替发电机组或电站来进行分析，以便于接下来的分析计算。复合装置逆变部分电路如图 11.2 所示。

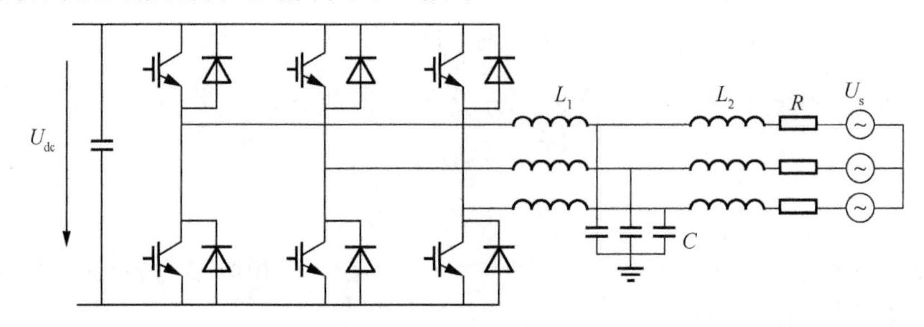

图 11.2　复合装置逆变部分电路

图 11.2 可以看作一个三相逆变器的电路图，为了方便分析，将图 11.2 简化为图 11.3。

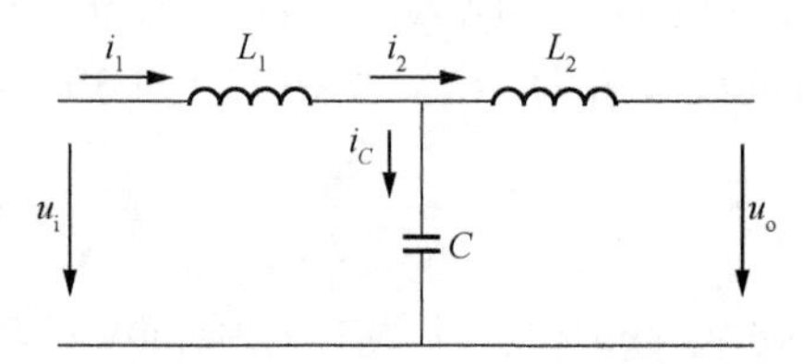

图 11.3　单相 LCL 型滤波器等效模型

在确定滤波器的参数过程中只需要分析其中的一相即可，因此就图 11.3 所示的简化后的 LCL 型滤波器模型进行分析，在频域中利用 KCL、KVL 易得

$$\begin{cases} i_1 = \dfrac{1}{sL_1}(u_i - u_C) \\ i_2 = \dfrac{1}{sL_2}(u_C - u_o) \\ u_C = \dfrac{1}{sC}(i_1 - i_2) \end{cases} \tag{11.6}$$

则由式（11.6）可以求得 LCL 型滤波器的数学模型如图 11.4 所示。

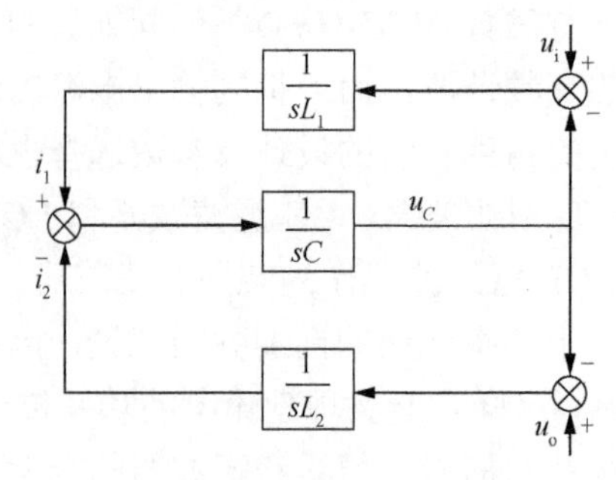

图 11.4　滤波器数学模型

当滤波器处于基频状态时，u_{o} 可以视为理想电压源，当滤波器处于谐波频率时，将 u_{o} 视为短路。由图 11.3 可以得到逆变侧输入电压 u_{i} 与电流 i_2 之间的传递函数为

$$G(s)=\frac{i_2}{u_{\mathrm{i}}}=\frac{1}{L_1L_2Cs^3+\left(L_1+L_2\right)s} \tag{11.7}$$

为了与其他滤波器进行比较，以 L 型滤波器为例可以得到逆变输入电压 u_{i} 与滤波后输出电流 i_{o} 之间的传递函数为

$$G_1(s)=\frac{i_{\mathrm{o}}}{u_{\mathrm{i}}}=\frac{1}{sL_{\mathrm{T}}} \tag{11.8}$$

在 MATLAB 中绘制滤波器的传递函数波特图如图 11.5 所示。

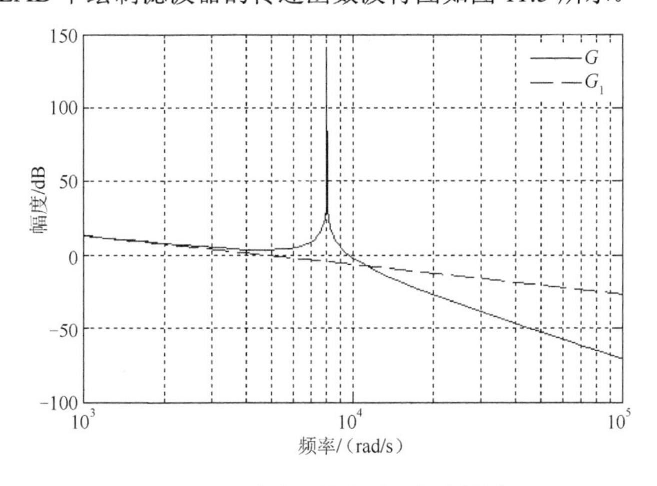

图 11.5　滤波器的传递函数波特图

由图 11.5 可以看出，在低频段，两种类型的滤波器都是以 20 dB/dec 对谐波进行衰减的。因此在低频段，当 $L_1+L_2=L_{\mathrm{T}}$ 时两种类型的滤波器达到的效果是一样的；而在高频段，LCL 型滤波器以 60 dB/dec 对谐波进行衰减，而 L 型滤波器与低频段相比并没有发生变化。可以得到以下结论：在相同的衰减需求下，LCL 型滤波器所需电感值小于 L 型滤波器；在出现高次谐波的情况下，滤波效果优于 L 型滤波器（刘飞等，2010）。

相较于其他滤波器，LCL 型滤波器能很好地滤除开关频率附近的谐波，而且能在大功率情况下使用，因此 LCL 型滤波器得到了广泛的应用。在设计滤波器时需要注意以下限制条件。

（1）LCL 型滤波器的总电感所产生的阻抗压降小于额定工作情况下电网电压的 10%。

（2）为了避免 LCL 型滤波器的谐振峰值出现在低频或高频段，在设计滤波器

的过程中需要注意其谐振频率，应大于电网基波频率的 10 倍，小于开关频率的一半，即

$$10f_1 < f_r = \frac{1}{2\pi}\sqrt{\frac{L_1 + L_2}{L_1 L_2 C}} < \frac{1}{2} f_s \tag{11.9}$$

式中，f_1 为电网基波频率；f_r 为滤波器的谐振频率；f_s 为开关频率。

（3）LCL 型滤波器中滤波电容上串联的无源阻尼电阻的主要作用是抑制谐振尖峰，一般选取阻尼电阻为谐振频率电容阻抗的三分之一。但是阻尼电阻加入的同时也会使系统的损耗增加，故其取值应尽量较小。

如图 11.3 所示，逆变侧电感 L_1 的主要作用是抑制逆变器输出电流的纹波，故其取值主要由输出最大纹波决定。一般情况下，选取电流纹波幅值为额定电压电流的 10%～25%，即

$$\Delta i_{L_1} = (10\%\sim25\%) I_s \tag{11.10}$$

由图 11.4 可以得到电感电流的表达式为

$$\Delta i_{L_1} = \frac{U_i - U_C(t)}{L_1} d(t) T_s \tag{11.11}$$

处于稳态时，电感电流不再变化，则有

$$\left[U_i - U_C(t)\right] d(t) T_s = U_C(t)\left[1 - d(t)\right] T_s \tag{11.12}$$

由式（11.11）和式（11.12）可得

$$\Delta i_{L_1} = \frac{U_i - U_C(t)}{L_1} \frac{U_C(t)}{U_i} T_s \tag{11.13}$$

由式（11.13）可知，当 $U_C = 0.5U_i$ 时，Δi_{L_1} 取得最大值，即

$$\Delta i_{L_1} = \frac{U_i}{4L_1 f_s} \tag{11.14}$$

则由式（11.10）和式（11.14）可得到 L_1 的一个表达式为

$$\frac{U_i}{f_s I_s} \leqslant L_1 \leqslant \frac{5}{2}\frac{U_i}{f_s I_s} \tag{11.15}$$

滤波电容的设计是根据无功功率来确定的。一般情况下，滤波电容 C 所吸收的无功功率应低于装置额定有功功率的 10%，因此可以得到 LCL 型滤波电容器的一个范围为

$$C \leqslant \frac{\lambda P}{3 \times 2\pi f_1 E_m^2} \tag{11.16}$$

式中，P 为装置逆变器输出的额定有功功率；E_m 为滤波输出侧的电压有效值；f_1 为基波频率；λ 为滤波器中电容吸收的无功功率与逆变器输出的额定有功功率的比值。

由于逆变侧的电流谐波主要分布在开关频率附近，因此 L_2 的值可以根据在开关频率处电流谐波的衰减度来设计。一般情况下，电流谐波衰减度 d 低于 5%，则

$$L_2 \geqslant \frac{1+\frac{1}{d}}{(2\pi f_s)^2 C} \tag{11.17}$$

式中，d 为电流谐波衰减度；f_s 为开关频率；C 为滤波器电容。

在 LCL 型滤波器中，各元器件的值之间互相制约。为了达到滤波的最佳效果，在确定了 L_1 与 C 之后，可以通过 L_1/L_2 的比值直接确定 L_2 的值，而在不同的文献中，电感 L_2 的取值方法有所不同，一般 L_1/L_2 的值为 4～6 比较合适。

综合上述分析，可以计算出 LCL 型滤波器各个元器件的取值范围。当直流侧输入电压为 200V，基波频率为 50Hz，开关频率为 3kHz，额定有功为 1kW，逆变器输出电压的有效值为 120V，额定电流输出为 10A 时，根据式（11.15）可得

$$7.3\text{mH} \leqslant L_1 \leqslant 18.3\text{mH}$$

在式（11.16）中令 λ 为 10%，则可得电容为

$$C \leqslant 7.72\mu\text{F}$$

若取 $C = 7\mu\text{F}$，$L_1 = 18\text{mH}$，$L_1/L_2 = 4$，则 $L_2 = 4.5\text{mH}$。

11.1.2　实验装置的控制电路设计

1．控制电路设计

控制电路是整个同期并网复合装置的核心，它要完成一系列的信号采集与信号发出，其中包括 IGBT 脉冲信号的产生，直流信号、交流信号的采集，同时还要将采集到的信号进行分析。该装置的控制部分需要采集 6 路交流电压、交流电流信号，驱动 IGBT 模块所需的脉冲触发信号可通过编程，用 TMS320F2812 的 EV 事件管理器中的 PWM 信号输出端口输出信号。

本书控制电路所采用的芯片是美国 TI 公司生产的型号为 TMS320F2812 的 32 位定点 DSP。

TMS320F2812 系列 DSP 的处理器使用的是 TMS320C2××内核，该器件具有丰富的外设，这为电机控制及其他运动控制提供了良好的平台，使得控制的实现极其方便。这一系列信号处理器中的代码和指令都与 F24×系列数字信号处理器兼容，很好地保证了项目或产品设计的可延续性。

2. 信号采集电路设计

本书的采集主要是对同期并网复合装置两侧待并系统的电压和电流信号进行采集。由于 TMS320F2812 处理器的 ADC 采集口的模拟输入电压范围为 0～3V，当电压低于 0V 时，TMS320F2812 芯片将以 0V 处理。当模拟信号的最高电压高于 3.3V 时可能会导致 DSP 芯片损坏，而整流侧输入电压一般为 220V，因此无法直接送到 DSP 芯片进行采样。其次，如果系统中存在谐波干扰等因素，也可能会造成数据采集时出现误差，故需要将输入的高电压进行电压滤波、电压抬升和电压限幅等环节转化为 DSP 能够识别采集的稳定电压信号。

为了达到 DSP 芯片的采集范围，选用型号为 LV25-P 的电压型霍尔传感器。该传感器原边的电流额定有效值为 10mA，副边的电流额定有效值为 25mA，变比为 1∶2.5，因此，将 220V 的交流电压转换为可以供采集的−5～+5V 电压，必须在原边加入分压或者限流电阻，相应的电阻值可根据以下公式计算得到，即

$$\begin{aligned} R_1 &= 100\sqrt{2}U_x \\ R_2 &= 40U_x' \end{aligned} \tag{11.18}$$

式中，R_1 为传感器原边的限流分压电阻；R_2 为传感器副边电阻，主要是为了将对应的电流信号转换为电压信号；U_x 为实际采集到的电压；U_x' 为将实际电压转换成 DSP 能采集的电压。

本书选用型号为 LA25-NP 的电流型霍尔传感器来采集交流电流信号，LA25-NP 可以通过原边高电压侧不同种类的接线方式来调节霍尔电流传感器的变比。该传感器原边的额定电流为 5A，副边的输出电流为 25mA，而在实际实验调试过程中，需要通过调节电位器来灵活控制副边的输出。

信号采集的过程中，如果受到谐波影响则会降低信号采集的精度。为了避免这一情况的发生，在信号采集板中加入了 RC 滤波电路，如图 11.6 所示，其中 R_{81} 的阻值为 10kΩ，C_{12} 是值为 0.22μF 的电容。根据滤波特性可求得截止频率为

$$f_0 = \frac{1}{2\pi RC} = \frac{1}{2\pi R_{81} C_{12}} = \frac{1}{2\times\pi\times 10\times 10^3 \times 0.22\times 10^{-6}} \approx 75(\text{Hz}) \tag{11.19}$$

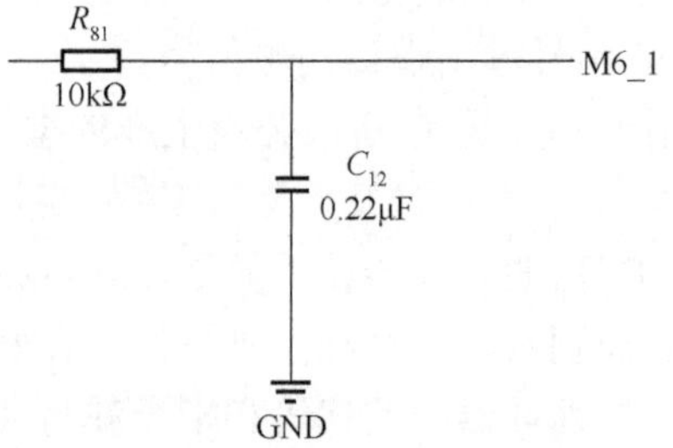

图 11.6　*RC* 滤波电路

因此，本书所设计的 RC 滤波器能够满足系统要求。

由于通过 DSP 采集电压信号必须在 0～3V，而经过霍尔传感器的电压明显不能满足这个条件，需要对电压进行处理才能满足采集要求。因此选择了 LM324 四运算放大器对电压进行处理。

首先通过一个加法运算电路对电压进行处理，原理如图 11.7 所示。

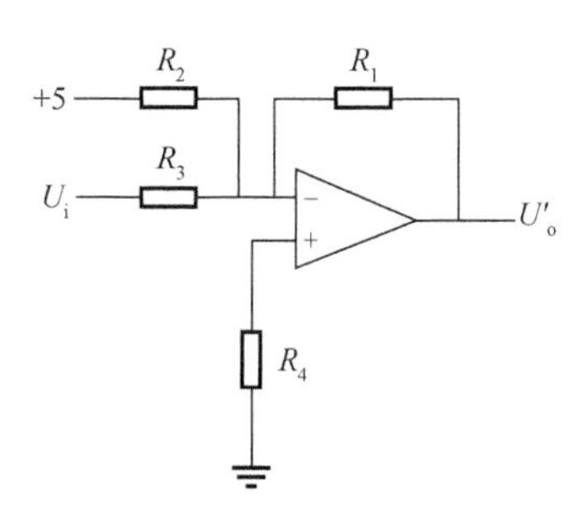

图 11.7　加法运算电路原理图

根据运算放大电路的虚短、虚断原理可得

$$\frac{U_i}{R_3}+\frac{5}{R_2}=-\frac{U'_o}{R_1} \tag{11.20}$$

然后将得到的 U'_o 通过一个反向比例运算放大电路得到最终所需要的电压 U_o，其原理如图 11.8 所示。

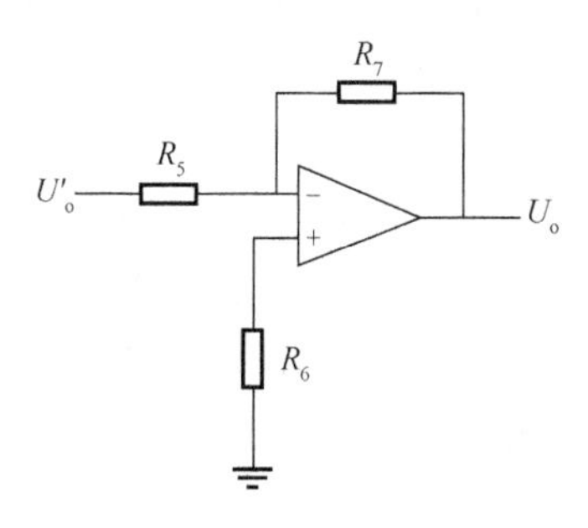

图 11.8　反向比例运算放大电路

根据运算放大电路的虚短、虚断原理可得

$$\frac{U'_o}{R_5}=-\frac{U_o}{R_7} \tag{11.21}$$

根据式（11.20）和式（11.21）可以得到最终所需的电压。

在采集电路中，LM324 的外围电路如图 11.9 所示。其中 LM324 的引脚 4 为电源电压输入端，引脚 2、3 分别为运算放大器的负极输入和正极输入，引脚 1 为运算放大器的输出，引脚 5、6 分别为运算放大器的正极输入和负极输入，引脚 7 为运算放大器的输出。取 $R_1=R_2=R_3=10\text{k}\Omega$，$R_4=5\text{k}\Omega$，$R_5=11\text{k}\Omega$，$R_6=2.5\text{k}\Omega$，$R_7=3.3\text{k}\Omega$，由此可以保证在 DSP 正常运行的前提下采集到电压信号。

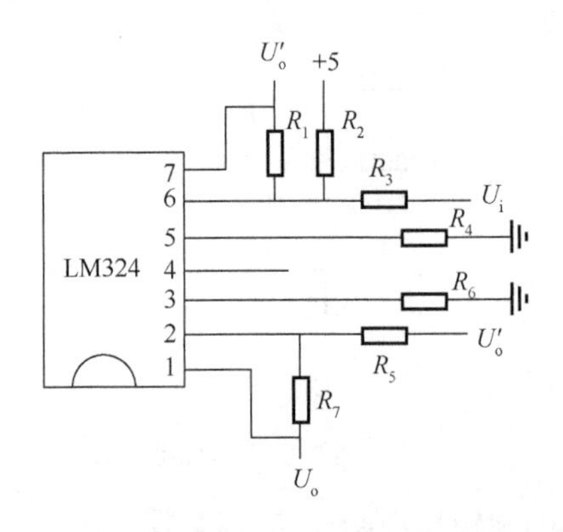

图 11.9　LM324 的外围电路

3. 驱动电路设计

在同期并网复合装置中，整流部分和逆变部分都需要通过控制触发脉冲来控制 IGBT 桥臂的开通关断，从而实现交流—直流、直流—交流的转换。由于 TM320F2812 输出的 PWM 控制信号的电压是 0～3.3V 的弱电信号，而本书所采用 IGBT 是一个集成的智能功率模块 IPM，且 IPM 作为一个大功率模块，其驱动电压大于 3.3V，因此需要加入放大电路和隔离电路，将 TM320F2812 输出的脉冲触发信号放大，同时保证 TM320F2812 信号的驱动能力与芯片的安全稳定。

如图 11.10 所示，使用型号为 hcpl4504 的 IPM 专用光耦器件放大信号，同时，为了过滤电路的共模噪声，在光耦的电源和地之间接入 0.1μF 的去耦电容以及 10μF 的旁路电容；为了避免控制端功率模块的噪声，取 20kΩ的上拉电阻。

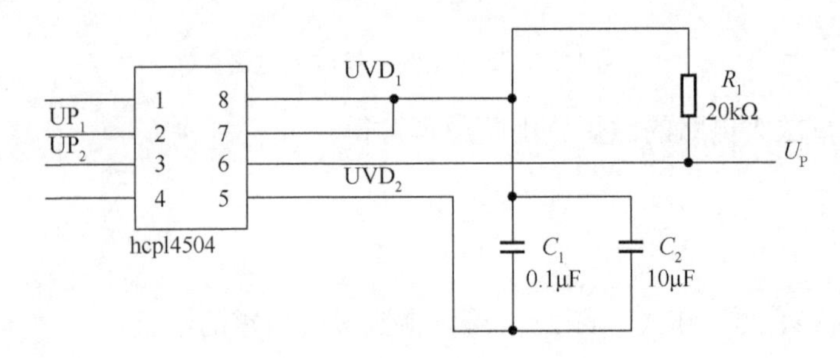

图 11.10　脉冲信号放大电路

如图 11.11 所示，采用型号为 PC817 的光耦器件隔离故障信号。在 IGBT 桥臂发生故障时，IPM 智能功率模块通过 UFO、VFO 和 WFO 端口将故障信号送到 PC817 光耦器件，信号经光耦隔离输出到 TM320F2812 的功率保护端口，通过 TM320F2812 综合分析处理，将 PWM 触发信号输出端口设为高阻态，经过闭锁系统的触发脉冲，以保护 IPM 功率模块。系统中采用线性光电耦合器件进行完备的隔离，很好地抑制了干扰信号。

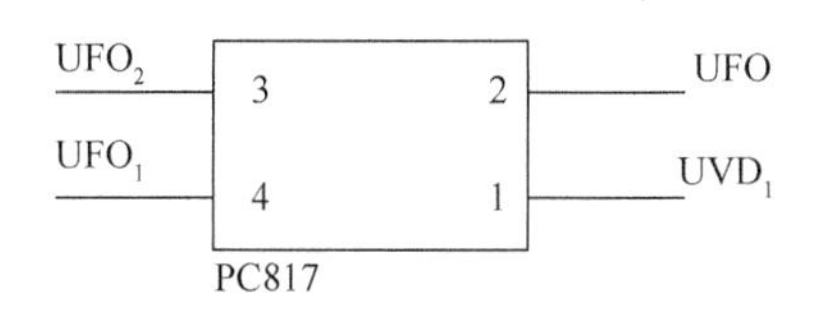

图 11.11　故障信号隔离电路

11.1.3　实验装置的控制及算法实现

1. 系统程序流程图

由于两侧待并系统的相角差在不断变化，在频率差、电压差达到并网条件后，需要观察两侧系统的相角差，如果满足条件则进行并网合闸操作。在并网结束后，若需要将换流器转化为补偿装置，可通过开关操作将换流器经过一个耦合变压器串联进系统中继续运行，这就做到了换流器件的充分利用；若无其他需要，则可直接将背靠背换流器全部退出运行，整个系统的流程图如图 11.12 所示。

2. 采样的算法实现

由前面的分析可知，通过控制传递功率的大小就能完成对待并两侧系统的频率差、电压差的控制。当两侧系统的频率差、电压差以及相角差都满足并网要求时就可以进行合闸操作。保证待并两侧系统满足并网条件是实现同期并网的重要一环，因此，对待并两侧系统的电压、频率等信号进行采样至关重要。首先对 DSP 进行初始化，设置 PIE 中断矢量表，然后初始化 ADC 模块，设置序列控制寄存器，确定采样模式。随后判断采样电压是否在允许范围内，如果不在，说明电路有故障，应进行检查；如果在，则可以读取数据并进行转化，将转化结果存储在相应的寄存器中，响应 PIE 中断，最后清除 AD 中断，复位序列发生器。采样程序流程如图 11.13 所示。

3. SVPWM 的软件实现方法

利用 TMS320F2812 的事件管理器 EV 模块可以很方便地产生对称空间矢量 PWM 波形。利用 TM320F2812 实现 SVPWM 的步骤如下（高学军等，2007）。

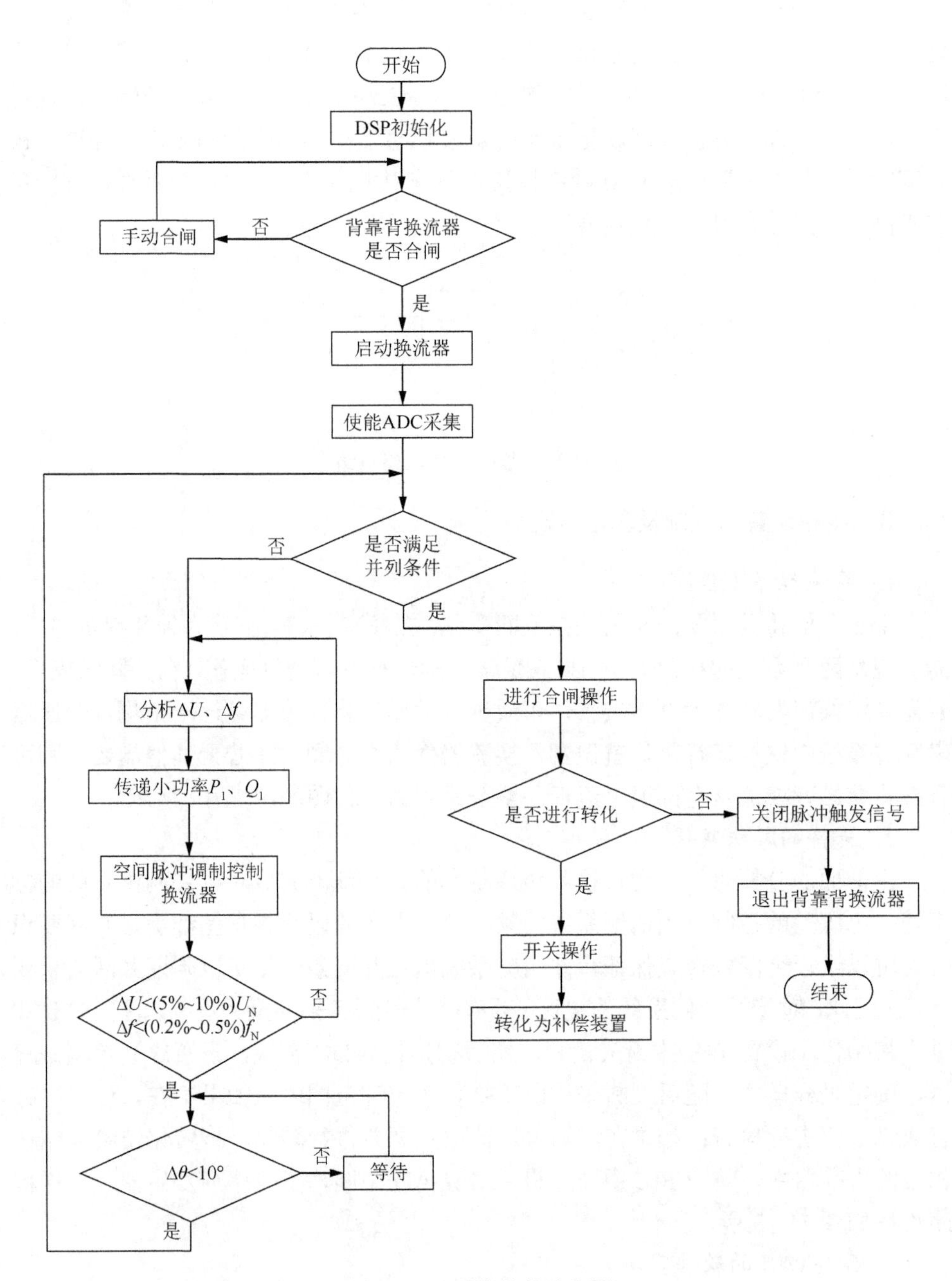

图 11.12　系统总体流程图

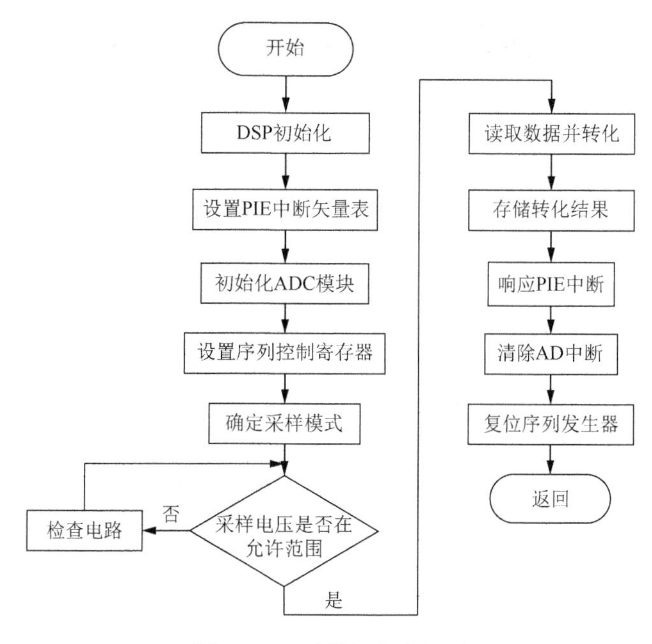

图 11.13　采样程序流程图

（1）首先需要对控制芯片进行系统初始化，其中包括对事件管理器 EV 模块的初始化，设定 DSP 多功能引脚为 PWM 工作状态，配置比较行为控制寄存器 $ACTR_x$，确定比较输出引脚的极性，设定空间矢量旋转方向为顺时针方向，即在比较行为控制寄存器 $ACTR_x$ 中令 $ACTR_x[15]=0$。还需要配置比较控制寄存器 $COMCON_x$，使 $COMCON_x[12]=0$，禁止空间矢量 PWM 模式，$COMCON_x[14\sim13]=00$，将定时器比较寄存器 $CMPR_x$ 重装载的条件设置为下溢，将通用定时器 1 设置为连续递增/减计数模式以便启动定时器。

（2）参照前面介绍的方法判断输出电压 U_{out} 所在的扇区，并确定两个相邻矢量 U_x 和 U_{x+60}，确定参数 T_1、T_2 及 T_0 $(T_0 = T - T_1 - T_2)$，计算出 $T_0/4$、$T_0/4 + T_1/2$、$T_0/4 + T_1/2 + T_2/2$ 等 3 个开通时刻的值。根据目前流行的七段式电压空间矢量 PWM 波形，可得出 U_{out} 在不同扇区时 3 个比较寄存器 $CMPR_4$、$CMPR_5$、$CMPR_6$ 的赋值，见表 11.1。

表 11.1　比较单元寄存器赋值表

扇区	第一开通时刻	第二开通时刻	第三开通时刻
1	$CMPR_4$	$CMPR_5$	$CMPR_6$
2	$CMPR_5$	$CMPR_4$	$CMPR_6$
3	$CMPR_5$	$CMPR_6$	$CMPR_4$
4	$CMPR_6$	$CMPR_5$	$CMPR_4$
5	$CMPR_6$	$CMPR_4$	$CMPR_5$
6	$CMPR_4$	$CMPR_6$	$CMPR_5$

根据上述方法，可以得到在 DSP 中实现脉冲信号发生的程序流程图，如图 11.14 所示。

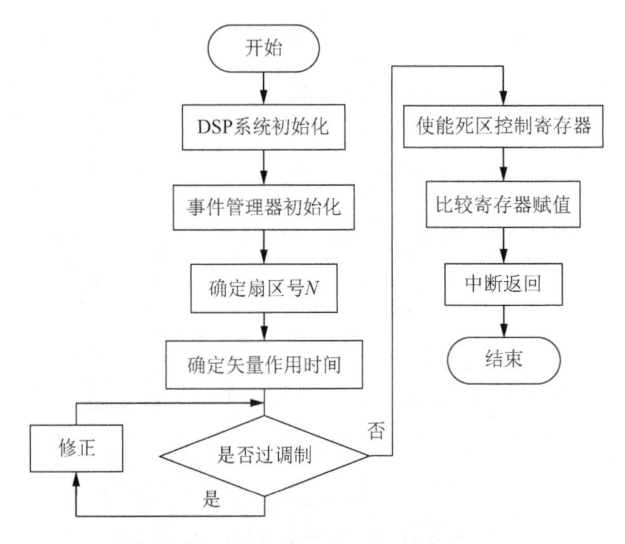

图 11.14　脉冲信号发生程序流程图

11.1.4　样机实验

实验样机主要包括控制电路部分、驱动部分、采集部分。实验装置整体实物如图 11.15 所示。

图 11.15　实验装置整体实物图

1. 脉冲触发信号

在 CCS 编程环境中进行编程，通过控制 TM320F2812 型 DSP 来实现 SVPWM 波形的产生。图 11.16 为实验过程中实测的 SVPWM 波形。

图 11.16（a）～图 11.16（c）分别为三相换流桥各相的脉冲触发信号，图 11.16（d）是换流器中不同桥臂的脉冲触发信号，图 11.16（e）是相同桥臂中供给上下不同 IGBT 的脉冲触发信号。从图 11.16（e）中可以看出脉冲信号是反相的，因此相同桥臂无法直通，也就确保了模块的安全稳定运行。

由于 DSP 发出的脉冲触发信号无法直接驱动 IPM 模块，因此需要通过驱动电路将信号放大，然后接入 IPM 模块，放大后的脉冲触发信号如图 11.17 所示。

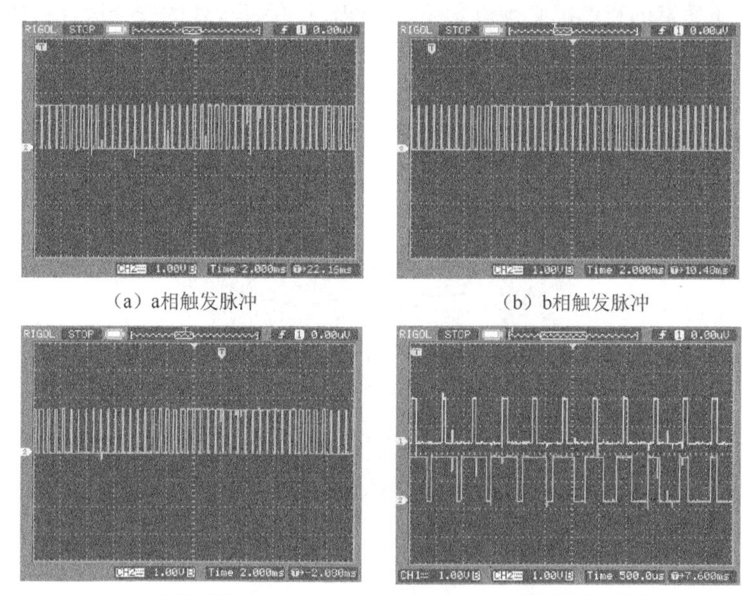

（a）a相触发脉冲　　（b）b相触发脉冲

（c）c相触发脉冲　　（d）不同桥臂触发脉冲

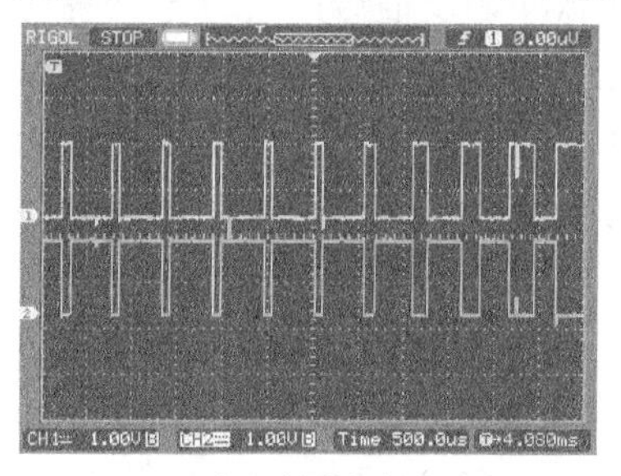

（e）相同桥臂触发脉冲

图 11.16　SVPWM 仿真波形图

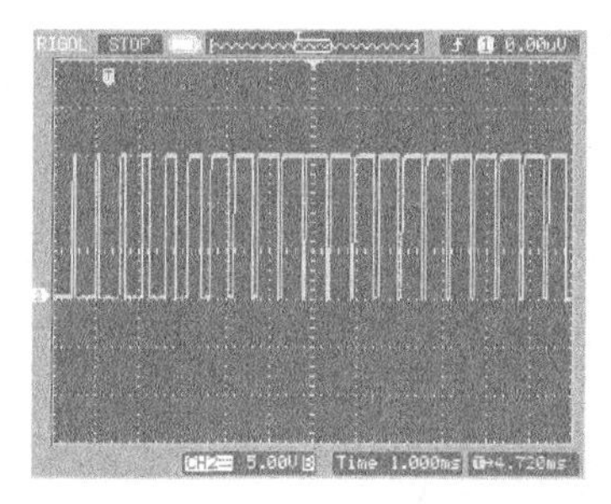

图 11.17　放大后的脉冲触发信号

在实验过程中，主要是通过由 DSP 产生的脉冲触发信号来控制 IGBT 的开断，由于 IGBT 等功率器件均存在一定的结电容，因此会出现器件导通关断的延迟现象。

为了避免上下桥臂的直通，必须设置死区时间，以保证模块的安全运行。死区时间的设置与死区控制器寄存器 $DBTCON_x[8\sim11]$位的死区定时器周期和 $DBTCON_x[2\sim4]$位的死区定时器预定标因子有关，如果死区定时器周期为 m，死区定时器预定标因子为 x/p，时钟周期为 t，则死区时间 $t_{BD}=mpt$，取 $m=10$，$x/p=x/32$，最终得到如图 11.18 所示的加入死区时间的脉冲触发信号。

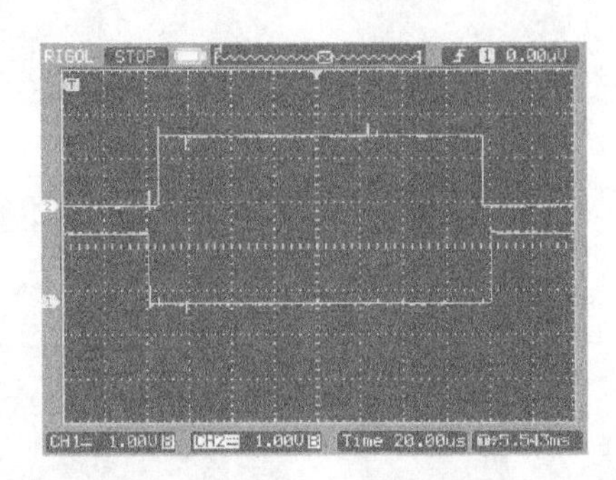

图 11.18　加入死区时间的脉冲触发信号

在加入了死区时间的脉冲触发信号中会有电平跳变，如图 11.19 中上方的脉冲触发信号，在上升沿触发之前有一个电平的突变，这主要是控制芯片信号输出不稳定造成的，但是这并不影响对 IGBT 的驱动，因为 IGBT 有一个开通电压，未达到此开通电压就无法使其导通，所以不会出现错误触发的情况。

2. 采集信号

由于 DSP 的工作电压不能超过 3V，因此不能直接对信号进行采样。本实验装置是在 DSP 的采集端口之前加一信号调理电路，从而保证了输入端口的信号均满足 DSP 的采集范围。图 11.19 为采集到的电流信号以及电压信号。由图 11.19 可以看到，所采集到的波形均在标线以上，值也在 DSP 的采集范围之内，因此采集到的电压、电流信号基本满足要求。

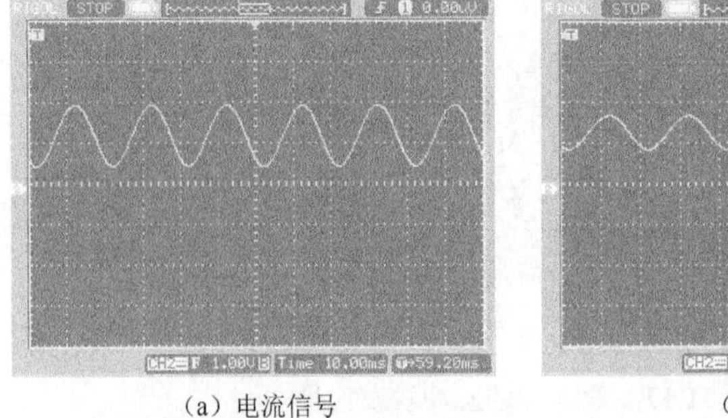

（a）电流信号

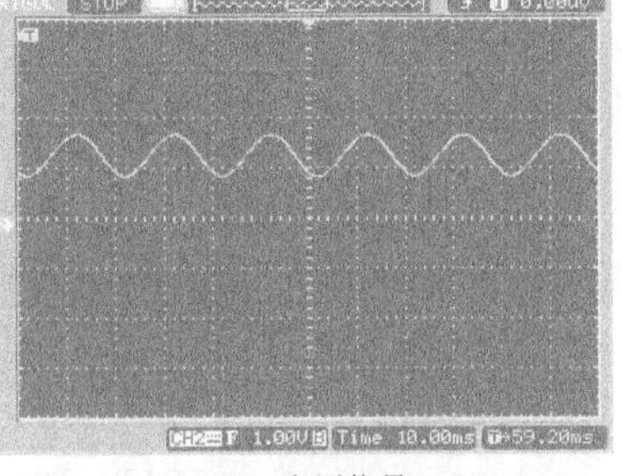

（b）电压信号

图 11.19　增加信号调理电路后采集到的电流、电压信号波形

3. 实验波形

首先在直流侧直接接入直流电压源进行实验。直流侧的电压为 20V 时，启动脉冲触发程序，理论上得到的线电压为$U_{dc}/2$，也就是 10V，对应的相电压为 5.6V，而实验所得的输出端的线电压为 10.6V，相电压为 6.8V，虽然有一定的误差，但是在实验误差允许范围之内。然后进行两侧联调，在背靠背换流器的整流侧接入交流电，经过空间矢量脉冲调制后得到如图 11.20 所示的直流电压。这里需要注意的是，通过整流所得的直流电压不能直接接入逆变侧的输入端，必须接一个电阻来防止启动电压过高而烧毁元器件。最终得到输出波形如图 11.21 所示。

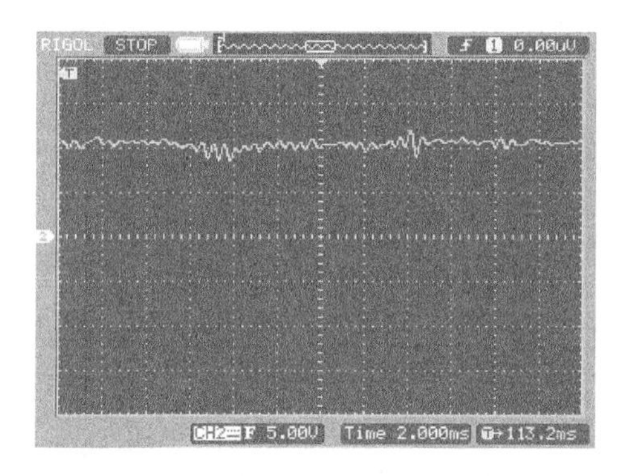

图 11.20　直流电压

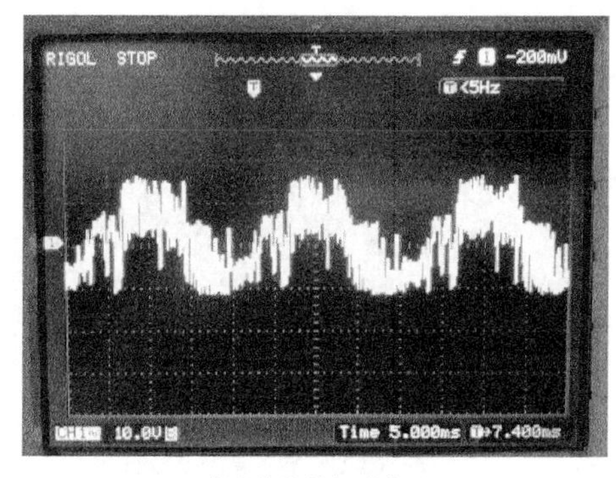

（a）滤波前的单相逆变波形

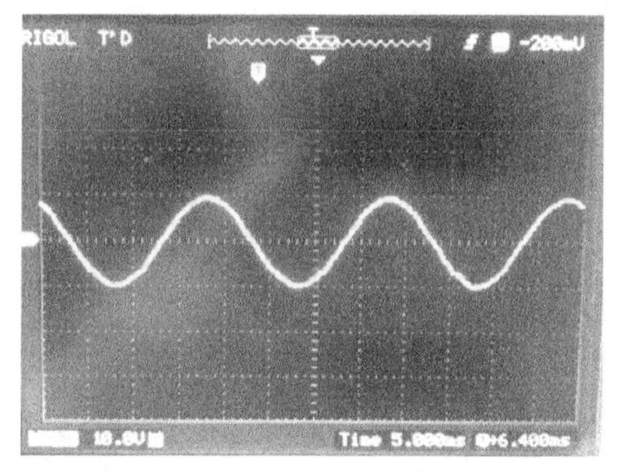

（b）滤波后的单相逆变波形

图 11.21　逆变侧输出波形

由图 11.21 可以看出，在没有滤波前，在逆变侧所测得的波形有杂波，在滤波后得到的波形基本接近正弦波形，这也充分说明了滤波器选型的正确性。

实验所测得的三相逆变输出波形如图 11.22 所示。

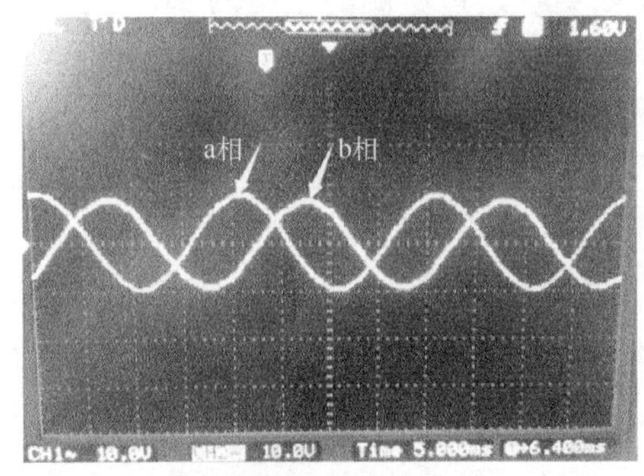

（a）a相与b相输出电压

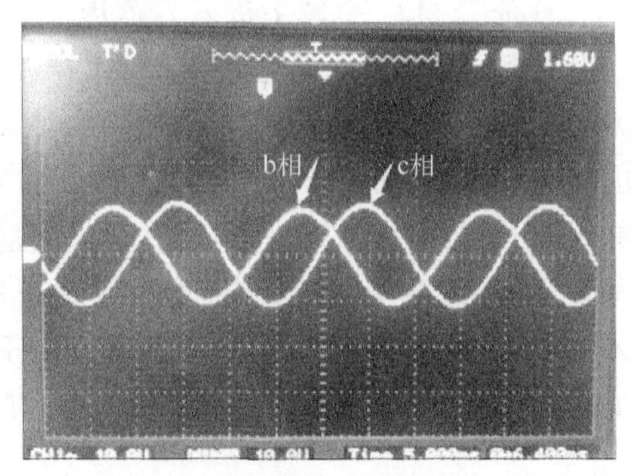

（b）c相与b相输出电压

图 11.22　三相逆变输出波形

通过图 11.21 对三相输出的相电压进行对比可以看出，三相输出电压的相位差满足互差 120°。

在三相输出的情况下，分别测出负载端电阻的电压与电流（图 11.23）以及电容的电压与电流（图 11.24）。对于纯阻性负载而言，电压与电流应该是同相位的，但是在实验中所使用的电阻具有一定的感性性质，因此电流略滞后于电压。

由图 11.24 可以看出，实验装置中电容上的电压滞后于电流。在理想电容的情况下电压滞后电流 90°，但由于在实验过程中加在电容两端的电压是通过整流后再经逆变得到的电压，电压中存在谐波，因此导致电容两侧电压、电流的相位存在偏差，但是在误差允许范围之内。

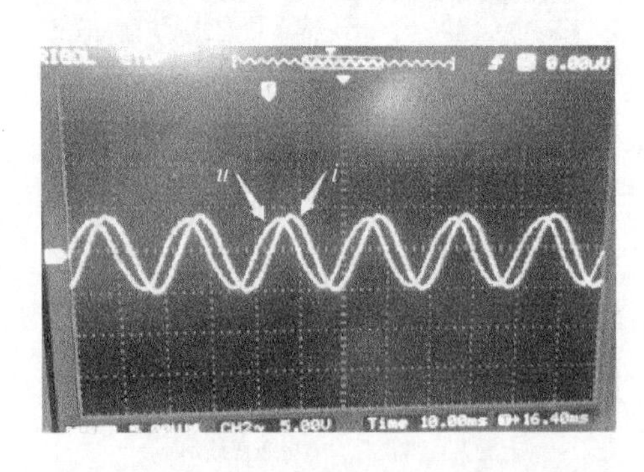

图 11.23　电阻的电压与电流

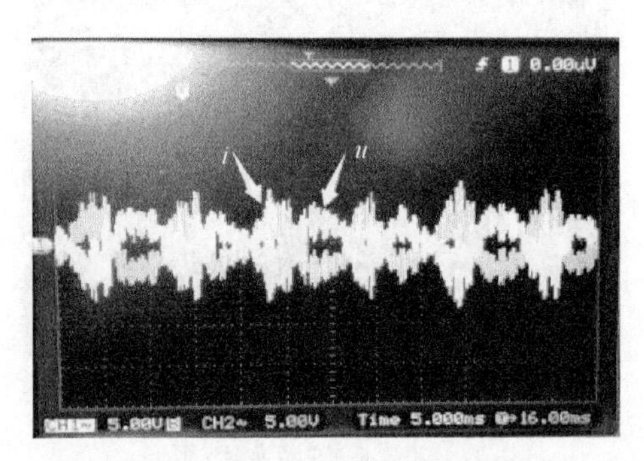

图 11.24　电容的电压与电流

本书研制的装置依据的是基于功率传递的同期并网理论，可通过传递功率来改变两侧系统的电压、频率，但由于实验过程中在逆变侧直接接入负载，因此通过传递无功功率来观察负载端的电压变化，分别在减少无功功率传输和增加无功功率传输情况下进行实验。

在图 11.25 中，由于减少了从电网侧向负载侧的无功功率传输，负载端的电压有明显的下降。图 11.26 则增加了电网侧向负载侧的无功功率传输，负载侧电压增大。由图可以看出，实验波形基本符合理论要求。

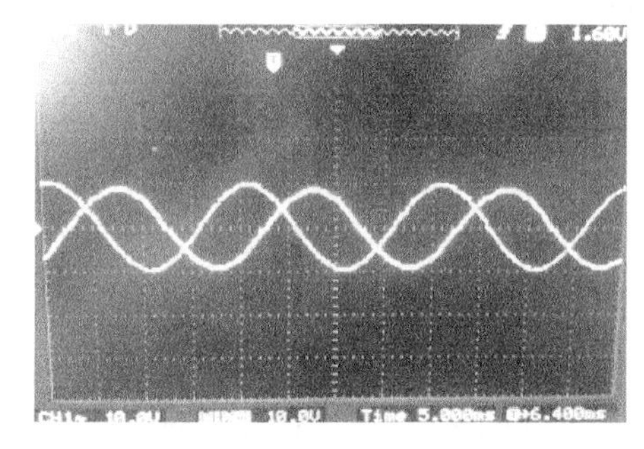

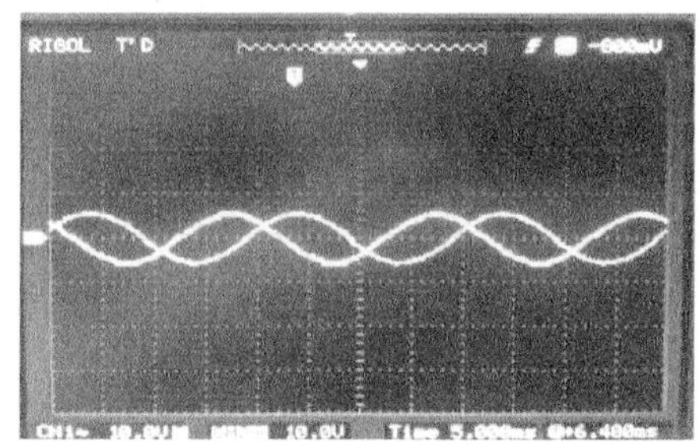

图 11.25　减少无功功率传输

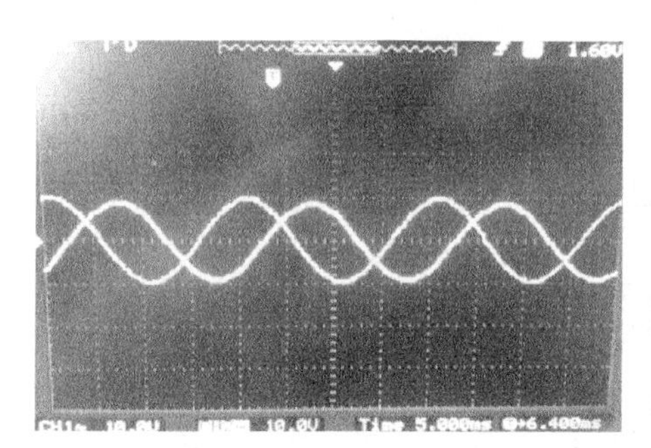

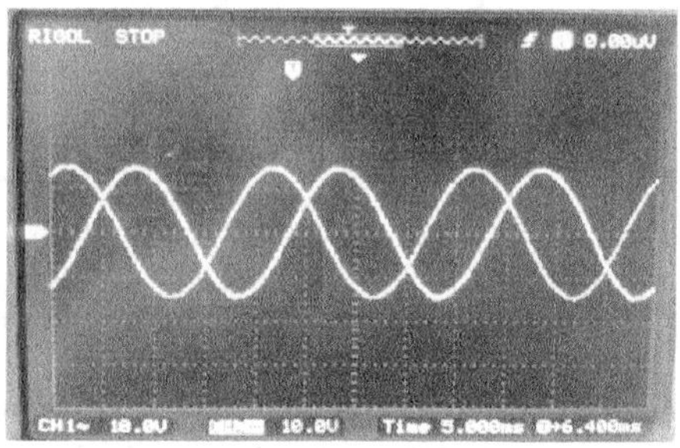

图 11.26　增加无功功率传输

11.2　管理系统的设计与实现

11.2.1　并网管理系统的整体设计

1. 系统设计目标

基于背靠背 VSC-HVDC 的同期并网装置在背靠背输电的基础上传递功率，在满足电压幅值、频率以及相位的情况下将系统带入稳态运行，然后对连接两个系统的合闸断路器进行合闸，继而将整个直流换流装置退出系统完成并网。

本系统开发的目标是实现与并网装置建立有效的双向通信，直观地对装置运行状态进行在线监测、实时控制，以及可视化信息管理，使其能够运用在实际工作当中，使现场管理人员能够及时、准确地掌握并网工作状态，提高并网设备使用的可靠性及有效性。系统开发流程如图 11.27 所示。具体目标如下。

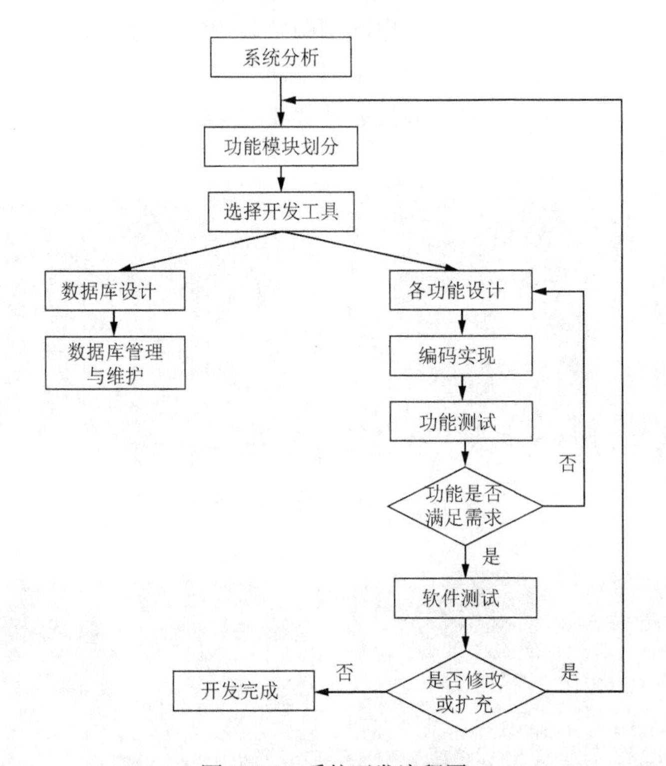

图 11.27　系统开发流程图

（1）实现对并网装置运行状态变化的实时监测。

（2）实现对并网装置运行过程中装置运行状态以及待并网两侧系统的电压幅值、频率以及相位等数据的实时显示。

（3）实现友好的人机交互可视化操作界面，具有完善的功能模块。

（4）实现对数据的查询、备份、恢复与清除。

（5）实现对系统用户权限的密码管理以及用户信息的编辑与维护。

2. 系统开发方法的选择

信息管理系统的开发效率、质量、成功与否与所选择的开发方法有直接关系。目前常见的管理系统的开发方法可分为面向过程的方法和面向对象的方法，而在面向过程的方法中又可以划分为结构化系统开发法和原型系统开发法。

由于结构化系统开发法的方法落后，所需开发时间长，而原型系统开发法过程管理较困难，对于开发环境的支持要求高，需要选取某个简单独立的子系统作为原型进行开发，适合作为一种辅助或局部的方法。此处选择具有开发周期短、结构稳定性好、易于维护、适应性强、可重用等优点的面向对象的方法。该开发过程可分为面向对象的分析、设计、实现三个部分。

3. 系统开发工具

Visual C++6.0 是在现有 Windows 操作系统平台上推出的，具有可视化的高集成编程环境，能满足人机界面开发的需求，可提供强大的 MFC 类库以实现多线程开发需求。Access 应用程序是一种关系型数据库管理系统，是 Micrsoft Office 系列软件中专门用来管理数据库的应用软件，能提供基于 Windows 操作系统的多种高级应用程序开发系统的接口，具有强大的数据处理能力，且通用性较强。因此，结合本系统主要存储的是文字和图像信息的特点，选定上述开发工具进行系统开发。

11.2.2　系统的开发与实现

1. 系统的功能结构与工作流程

（1）系统功能结构。由于本系统软件的设计方法采用的是面向对象的方法，在开发软件之前需要结构设计法对系统的结构进行功能模块化的设计，将系统分成具有不同功能的模块进行编码和调试，以便于系统程序代码的优化。系统的功能结构如图 11.28 所示。

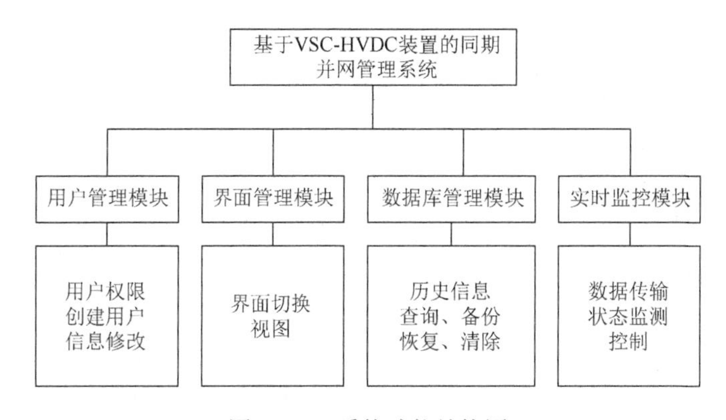

图 11.28　系统功能结构图

整个系统结构包括用户管理、界面管理、数据库管理、实时监控 4 个功能模块。

① 用户管理模块。通过用户管理，可以创建新的系统用户，并可以对已有用户的密码进行修改，并把用户信息转存至数据库。

② 界面管理模块。对实时接收到的数据在主界面以数据表、图形方式显示，以便于直观地了解并网运行的状态。

③ 数据库管理模块。通过与数据库的连接，可以对历史数据进行查看、备份、恢复等操作，对已经失效的数据可以进行清空操作，避免数据库的冗余。

④ 实时监控模块。单击启动按钮，将对串口进行监控，接收并网装置运行过程中采集的数据，同时将信息显示在系统主界面上。

（2）系统工作流程。基于功率传递的同期并网实验装置采用并网系统的控制策略进行功率传递，待系统稳定后，逐渐减少传输的有功功率，直至为零，然后闭锁两侧换流器的触发信号，断开相应的断路器，整个系统合闸成功。在此过程中后台软件通过与装置建立有效通信来实时获取两侧电压、频率、电压差、频率差、相角差的实时变化值。并网装置将每次采样的数据处理后发送至后台软件，后台系统将这些数据在主界面上以图形形式直观地显示出来，后台系统会自动更新数据库；与此同时，也可对历史的数据进行查询和数据库管理操作。从而可以清楚地掌握并网过程中的实时和历史信息，提高并网系统的有效性与可靠性。系统工作流程如图 11.29 所示。

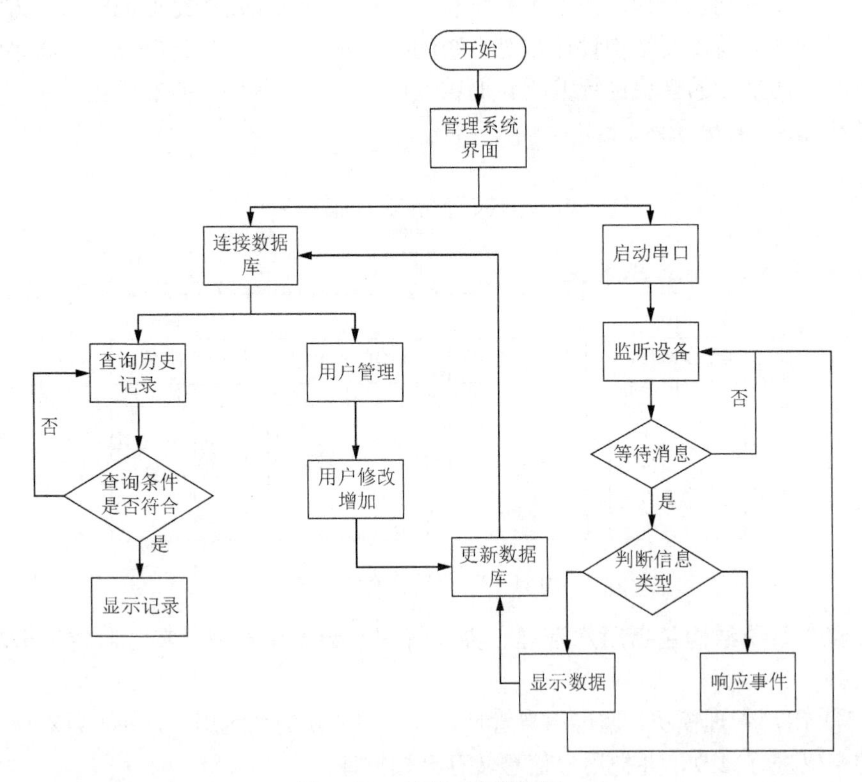

图 11.29　系统工作流程图

2. 系统通信的实现

由于串行通信应用广泛，使用方便，能够很好地为外部串行设备与计算机之间建立有效的数据传输通道。在 Windows 系统环境下，串行通信结构如图 11.30 所示。

在信息传输过程中，数据块的传输采用的是事件驱动方式。它的特点是实时性较高，对于多个串口扩展的情况效果更好。在 Visual C++ 6.0 的开发环境下，实现串口通信的方式一般有使用 Windows 应用程序编程接口（Windows application programming interface，Windows API）串口通信编程方式和使用 MSCommon 控件的串口编程方式。

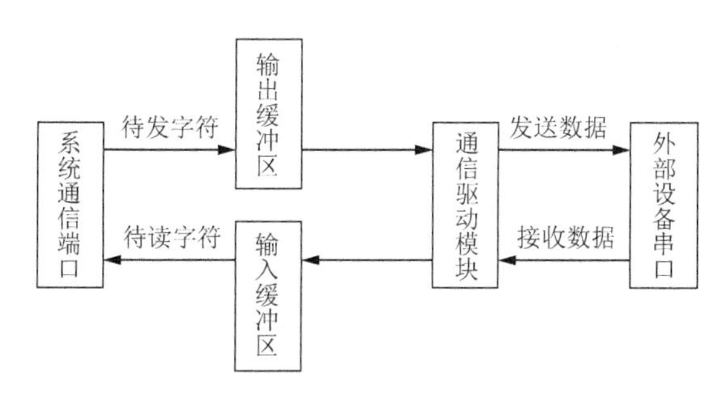

图 11.30 串行通信结构

本书使用的是 Windows API 串口通信编程方式，利用 Windows API 为程序提供串口通信功能，实际上是通过调用计算机操作系统提供的一系列底层例程来实现的。对 Windows 32 API 函数进行封装，开发具有串口通信功能的串行端口类，可以使串口通信的实现过程更加高效、便捷。CSerialPort 串口类就是由 Remon Spekreijse 提供的免费串口通信类，该类开放透明，使用方便，可根据实际需求改进，因此大大提高了串口编程的灵活性。

在 Visual C++ 6.0 的开发环境下，采用 Windows API 函数 CSerialPort 串口类来实现与并网装置间的数据交换。CSerialPort 串口类封装了串口通信的基本数据和方法，它用于线连接（非 MODEM）的串口编程操作。

本系统中计算机与并网装置进行通信时，开始与装置建立通信连接，打开端口，并初始化后开始监听串口，等待并网装置传来数据，当接收到数据后，将接收到的数据显示到管理系统的界面上，然后继续等待，数据接收流程如图 11.31 所示。当开启并网管理系统时，需要向装置发送启动指令，系统首先确定设备在线，编写指令并检验正确后，通过端口进行发送，当接收到响应后结束一次发送，若没有响应，则重新回到编写指令步骤，数据发送流程如图 11.32 所示。

本系统需要接收的数据有待并网 a 侧的电压、频率，b 侧的电压、频率及相角差、电压差、频率差。接收数据时的通信协议见表 11.2。

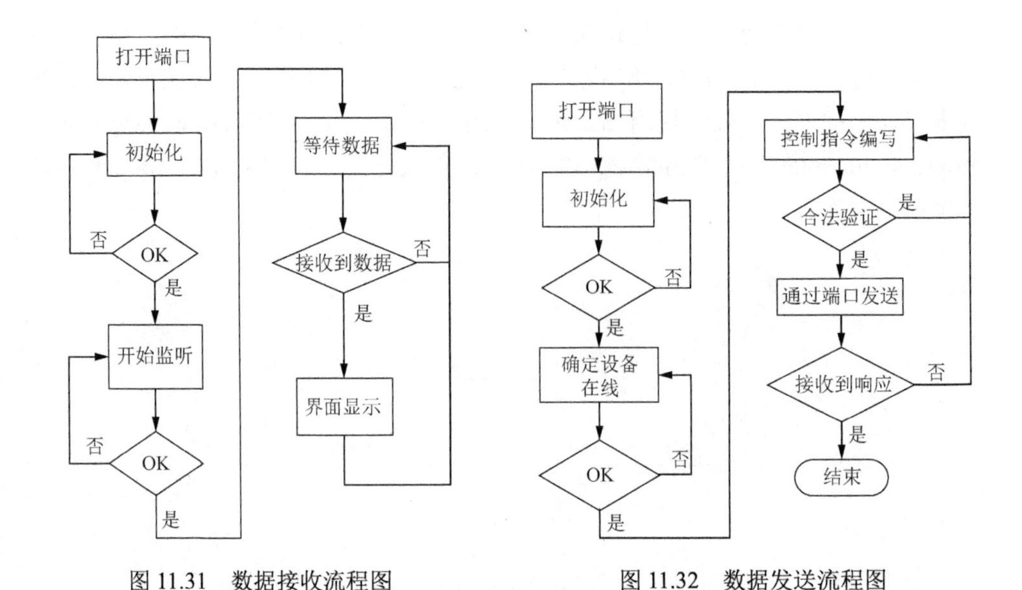

图 11.31　数据接收流程图　　　　图 11.32　数据发送流程图

表 11.2　接收数据时的通信协议

帧头	数据	帧尾
0x56	0x00	0x45
0x76	0x00	0x45
0x46	0x00	0x45
0x66	0x00	0x45
0x44	0x00	0x45
0x64	0x00	0x45
0x50	0x00	0x45
0x4F	0x45	0x45
0x6F	0x45	0x45
0x51	0x45	0x45
0x71	0x45	0x45
0x59	0x45	0x45
0x57	0x45	0x45

表 11.2 中帧头表示的是这帧数据的开始，帧尾就是这帧数据结束的标志，例如，当后台系统接收到 0x50 时，表示串口开始传输数据，当接收到 0x45 时，则表示此帧数据传输结束。在本系统中，这里的数据存储的就是待并网两侧系统的数据值。这里的帧头有 13 种，不同的帧头用来区分所接收到的不同数据，帧头 0x56、0x76 分别标志着所接收到的数据是 a 侧的电压值和 b 侧的电压值，帧头 0x46 和

0x66 分别标志着所接收到的数据是 a 侧的频率值和 b 侧的频率值，帧头 0x44、0x64 和 0x50 分别标志着所接收到的数据是它们的电压差、频率差和相角差，帧头 0x4F、0x6F 和 0x51、0x71 标志着所接收到的数据为 a 侧和 b 侧的有功功率和无功功率，0x59 和 0x57 分别标志着数据为传递的有功功率和无功功率。

3. 后台数据库的设计

数据库设计是系统开发中非常重要的一个环节，数据库结构设计的优劣将直接影响系统的效率。在开发数据库之前，对本系统的各个功能模块进行分析，得出系统数据库中所需包含的信息，从而确定数据库的结构。否则，如果在编码过程中再去修改数据库的结构，会增大任务量，浪费更多的开发时间。另外，在数据库设计中，表的数量不能太多，逻辑层次也要清晰明了，这样才能保证系统升级和维护的便捷。

（1）数据库的开发方式。本系统使用的系统开发平台 Visual C++具有多种数据库开发技术，主要包括 ODBC API、MFC ODBC、OLE DB（objects link and embedding database）和 ADO（activex data object）访问技术。由于 ADO 访问技术是 Visual C++提供的新的 Microsoft 数据库开发技术接口，它封装了 COM 接口，且为所有的文件系统（包括关系型数据库和非关系型数据库）提供了统一的接口，还提供了更高级别与数据的交互。所以本系统采用 ADO 的数据库编程方式（刘家军等，2014）。

ADO 技术是建立在低层数据访问接口 OLE DB 技术基础上的数据对象。ADO 技术继承了 OLE DB 封装的 COM 接口，定义了 ADO 对象，从而简化了程序开发的过程。ADO 数据库访问技术的结构如图 11.33 所示。

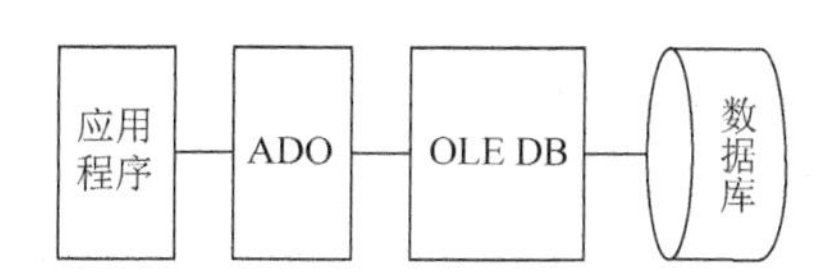

图 11.33　ADO 数据库访问技术结构

（2）数据库设计与实现。通过对系统功能结构的分析可知，本信息管理系统需要包含以下数据库信息表。

① 用户信息表。数据成员包含系统授权后的用户名称（文本数据类型）和用户密码（文本数据类型），如图 11.34 所示。

User_Name	User_Pass
aaaaa	123456
asdfg	456123
asdfgh	123456

图 11.34　用户信息

② 数据信息表（图 11.35）。数据成员包括系统接收的电压差（数字，双精度型）、频率差（数字，双精度型）、相角差（数字，双精度型）、a 侧电压（数字，双精度型）、a 侧频率（数字，双精度型）、a 侧有功功率（数字，双精度型）、a 侧无功功率（数字，双精度型）、b 侧电压（数字，双精度型）、b 侧频率（数字，双精度型）、b 侧有功功率（数字，双精度型）、b 侧无功功率（数字，双精度型）、传递有功功率（数字，双精度型）、传递无功功率（数字，双精度型）和时间信息（日期/时间型数据类型）。最后的 ID 号（数字，长整型）用于记录的查询。

时间	电压差	频率差	相角差	U_1	f_1	P_1	Q_1	U_2	f_2	P_2	Q_2	P	Q	ID
'6/4 15:33:38	5.56	0.134	10	116.06	50.072	48.94	36.01	110.5	49.938	76.08	69.06	0	0	20150604
'6/4 15:33:45	5.56	0.134	10	116.06	50.072	48.94	36.01	110.5	49.938	76.08	69.06	1	1	20150604
'6/4 15:34:04	5.11	0.102	10	114.76	50.053	49.88	37.13	110.59	49.951	75.28	67.88	4.33	7.86	20150604

图 11.35　数据信息表

本系统数据库中包括两张表，分别为 USER_MANAGE 和 DATA_MANAGE，其中 USER_MANAGE 为操作用户及密码管理的数据表，DATA_MANAGE 为接收的数据信息表，如图 11.36 所示。

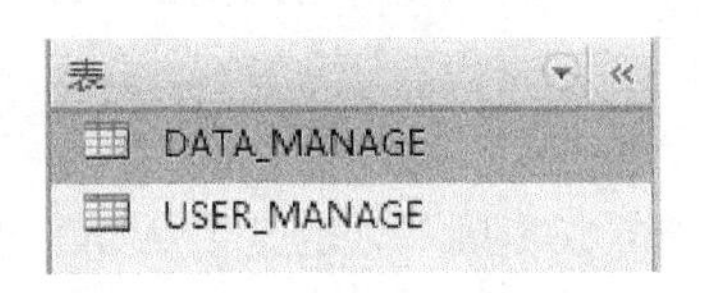

图 11.36　系统数据库中的表

（3）数据库 ADO 编程设计。前面已经建立了一个 Access 数据库 Shujuku.mdb，为 ADO 编程连接数据做好了准备，下面介绍 ADO 编程的具体实现过程。

① ADO 的对象模型。与其他数据访问模型相比，ADO 的对象模型更为简洁，由三个主要对象：连接对象（connection object）、命令对象（command object）、记录数据集对象（recordset object），以及其他几种辅助类对象组成，如图 11.37 所示。

a．连接对象：表示一个 OLE DB 类数据源与对话对象两者之间的连接，采用用户名称与密码来实现用户身份的识别。不仅提供数据库操作的支持，而且包括执行操作的方法，以此简化与数据源的连接，方便数据的检索。

b．命令对象：包含可以对数据源操作的命令，可以直接用来操作 OLE DB 数据源。该对象可以执行 SQL 查询、存储过程或底层数据源可以理解的任何内容，并可返回带有记录集的结果。

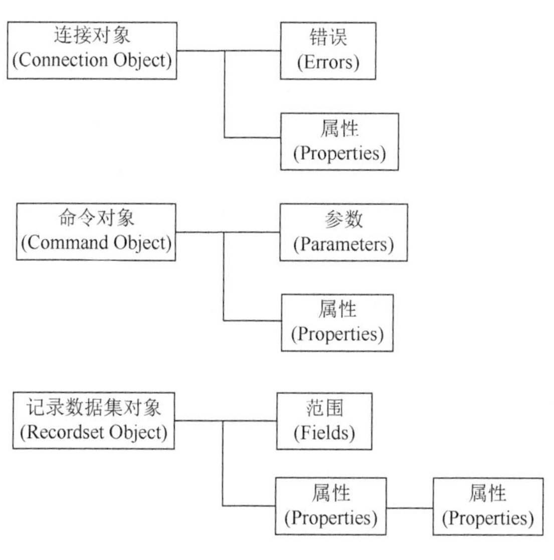

图 11.37　ADO 对象模型

c．记录数据集对象：用于表示从数据源中提取的表格数据，它将记录集合的查询、数据更新、数据删除和新数据的添加等方法封装起来，还能够批量更新记录。

d．其他辅助对象。Fields 对象表示 Recordset 记录中的一列数据，并用它的 Value 属性存取当前记录的数据；Parameters 对象用来完成 Command 对象执行语句的输入和输出参数或者语句的执行返回值；Errors 对象用于对最近发生的错误信息和警告信息进行保存，仅限于来自数据源的错误；Properties 对象用于操作其他对象属性的特性。

② 初始化 COM 环境。由于 ADO 是一个 COM 接口，故在使用 ADO 对象前都要初始化 COM 环境，通过一个简单的调用就可以实现。本系统在 ADOCon 类中的 ADOConn::OnInitADOConn()函数实现 COM 环境的初始化。

既然初始化了环境，就必须要释放 COM 接口使用的内存，只需要在 ADOConn::ExitConnect()数据连接退出时调用对应的::CoUninitialize()就可以释放内存。

③ 建立 ADO 与数据库连接（刘家军等，2014）。通过连接对象智能指针来实现数据源与 ADO 的连接。

首先需要定义一个指针指向 Connection 对象，再调用 CreatInstance()来实例化连接对象，最后调用 Connection 对象的 Open()函数实现与数据库的连接。本系统在 ADOCon 类中的 ADOConn::OnInitADOConn()函数实现 ADO 和数据库的连接。代码如下：

```
m_pConnection.CreateInstance("ADODB.Connection");//创建 Connection 对象
_bstr_tstrConnect="Provider=Microsoft.Jet.OLEDB.4.0;Data Source=Shujuku.mdb";//访问本系统 Access 数据库 Shujuku.mdb
m_pConnection->Open(strConnect,"","",adModeUnknown);//连接数据库
```

④ 查询数据库记录。ADO 使用 Recordset 对象来取得结果记录集，从而实现对数据库记录的查询和操作。

首先定义一个指向 Recordset 对象的指针，代码如下：

```
__RecordsetPtr& ADOConn; //定义指针
```

然后通过调用 Create Instance()函数对创建的 Recordset 对象进行实例化，代码如下：

```
m_pRecordset.Create Instance(__uuidof(Recordset)); //实例化
```

再使用 Open()函数打开记录集，代码如下：

```
m_pRecordset->Open(bstrSQL,m_pConnection.GetInterfacePtr(),
adOpenDynamic.adLockOptimistic,adCmdText);//Open()函数打开记录集
```

代码中的 adOpenDynamic 为动态光标，所有对数据库的操作会立即在各个用户记录集上反映出来；adLockOptimistic 为乐观锁定方式，只有在使用 Update 更新时才会对记录集进行锁定；adCmdText 表明 Source 数据提供者以 SQL 语句的方式进行解释（姚冯信，2014；龙云等，2011；赵英良，2009；陈佳，1998；Hughes et al.，2003）。

⑤ 恢复、修改和删除记录。本系统利用 Connection 对象的 Execute()函数执行 SQL 命令，只需要加入添加、修改和删除的 SQL 语句就可以实现记录的各项操作，代码如下：

```
m_pConnection->Execute(bstrSQL,NULL,adCmdText);//调用连接对象的 Execute 函数执行 SQL 命令
```

⑥ 关闭数据连接。记录集和连接都采用 Close()函数来关闭，系统代码如下：

```
if(m_pRecordset!=NULL)
m_pRecordset->Close();//关闭记录集
m_pConnection->Close();//关闭连接
::CoUninitialize();//释放内存
```

⑦ 异常处理。由于 ADO 封装了 COM 接口，为了提高软件的可靠性，必要时可以对错误进行处理，本系统在初始化接口、打开 ADO 连接和记录集时都加入了异常处理代码，以下以初始化接口异常处理代码为例：

```
catch(_com_error e)//捕捉异常
{
AfxMessageBox(e.Description());//显示错误信息
}
```

4. 动态显示的实现界面

（1）LabVIEW 控件。在本系统设计中调用 LabVIEW 控件来实现数据的动态变化。LabVIEW 控件由 ActiveX 技术提供，安装后能自动注册，也可通过安装其封装文件 OCX 注册。常用的 LabVIEW 控件有 Numeric 数字控件、Graph 图表控件、Boolean 开关控件等。为了更直观地显示并网控制器装置在并网过程中电压差、频率差及相角差的变化，这里采用了 Boolean 开关控件中的指示灯按钮和 Numeric 数字控件中的旋钮控件。

通过向工程添加“CWKnobControl（National Instruments）”、“CWButton Control（National Instruments）”来使用控件。

向工程添加 3 个旋钮控件，ID 分别为 IDC_CWKNOB_PAD、IDC_CWKNOB_VD、IDC_CWKNOB_FD，以及 3 个指示灯按钮控件，ID 分别为 IDC_CWBTN_PAD、IDC_CWBTN_VD、IDC_CWBTN_FD，分别用来显示相角差、电压差、频率差的变化及是否已达到并网条件。为这 6 个控件设置相应的属性，并通过类向导为 IDC_CWKNOB_PAD 添加 CCWKonb 类的变量 m_KnobPad；为 IDC_CWKNOB_VD 添加 CCWKonb 类的变量 m_KnobVd；为 IDC_CWKNOB_FD 添加 CCWKonb 类的变量 m_KnobFd；为 IDC_CWBTN_PAD 添加 CCWButton 类的变量 m_CWbtnpd；为 IDC_CWBTN_VD 添加 CCWButto 类的变量 m_CWbtnvd；为 IDC_CWBTN_FD 添加 CCWButton 类的变量 m_CWbtnfd。

当获取到相角差、电压差、频率差的值时，各相对应的旋钮控件的关联变量通过调用函数 SetValue（COleVariant()）来实现对应值的显示。而相应的指示灯按钮控件通过调用函数 SetValue()，通过给参数赋 0 和 1 值来控制暗和明。

（2）CPictureEx 类。在 MFC 编程中，有时会需要用 JPEG 和 GIF 图像格式作为 banner 的应用程序。针对这种情况，通常可以借助 CPictureEx 这个类来实现。CPictureEx 类是一个可以在 MFC 中使用的 C++类。对于静态的 banner 显示并不难实现，可以使用 OleoadPicture()函数和 IPicture 接口，但对于带动画的 GIF 处理，则需要完全不同的方法实现。而 CPictureEx 这个类可以很容易地实现显示 GIF（包括动画 GIF）的功能，不仅如此，它还可以显示 JPEG、BMP、WMF、ICO 和 CUR 图像格式，凡是 OleLoadPicture 能够识别的图像它都能够处理和显示，并且使用方便简洁。

GIF 分为静态 GIF 和动画 GIF 两种。将 GIF 动画应用到界面设计中，可以使界面更加生动美观。GIF 文件的组成结构如图 11.38 所示。

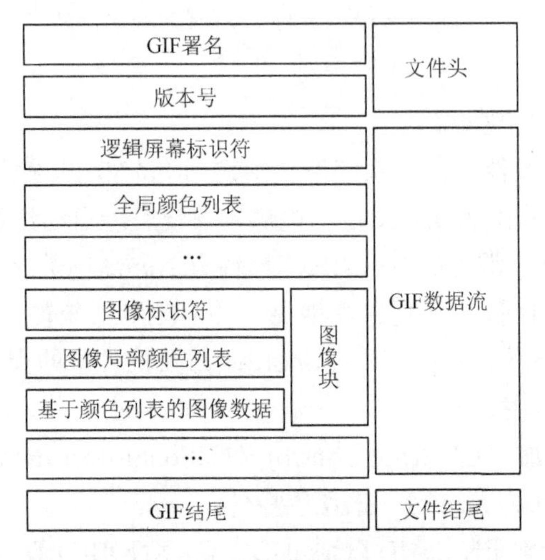

图 11.38　GIF 文件的组成结构图

在 MFC 中，将 CPictureEx 这个类添加到所需要的工程中便可以使用。在对话框中添加一个静态文本或图像控件，创建控件的关联变量，类别取 control，类型取 CStatic，接下来在对话框头文件中将变量类型 CStatic 改为 CPictureEx 即可。之后就可以加载 GIF、JEPG 等格式的图像。采用 CPictureEx 来载入 GIF 图像，在并网工程中对运行状态描述更加直观且界面更加美观。

5. 历史查询

在同期并列过程中，每一次接收到的数据都会以时间顺序存入数据表中，操作人员可以根据需要选择所要查询的信息。

（1）数据信息 ID 设置。每一条 ID 由日期和编号两部分组成，见表 11.3。

表 11.3　记录的某 ID（2015060301）

日期	编号
20150603	01

每当接收到一条完整的记录时，在存入数据库前需要对当前这条记录进行 ID 设置。这里用到“Date.txt”和“Count.txt”两个文件分别来存放日期和编码。每次接收到一条记录后，读取这两个文件中存放的日期和编号，并判断日期与当前日期是否相同，若相同则 ID 为读取的日期与编号的组合，若不同则将当前日期代替读取的日期，编号为 01。ID 设置流程如图 11.39 所示。

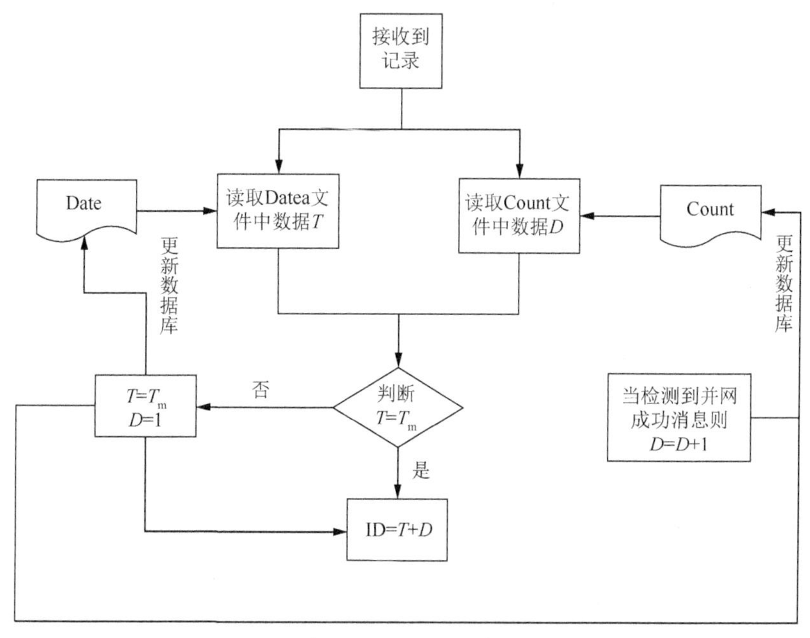

图 11.39　ID 设置流程

（2）历史查询的实现。操作人员可以通过日期选择所要查看的那一日的并网状况，系统通过查找数据表中每一条记录的 ID 中的日期，列出符合查询日期的记录 ID，再通过选择所要查询的并网记录的 ID，查询某一次并网的所有记录。

例如，可以通过一个 while 语句打开数据库：

```
while(pRecordset->adoEOF==0)
    {  …
       ID=pRecordset->GetCollect("ID");
       …
       pRecordset->MoveNext();
    }
```

获取记录的 ID，并通过查询条件筛选出符合条件的 ID。

当选择了所要查看的并网记录的 ID 时，系统将通过 ID 筛选出符合条件的所有并网记录，并通过（char *）（_bstr_t）pRecordset->GetCollect()函数获取记录中的每一个字段数据，显示在列表中。历史查询流程如图 11.40 所示。

6. 操作界面的设计

界面是软件与用户交互的最直接的层面，能够引导客户完成相应的操作。本系统界面的开发秉承了软件界面设计的基本规范，具有以下特点。

（1）设置了登录界面，用户只有使用正确的用户名和对应的密码才可以进入系统主管理界面，限制了非操作人员的访问权限，保证了系统的操作安全性。用户登录界面如图 11.41 所示。

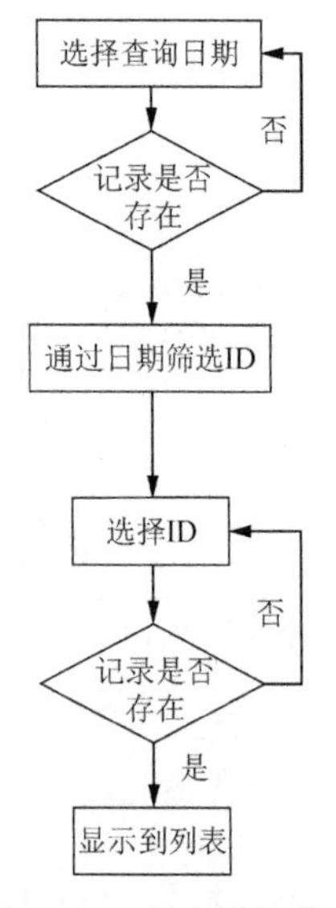

图 11.40　历史查询流程

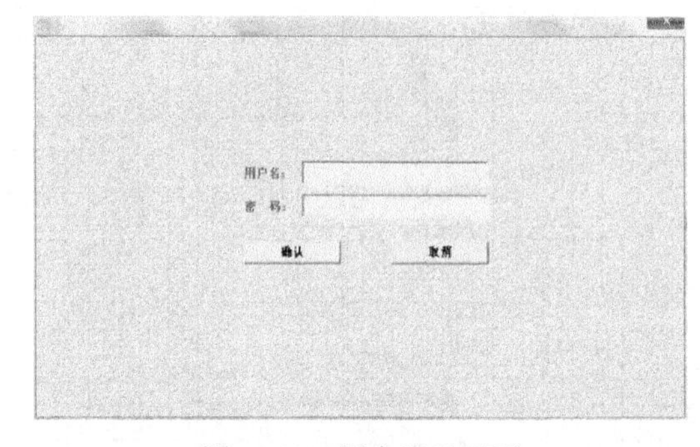

图 11.41　用户登录界面

（2）按照 Windows 界面的规范设计了主界面，包含菜单栏、状态栏等标准格式，遵循界面规范化的原则。

（3）按照系统功能将界面分成多个局域块，以不同方式实时显示各个数据，方便用户直观掌控并网装置的运行状况。

（4）大多采用选择框和复选框，提高系统程序的使用效率。

（5）控件排列顺序一致，遵循自上而下、自左而右的原则。将同一功能下的不同控件集中放置，减少鼠标的移动距离，尽量避免人为误操作。

系统主界面如图 11.42 所示。在启动监控后，开始初始化串口，单击启动按钮进入监控状态，在监控状态下也可进行数据库查询等其他操作。

在主界面的设计中，使用了 LabVIEW 的图形控件来对实时数据进行可视化显示，使界面更加美观。界面视图分为 3 个区域，界面下方两个区域分别以列表的形式和图形控件的形式来描述数据的变化。列表中以时间为顺序将接收的数据进行排列，方便操作人员对数据的查看与比较。图形控件则更加直观生动地描述数据的变化。主界面中最大区域显示了并网的接线图及各相关变量（图 11.42、图 11.45～图 11.47 的等效图见图 2.6），在并网过程中，将通过断路器 QF_1、QF_2、QF_3 和 13 个相关量的变化来描述整个并网的过程，使操作人员直观地掌握并网的整个状态。

7. 系统测试

一个系统的软件设计完成之后，是否能达到预期的效果，首先需要搭建实验平台进行实验，实验运行状态良好后才能投入使用。本系统借助串口调试助手来对系统进行测试。具体运行结果如下。

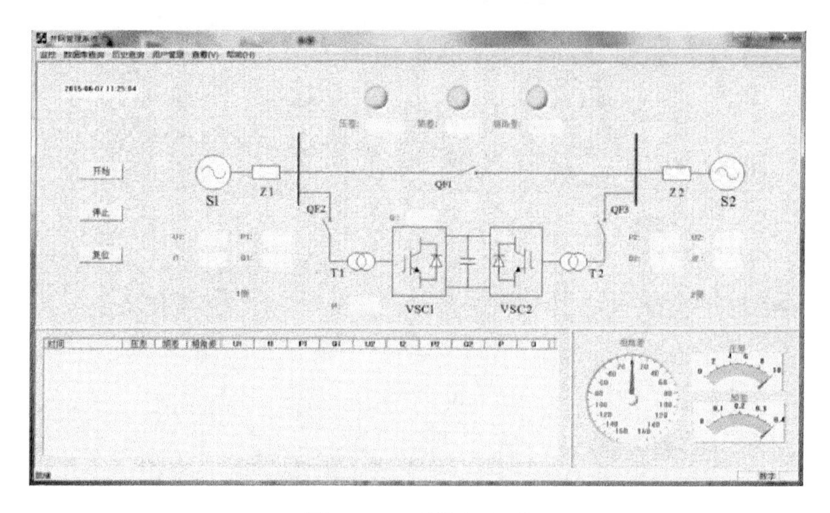

图 11.42　系统主界面

启动并登录系统后，将到达主界面。通过对菜单栏的按钮选项可以实现对数据库的查询、备份、恢复、清除的操作以及对历史数据的查询。历史查询界面如图 11.43 所示。

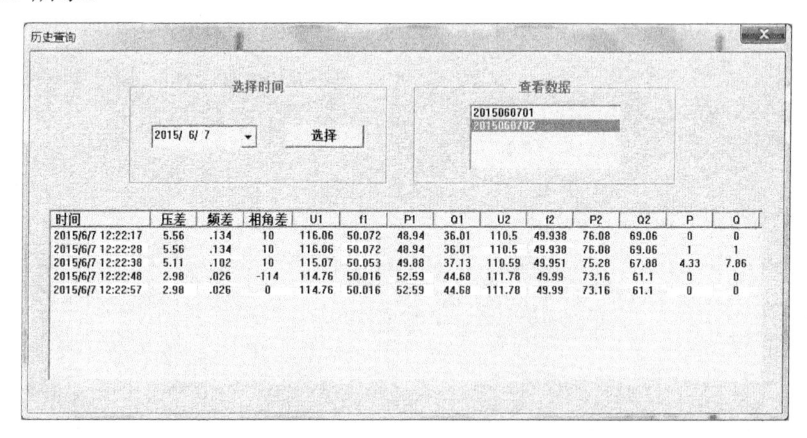

时间	压差	频差	相角差	U1	f1	P1	Q1	U2	f2	P2	Q2	P	Q
2015/6/7 12:22:17	5.56	.134	10	116.06	50.072	48.94	36.01	110.5	49.938	76.08	69.06	0	0
2015/6/7 12:22:28	5.56	.134	10	116.06	50.072	48.94	36.01	110.5	49.938	76.08	69.06	1	1
2015/6/7 12:22:38	5.11	.102	10	115.07	50.053	49.88	37.13	110.59	49.951	75.28	67.88	4.33	7.86
2015/6/7 12:22:48	2.98	.026	-114	114.76	50.016	52.59	44.68	111.78	49.99	73.16	61.1	0	0
2015/6/7 12:22:57	2.98	.026	0	114.76	50.016	52.59	44.68	111.78	49.99	73.16	61.1	0	0

图 11.43　历史查询界面

该系统也可对用户信息进行创建与修改，用户管理操作界面如图 11.44 所示。

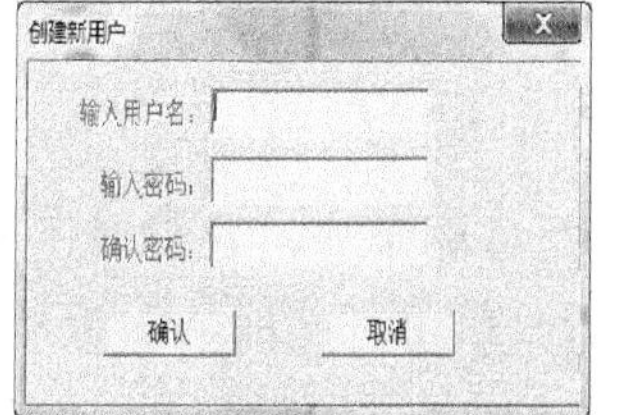

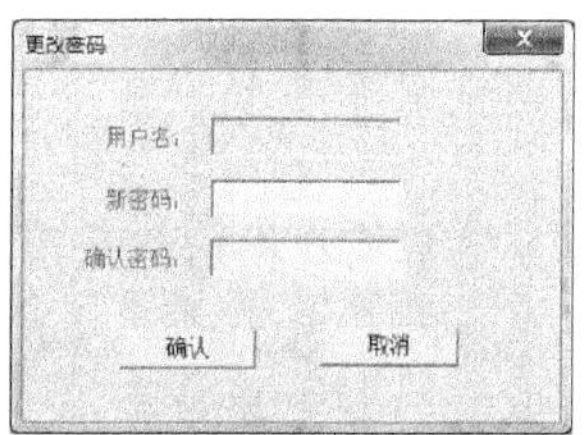

图 11.44　用户管理操作界面

当启动并网系统后，在界面中断路器 QF_2、QF_3 闭合，开始运行，监听串口，等待数据，如图 11.45 所示。

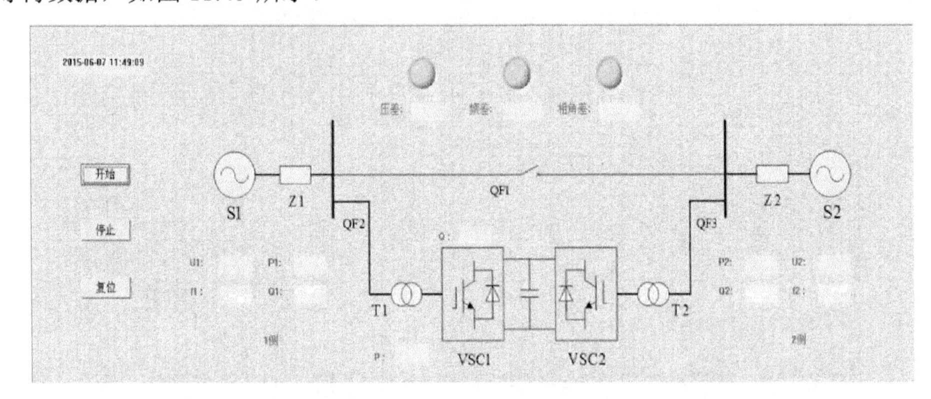

图 11.45　系统界面视图

开启监控后，系统准备就绪，开始等待数据。当有数据传来时，经过分析后，根据数据调用各控件响应变化，数据显示到相应的显示控件上，动态显示有功功率和无功功率的传递方向，并且自动判断电压差、频率差及相角差是否满足并网条件，若满足，相对应的指示灯颜色将会变绿。数据显示界面如图 11.46 所示。

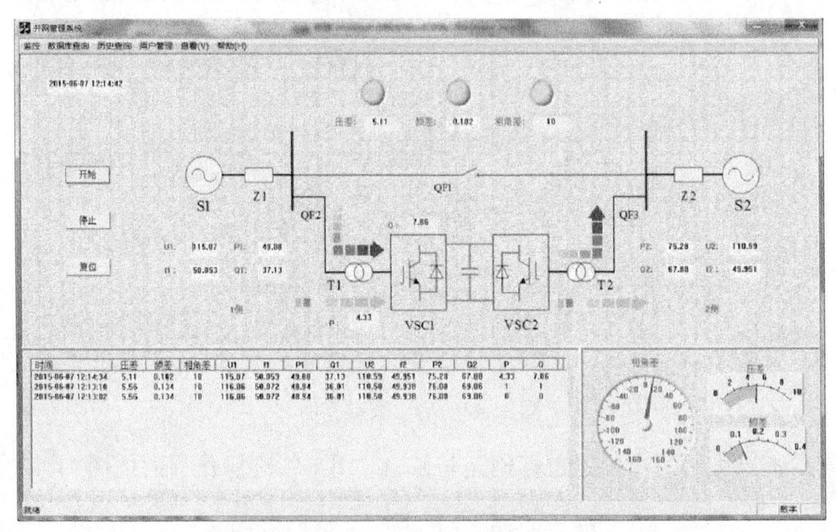

图 11.46　数据显示界面

判断电压差、频率差及相角差是否满足并网条件，若 3 个指示灯全部变绿，则已达到并网条件，即可开始合闸并网，若收到已并网成功的信号，则断路器 QF_1 闭合，QF_2、QF_3 断开，弹出并网成功的提示框。并网过程中，所有数据都会在列表中显示并且存入历史数据库中。并网成功界面如图 11.47 所示。

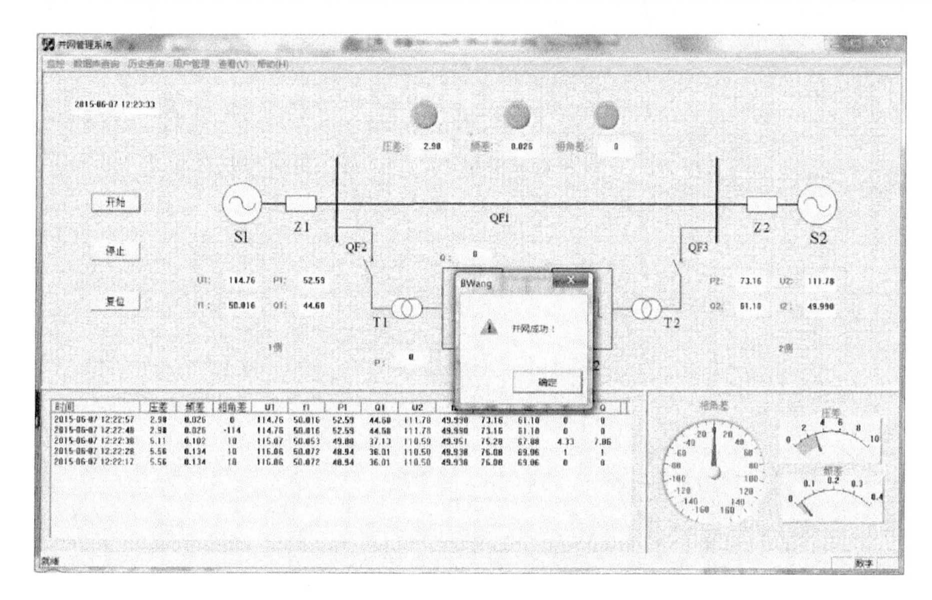

图 11.47　并网成功界面

经过多次实验与调试，数据接收正常，正确地显示并网过程中数据的实时变化；数据库工作正常；用户界面上各图形控件工作正常，其余基本操作功能都能实现，因此判断系统软件工作正常。

参 考 文 献

陈佳, 1998. 信息系统开发方法教程[M]. 北京: 清华大学出版社.

高学军, 周志华, 温世伶, 2007. 基于 TMS320F2812DSP 的 SVPWM 算法研究[J]. 重庆邮电大学学报(自然科学版), (4): 510-514.

顾翻, 2015. 基于功率传递原理同期并网的实验管理系统设计与实现[D]. 西安: 西安理工大学.

贾红芳, 2008. SVPWM 在 TMS320F2812 上的实现[J]. 哈尔滨理工大学学报, 13(3): 66-70.

刘家军, 巨轩同, 王勇科, 2014. 基于铁路电力调度接触网停送电闭锁信息处理系统[J]. 电网与清洁能源, 30(9): 26-30, 42.

刘飞, 查晓明, 段善旭, 等, 2010. 三相并网逆变器 LCL 滤波器的参数设计与研究[J]. 电工技术学报, (3): 110-116.

龙云, 周华锋, 杨林, 2011. 南方区域发电厂并网运行及相关辅助服务管理系统[J]. 南方电网技术, 5(3): 90-93.

全宇, 2014. 适应畸变电网的双馈风力发电系统控制策略研究[D]. 杭州: 浙江大学.

王小康, 2016. 基于 VSC-HVDC 的同期并网复合系统的实验装置研制[D]. 西安: 西安理工大学.

姚冯信, 2014. 基于功率传递的同期并网控制装置研究[D]. 西安: 西安理工大学.

赵英良, 2009. 软件开发技术基础[M]. 北京: 机械工业出版社.

HUGHES C, HUGHES T, 2003. C++面向对象编程[M]. 周良忠, 译. 北京: 人民邮电出版社.